W0254848

Teubner Studienbücher

Elektrotechnik/Maschinenbau

Eckhardt: **Grundzüge der elektrischen Maschinen.** DM 34,–

Elsner: **Nachrichtentheorie**
Band 1: Grundlagen. DM 18,80
Band 2: Der Übertragungskanal. DM 18,80

Heinlein: **Grundlagen der faseroptischen Übertragungstechnik.** DM 29,80

Heumann: **Grundlagen der Leistungselektronik.** 3. Aufl. DM 36,–

Klein: **Finite Systemtheorie.** DM 26,80

Lautz: **Elektromagnetische Felder.** 3. Aufl. DM 29,80

Leonhard: **Regelung in der elektrischen Antriebstechnik.** DM 32,–

Leonhard: **Regelung in der elektrischen Energieversorgung.** DM 32,–

Leonhard: **Statistische Analyse linearer Regelsysteme.** DM 29,80

Matthies: **Einführung in die Ölhydraulik.** DM 34,–

Michel: **Zweitor-Analyse mit Leistungswellen.** DM 28,80

Profos: **Einführung in die Systemdynamik.** DM 32,–

Profos: **Meßfehler.** DM 28,80

Schaufelberger: **Echtzeit-Programmierung bei Automatisierungssystemen.** DM 29,80

Stölting/Beisse: **Elektrische Kleinmaschinen.** DM 38,–

Physik/Chemie

Becher/Böhm/Joos: **Eichtheorien der starken und elektroschwachen Wechselwirkung.** 2. Aufl. DM 38,–

Bourne/Kendall: **Vektoranalysis.** DM 24,80

Daniel: **Beschleuniger.** DM 26,80

Elschenbroich/Salzer: **Organometallchemie.** DM 42,–

Engelke: **Aufbau der Moleküle.** DM 38,–

Goetzberger/Wittwer: **Sonnenenergie.** DM 24,80

Gross/Runge: **Vielteilchentheorie.** DM 38,–

Großer: **Einführung in die Teilchenoptik.** DM 23,80

Großmann: **Mathematischer Einführungskurs für die Physik.** 4. Aufl. DM 32,–

Heil/Kitzka: **Grundkurs Theoretische Mechanik.** DM 39,–

Heinloth: **Energie.** DM 39,80

Kamke/Krämer: **Physikalische Grundlagen der Maßeinheiten.** DM 21,80

Kleinknecht: **Detektoren für Teilchenstrahlung.** 2. Aufl. DM 28,80

Kneubühl: **Repetitorium der Physik. 2. Aufl.** DM 44,–

Kopitzki: **Einführung in die Festkörperphysik.** DM 34,–

Kunze: **Physikalische Meßmethoden.** DM 24,80

Fortsetzung auf der letzten Textseite

Elektrische Kleinmaschinen

Eine Einführung

Von Dr.-Ing. Hans-Dieter Stölting
Professor an der Universität Hannover

und Dr.-Ing. Achim Beisse
Akad. Rat an der Universität Stuttgart

Mit 233 Bildern

B. G. Teubner Stuttgart 1987

Prof. Dr.-Ing. Hans-Dieter Stölting

1938 in Oldenburg i. O. geboren. 1959 bis 1966 Studium der Elektrotechnik an der Rheinisch-Westfälischen Technischen Hochschule Aachen und an der Universität Stuttgart. 1966 Wissenschaftlicher Angestellter bzw. Assistent am Institut für Elektrische Maschinen und Antriebe der Universität Stuttgart. 1974 Fa. Siemens AG, Würzburg, Entwicklung von Kleinmaschinen. 1977 Oberingenieur an der Universität Stuttgart. Seit 1980 Professor am Institut für Elektrische Maschinen und Antriebe der Universität Hannover, Lehrgebiet Elektrische Kleinmaschinen.

Dr.-Ing. Achim Beisse

1945 in Göppingen geboren. 1965 bis 1970 Studium der Elektrotechnik an der Universität Stuttgart. 1970 Wissenschaftlicher Assistent an der Universität Stuttgart. 1977 Fa. Bauknecht, Stuttgart, Leiter der Berechnungsabteilung. Seit 1980 Akademischer Rat an der Universität Stuttgart.

CIP-Kurztitelaufnahme der Deutschen Bibliothek

Stölting, Hans-Dieter:
Elektrische Kleinmaschinen : e. Einf. /
von Hans-Dieter Stölting u. Achim Beisse. –
Stuttgart : Teubner, 1987
(Teubner-Studienbücher : Elektrotechnik)

NE: Beisse, Achim:

ISBN 978-3-519-06321-6 ISBN 978-3-663-01104-0 (eBook)
DOI 10.1007/978-3-663-01104-0

Satz: Elsner & Behrens GmbH, Oftersheim

Umschlaggestaltung: M. Koch, Reutlingen

Vorwort

Während in den letzten Jahren zahlreiche Bücher über elektrische Maschinen mittlerer oder großer Leistung erschienen sind, wurden nur wenige Fachbücher, die sich mit elektrischen Kleinmaschinen befassen, herausgegeben. Dabei nimmt die wirtschaftliche Bedeutung der elektrischen Kleinmaschinen ständig zu. Ihre Einsatzmöglichkeiten in Industrie, Werkstatt und Haushalt sind in den letzten Jahren rasch gewachsen und werden auch in Zukunft weiter ansteigen. Die Entwicklung der Elektronik (billigere, kompaktere und flexiblere Schaltungen) und der Werkstoffe (z. B. hochwertigere Magnet- und Isolier-Werkstoffe) sowie neue Konstruktionsprinzipien machen es möglich, motorisch angetriebene Geräte zu entwickeln, die dem Menschen immer mehr Tätigkeiten erleichtern oder gar ganz abnehmen. Die Anforderungen, die dabei an die Motoren gestellt werden, sind mittlerweile so unterschiedlich, daß es heute eine fast unüberschaubare Vielfalt von Bauformen gibt.

Die anhaltende Suche nach dem optimalen Antrieb, die immer wieder neue Impulse durch die technische Entwicklung und die steigenden Ansprüche an die Möglichkeiten eines Gerätes erhält, hat zur Folge, daß die Antriebskonzepte einem steten Wandel unterworfen sind. Für den Hersteller wie für den Anwender elektrischer Kleinmaschinen ist es daher notwendig, nicht nur die Eigenschaften, wie zum Beispiel die Vor- und Nachteile einer Motorenart zu kennen, sondern auch deren physikalische Ursachen zu durchschauen, um sie gezielt nutzen bzw. mindern oder unterdrücken zu können.

Der Einblick in die prinzipielle Wirkungsweise der verschiedenen Kleinmaschinentypen ist oft schwieriger, ihre elektromagnetische Berechnung vielfach aufwendiger als bei großen Maschinen. Bei Kleinmaschinen werden zudem häufig physikalische und konstruktive Prinzipien angewendet, die im Großmaschinenbau nicht üblich sind. Ihr Aufbau ist oft unsymmetrisch, die Kompensation unerwünschter Erscheinungen aus technischen oder Kostengründen nicht möglich. Sonst übliche Näherungen bei der Berechnung sind wegen der geringen geometrischen Abmessungen nicht zulässig. Die Ausnützung der Motoren infolge des geringen Einbauvolumens oder infolge von Gewichtsbeschränkungen wird immer höher getrieben. Hinzu kommt, daß bei elektronischer Speisung, die für immer mehr Motortypen angewendet wird, Wechselspannungen nicht mehr sinusförmig und Gleichspannungen nicht mehr zeitlich konstant sind. Herkömmliche Verfahren zur Ermittlung des Betriebsverhaltens sind dadurch häufig nicht mehr anwendbar oder durch den Einsatz von Rechenmaschinen überholt.

Das vorliegende Buch basiert auf einer langjährigen Lehrtätigkeit und auf Erfahrungen aus der Praxis. Es soll Studenten an Universitäten und Fachhochschulen als eine Einführung in das Gebiet der elektrischen Kleinmaschinen dienen und den in der Praxis tätigen Technikern und Ingenieuren bei der Bewältigung der geschilderten Probleme hilfreich sein. Vorausgesetzt werden allgemeine Grundkenntnisse der Wirkungsweise und des Betriebsverhaltens elektrischer Maschinen.

Dieses Buch soll helfen, eine Lücke zu schließen, denn in der deutschsprachigen Fachliteratur gibt es zur Zeit kein Buch, das in einheitlicher Darstellung in die Wirkungsweise und das Betriebsverhalten elektrischer Kleinmaschinen einführt. Ältere Bücher sind vergriffen oder entsprechen nicht mehr dem Stand der Technik. Neuere Bücher befassen sich fast ausschließlich mit dem Betriebsverhalten, ohne näher auf die physikalischen Hintergründe einzugehen. Ausnahmen sind wenige Einzeldarstellungen bestimmter Kleinmaschinen-Typen.

Es wird das ganze Gebiet der Kleinmaschinen behandelt, wobei allerdings Motoren, die sehr selten oder wieder vom Markt verschwunden sind, nicht berücksichtigt wurden. Der Aufbau der einzelnen Motorarten, ihre Vor- und Nachteile und ihre Haupteinsatzgebiete werden dargestellt. Die Herleitung der Grundgleichungen, die zur Untersuchung des Betriebsverhaltens dienen, und die Beschreibung des prinzipiellen Vorgehens bei der Berechnung der Maschinen bilden den inhaltlichen Schwerpunkt des Buches. Auf alle Einzelheiten kann dabei nicht eingegangen werden, weil das den Rahmen des Buches sprengen würde. Mit Hilfe der vermittelten Kenntnisse ist es aber möglich, sich selbständig in die weiterführende Fachliteratur einzuarbeiten und das fehlende Wissen anzueignen, um z. B. magnetische Kreise, Widerstände oder Induktivitäten berechnen zu können.

Wir möchten nicht unerwähnt lassen, daß wir aus Vorlesungen unseres Lehrers, Herrn Prof. Büssing, einige Anregungen übernommen haben. Herrn Dipl.-Ing. Georg Möller danken wir für die kritische Durchsicht des Manuskriptes und für seine Verbesserungsvorschläge, insbesondere zum Abschnitt über den Wechselstrom-Synchronmotor, Herrn Dipl.-Ing. Jürgen Lebsanft für seine Diskussionsbereitschaft und für seine Ratschläge. Dem Teubner-Verlag danken wir für die Mühe und Sorgfalt bei der Erstellung dieses Buches.

Hannover, Stuttgart, im Dezember 1986 Hans-Dieter Stölting, Achim Beisse

Inhaltsverzeichnis

5 Permanentmagnetmotor

6 Elektronikmotor

1 Einleitung

1.1 Allgemeines

Elektrische Maschinen pflegt man in drei Klassen einzuteilen, nämlich in Maschinen großer, mittlerer und kleiner Leistung. Diese Klassen, die sich außer durch die Leistung auch durch besondere Eigenschaften, Ausführungsarten, und Fertigungsverfahren der Maschinen auszeichnen, sind nicht eindeutig gegeneinander abgegrenzt, sondern gehen fließend ineinander über. Die obere Grenze von Kleinmaschinen nimmt man gewöhnlich bei einer abgegebenen Leistung von ungefähr 1 kW an. Im englischen Sprachraum nennt man sie „Fractional Horsepower Motors", zählt zu ihnen also Maschinen bis etwa 750 Watt.

Kennzeichnender als die Leistung sind für Kleinmaschinen folgende typische Merkmale:

In überwiegendem Maße handelt es sich um Motoren zum Antrieb von Geräten, die zu den Verbrauchsgütern zählen. Daher muß ihre Herstellung möglichst kostengünstig sein. Da sich dies vor allem durch eine optimale Fertigung erreichen läßt, erfolgt der elektromagnetische Entwurf und die konstruktive Gestaltung insbesondere im Hinblick auf das jeweils günstigste Fertigungsverfahren. Die Fertigung von Kleinmaschinen hat heute einen hohen Automatisierungsgrad erreicht und erfolgt in Großserien, die mehrere hunderttausend oder Millionen Stück pro Jahr umfassen können. Dadurch gelang es, den Motorpreis über viele Jahrzehnte praktisch stabil zu halten und in vielen Fällen sogar zu senken.

Damit ein Gerät möglichst geringe Fertigungskosten verursacht, übernehmen Bauteile oftmals gleichzeitig Motor- und Gerätefunktionen. So ist zum Beispiel in einer Waschmaschine das eine Lagerschild des Laugenpumpenmotors gleichzeitig ein Gehäuseteil der Pumpe. In anderen Fällen bietet es sich an, die Motoren in die Arbeitsgeräte vollständig zu integrieren (Bohrmaschine; Lüfter mit Außenläufermotor, Bild 2.3). Dadurch läßt sich außerdem ein Gerät kompakt und leicht bauen, was bei tragbaren Geräten ohnehin gefordert wird. Kleinmotoren sind meistens Spezialmotoren, die für eine bestimmte Antriebsaufgabe hergestellt werden. Es gibt sie daher in zahllosen Ausführungsformen und nur selten direkt ab Lager zu beziehen.

Einer kostengünstigen Fertigung widerspricht im allgemeinen ein möglichst geringer Materialverbrauch. Daher kommt dem Wirkungsgrad nicht die Bedeutung zu, die er bei größeren Maschinen besitzt. Dazu besteht auch aus wirtschaftlicher Sicht kein Anreiz, denn der Anteil der Kleinmotoren an der Energieumsetzung eines Haushaltes beträgt erheblich weniger als 10%, selbst wenn man das Auto als Energiewandler nicht miteinbezieht. Eine allgemeine Verbesserung des Wirkungsgrades der Kleinmotoren, die ohnehin nur um wenige Prozent möglich und zudem mit einem erhöhten Energie-Einsatz bei der Fertigung verbunden wäre, würde sich daher kaum auswirken. Nur in besonderen Fällen gibt es Motoren mit einem möglichst hohen Wirkungsgrad. Das gilt zum Beispiel für Motoren zum Antrieb von Kühlaggregaten. Der Motor ist eng mit dem Verdichter gekoppelt, so daß die vom Motor erzeugte Wärme das Kühlmedium, das sich ja beim Komprimieren erwärmt, zusätzlich erhitzt und damit den Kühlvorgang beeinträchtigt.

Die Erwärmung von Kleinmotoren ist im Vergleich zu mittleren und großen elektrischen Maschinen leichter zu beherrschen, da das wärmeerzeugende Volumen relativ klein gegenüber der wärmeabgebenden Oberfläche ist. Ein Problem, das die Beherrschung der zulässigen Temperatur erschwert, ist der oftmals enge Einbauraum für den Motor in einem Gerät.

Neben dem Hauptanteil der Motoren für elektromotorisch betriebene Konsumgüter gibt es für Investitionsgüter hochwertige Motoren in kleineren Stückzahlen mit optimalem Leistungsgewicht, hohem Wirkungsgrad, langer Lebensdauer, extremen Drehzahlen, geringer elektrischer und mechanischer Zeitkonstante, hervorragenden Gleichlaufeigenschaften, höchstmöglicher Unempfindlichkeit gegenüber außergewöhnlichen Umweltbedingungen. Sie werden in Geräten der Datenverarbeitung, der aufwendigeren Bürotechnik, der gehobenen Unterhaltungselektronik, der Meß- und Steuertechnik, der medizinischen Technik, der Raum- und Luftfahrttechnik eingesetzt.

1.2 Geschichte

Die Geschichte der Erzeugung und Nutzung elektrischer Energie begann nach ersten grundlegenden Erkenntnissen mit Gleichstrom (1832: erster Generator des Franzosen Pixii; 1833: erster Motor des Engländers Ritchie). Einen großen Schritt zu höheren Leistungen ermöglichten die Erfindung des Doppel-T-Ankers 1856 von Siemens und seine Entdeckung des dynamoelektrischen Prinzips 1866. Der Aufschwung der Wechselstromtechnik begann, als man erkannte, daß sich Wechselstrom besser für die Übertragung elektrischer Energie eignet als Gleichstrom. Allerdings waren Wechselstrom-Maschinen, deren Ständer und Läufer noch nicht geblecht waren, wegen ihrer Wirbelstromverluste den Gleichstrom-Maschinen unterlegen. Sie konnten sich erst später aufgrund ihres einfacheren Aufbaus durchsetzen.

So führte die Suche nach einem Motor, der ohne die damals schwer zu beherrschende Stromwendung betrieben werden konnte, den Kroaten Tesla 1883 und den Italiener Ferraris 1885 unabhängig voneinander zur Erfindung von Wechselstrom-Asynchronmotoren. Tesla verwendete zwei Stränge mit unterschiedlicher Reaktanz, die als Ringwicklung im Ständer angeordnet waren. Ferraris ordnete zwei Elektromagnete senkrecht zueinander an, wobei die Spule des einen Magneten direkt an das speisende Netz angeschlossen war und die Spule des anderen die Sekundärwicklung eines Transformators bildete. Bemerkenswert ist die Erfindung des Amerikaners Shallenberger, der 1887 den zweiten Strang einfach kurzschloß und damit erstmals das Wirkungsprinzip eines Spaltpolmotors anwendete. Der Kondensator als wirksamstes Mittel zur Phasenverschiebung der Ströme wurde etwa 1890 von den Franzosen Hutin und Leblanc eingeführt. 1884 betrieb Alexander Siemens den ersten Wechselstrom-Kommutatormotor, indem er einen Reihenschlußmotor an ein Wechselstrom-

Netz anschloß. 1887 ist das Jahr der Erfindung des Drehstrommotors durch die Deutschen Haselwander und v. Dolivo-Dobrowolski, wobei der Letztere mit dem Käfigläufer den denkbar einfachsten Motortyp baute.

Die ersten bemerkenswerten Entwicklungen auf dem Gebiet der elektrisch angetriebenen Geräte waren unter anderen 1887 ein Ventilator, 1889 eine elektrische Nähmaschine, 1895 eine Handbohrmaschine und 1901 ein Staubsauger.

Der eigentliche Aufschwung der Kleinmotoren-Industrie begann jedoch erst um 1950, als Dienstleistungen und Handarbeit immer teurer wurden und daher

in der Industrie die Rationalisierung und Automatisierung sowie
in den Haushalten die Mechanisierung einsetzte,
die zunehmende Freizeit zu einem wachsenden Bedarf an Werkzeugmaschinen führte und
der Autoboom sich bemerkbar machte.

1.3 Wirtschaftliche Bedeutung

Die im Laufe der technischen Entwicklung zunehmend bessere Anpassung des Antriebs einer Werkzeugmaschine an die jeweilige Aufgabe bringt es mit sich, daß die Antriebsleistung für eine Werkzeugmaschine auf immer mehr und daher immer kleinere Motoren verteilt wird. Die sich ausweitende Steuer- und Regeltechnik verlangt Kleinmotoren zur Umwandlung von elektrischen in mechanische Impulse. Die Datenverarbeitung benötigt Motoren zum Antrieb von Plottern, Druckern, Platten- und Bandgeräten und dringt immer weiter in alle Lebensbereiche vor, so daß dieser Markt inzwischen nicht mehr nur auf Investitionsgüter beschränkt ist, sondern auch Konsumgüter umfaßt. In der überwiegenden Zahl der Haushalte in der BRD finden sich heute 20 bis 30 Kleinmotoren. Dazu kommen 10 bis 20 Motoren zum Antrieb von Hilfsaggregaten in einem Kraftfahrzeug. Diese ständig sich erweiternden Einsatzgebiete von Kleinmaschinen haben dazu geführt, daß auf sie heute in der BRD knapp ein Drittel des Produktionswertes elektrischer Maschinen entfällt und die Steigerungsrate erheblich größer ist als die der anderen Maschinenklassen.

2 Wechselstrom-Asynchronmotor

2.0 Einleitung

Wechselstrom-Asynchronmotoren oder, wie man häufig sagt, Einphasen-Asynchronmotoren gehören zu den am meisten verwendeten Antriebsmaschinen, weil sie durch ihre besonderen Eigenschaften in vielen Anwendungsfällen anderen Motortypen überlegen sind. Sie sind robust, wartungsfrei, geräusch- und schwingungsarm, kostengünstig und benötigen im allgemeinen keine aufwendige Funkentstörung. Bezüglich geringem Motorgewicht und einfacher Drehzahl-Stellung bzw. -Regelung sind sie den Kommutatormotoren unterlegen. Typische Geräte, die durch Wechselstrom-Asynchronmotoren angetrieben werden, finden sich in Haushalt und Büro: Ölbrenner, Heizungsumwälzpumpen, Waschmaschinen, Wäscheschleudern, Bügelmaschinen, Kühlschränke, Lüfter, Kopierer, Schreibmaschinen.

2.1 Aufbau

Grundsätzlich gleicht der Aufbau der Wechselstrom-Asynchronmotoren dem der Drehstrom-Asynchronmotoren. Ständer- und Läufer-Paket bestehen aus einzelnen, voneinander isolierten Blechen, die in Achsrichtung aufeinander geschichtet sind. Bei Kleinmaschinen verwendet man heute statt des früher üblichen, silizierten Dynamoblechs meistens preisgünstigeres, nicht-siliziertes Blech, das nach dem Stanzen geglüht wird. Durch diesen Prozeß, bei dem eine Entkohlung des Eisens stattfindet, werden die magnetische und die elektrische Leitfähigkeit verbessert, so daß dieses sogenannte „Semifinished Blech" ähnliche Eigenschaften wie das silizierte Blech aufweist. Der geringe elektrische Widerstand führt allerdings dazu, daß die Wirbelstromverluste bei

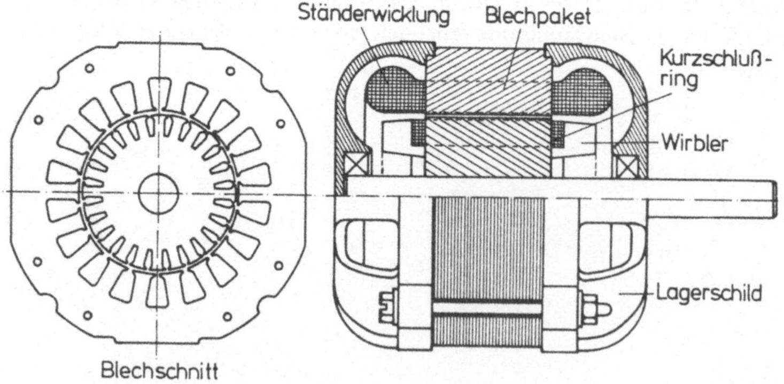

Bild 2.1 Asynchronmotor mit in Nuten verteilter Ständerwicklung

höheren Frequenzen als 50 Hz die Verwendung von nicht-siliziertem Blech oft verbieten. Zusätzlich werden die Bleche beim Glühen durch eine künstliche Oxidation der Oberfläche isoliert und die mechanischen Verspannungen an den Stanzkanten teilweise aufgehoben. Da Kleinmotoren oft in die anzutreibenden Geräte eingebaut werden, werden sie vielfach gehäuselos, nur mit Lagerschilden (Bild 2.1) oder mit Lagerbügeln versehen, ausgeführt. Der Ständer trägt eine in Nuten verteilte, ein-, zwei- oder dreisträngige Wicklung. Asynchron-Kleinstmotoren besitzen manchmal konzentrierte Wicklungen auf ausgeprägten Polen (Bild 2.2).

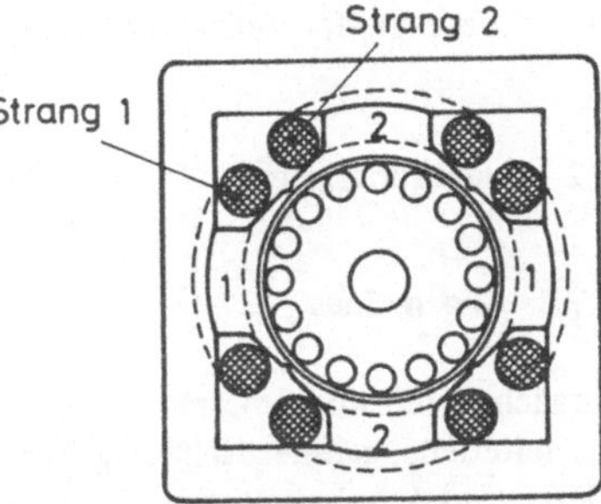

Bild 2.2
Asynchronmotor mit ausgeprägten Polen

Die Wicklung des Läufers, die stets in Nuten untergebracht ist, ist kurzgeschlossen und wird überwiegend als sogenannte Käfigwicklung im Druckgußverfahren aus Aluminium oder, falls zur Erhöhung des Anlaufmomentes der Läuferwiderstand vergrößert werden muß, aus Aluminium-Legierungen, zum Beispiel mit Silizium, hergestellt. Gußkäfige aus Messing oder Bronze werden bei höheren Temperaturen oder bei Korrosionsgefahr verwendet. In diesem Fall besteht der „Käfig" häufig auch aus Kupferstäben und an den Stirnseiten angeschweißten Kupferringen. Zur Verbesserung der

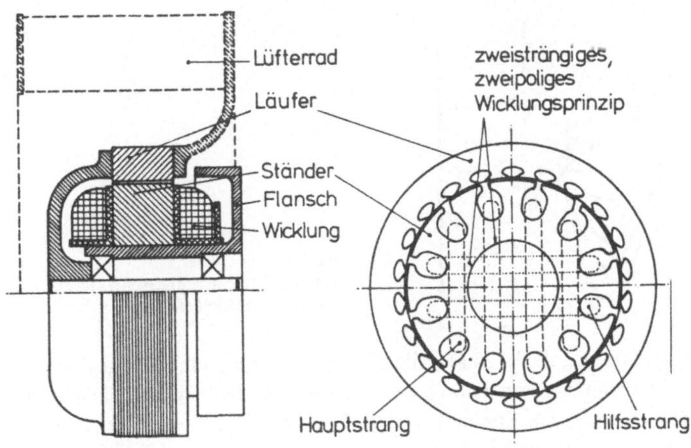

Bild 2.3 Ventilator mit Außenläufermotor

Motorkühlung sind an den Kurzschlußringen kleine Lüfterflügel, „Wirbler" genannt, angegossen. Ist eine verstärkte Wärmeabfuhr erforderlich, verwendet man ein besonderes Lüfterrad. Je nach Einsatz sind die Motoren durchzugsbelüftet oder geschlossen, d. h. außengekühlt ausgeführt.

Als Antrieb für Ventilatoren dienen oft Motoren mit innenliegendem Ständer und glockenförmigem Außenläufer, wobei die Ventilatorflügel unmittelbar am Läufermantel befestigt sind. Auf diese Weise läßt sich ein günstigerer Gebläsewirkungsgrad und eine kompaktere Bauweise erzielen (Bild 2.3) als bei einem Motor mit Innenläufer, bei dem der Ventilator in axialer Richtung auf der Welle angebracht ist.

2.2 Ausführungsarten

2.2.1 Allgemeines

Zunächst eine Vorbemerkung: Die Ausdrücke „Strang" und „-strängig" werden stets als materielle, geometrische Begriffe im Zusammenhang mit Wicklungen, die Ausdrücke „Phase" und „-phasig" stets als zeitlich mathematische Begriffe im Zusammenhang mit Spannungen, Strömen und Flüssen verwendet. Korrekt ist es daher, z. B. von zweisträngigen Einphasen-Motoren zu sprechen.

Ein einzelner Strang, der von einem zeitlich sinusförmig sich ändernden Wechselstrom durchflossen wird, erzeugt eine räumlich feststehende, zeitlich sinusförmig sich ändernde Durchflutungsschwingung $\Theta(x, t)$. Sie kann durch einen Zeiger, der im Raum feststeht und dessen Länge sich entsprechend der Durchflutungsschwingung ändert, dargestellt werden (Bild 2.4).

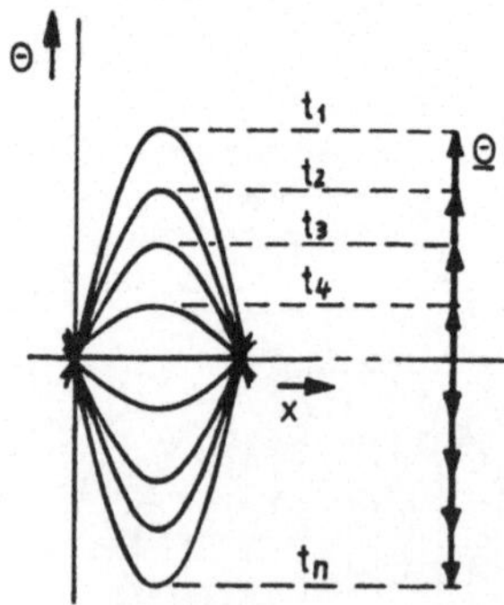

Bild 2.4
Ortsfeste Durchflutungsschwingung, dargestellt durch einen Zeiger mit zeitlich sich ändernder Länge

Zwei Stränge, die in einer zylindrischen Maschine räumlich gegeneinander versetzt angeordnet sind und von zeitlich gegeneinander phasenverschobenen Strömen durchflossen werden, erzeugen eine umlaufende Durchflutungswelle. Das Bild 2.5 zeigt eine derartige Durchflutungswelle, die sich entlang dem Luftspalt fortbewegt, zu den Zeitpunkten t_1 bis t_4. Wie bekannt, läßt sich eine solche Welle durch einen rotierenden

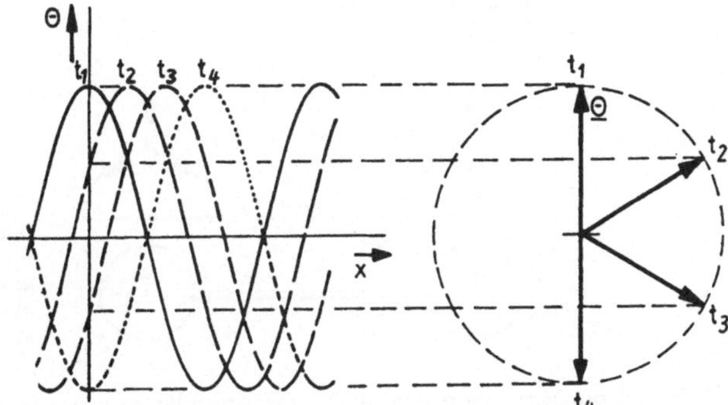

Bild 2.5
Wandernde Durchflutungswelle konstanter Amplitude, dargestellt durch einen Drehzeiger mit konstanter Länge

Zeiger darstellen. Ändert sich der Maximalwert der Welle nicht – sie ruft dann ein Kreisdrehfeld im Luftspalt hervor –, ist auch die Zeigerlänge konstant.

Zur Erläuterung der Wirkungsweise und des Betriebsverhaltens von Asynchronmaschinen wird im folgenden die von Ferraris erstmals erwähnte Drehfeld-Theorie benutzt. Ferraris kehrte eine den Mathematikern seit langem bekannte Gesetzmäßigkeit um und zerlegte den feststehenden Zeiger der Wechseldurchflutung eines Stranges in zwei sich entgegengesetzt drehende Zeiger von Drehdurchflutungen halber maximaler Wechselzeiger-Länge (Bild 2.6).

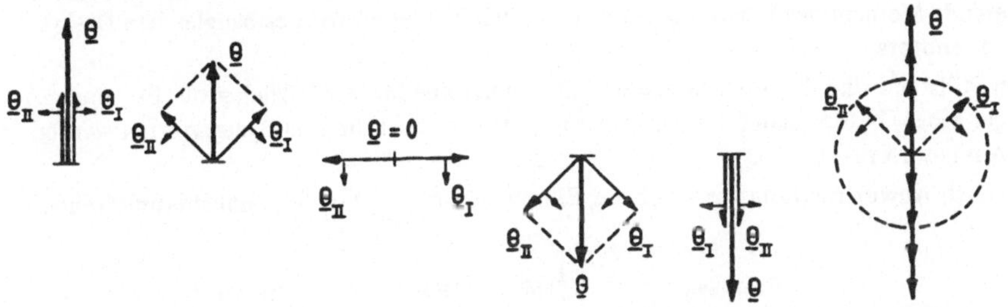

Bild 2.6 Zerlegung eines feststehenden Zeigers veränderlicher Länge in zwei sich entgegengesetzt drehende Zeiger

Aus der Überlagerung der Durchflutungen aller Stränge jeweils einer Drehrichtung läßt sich das von ihnen erzeugte resultierende Drehfeld und damit das Drehmoment, das in dieser Richtung wirkt, ermitteln.

2.2.2 Einsträngiger Motor

Aus der gerade beschriebenen Überlegung folgt die Vorstellung, daß eine Maschine, die nur einen Ständer-Strang besitzt, durch zwei in Reihe geschaltete, miteinander gekuppelte, symmetrische Mehrphasen-Maschinen, die entgegengesetzt rotierende Magnetfelder besitzen, ersetzt gedacht werden kann. Zum Beispiel können das, wie im Bild 2.7 dargestellt,

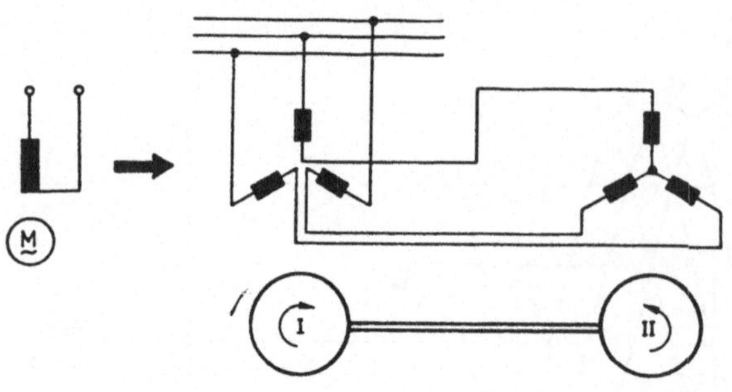

Bild 2.7
Einphasen-Maschine, ersetzt gedacht durch zwei gegensinnig geschaltete Mehrphasen-Maschinen

zwei Drehstrom-Maschinen sein, wobei die Anschlüsse zweier Stränge der einen Maschine vertauscht werden.

Die sich entgegengesetzt bewegenden, fiktiven Drehfelder der beiden Mehrphasen-Maschinen ergeben, wenn man sie sich einander überlagert denkt und Sättigungserscheinungen außer Acht läßt, in jedem Augenblick das Feld der tatsächlich existierenden, einsträngigen Maschine. Ihr Drehmoment kann man sich daher als Überlagerung der Drehmomente der beiden Ersatzmaschinen vorstellen. In dem Bild 2.8 sind die Drehzahl-Drehmomenten-Kurven dieser Maschinen gezeichnet. Daraus lassen sich die folgenden Schlüsse ziehen:

Wirkt die eine Maschine als Motor, so wirkt die andere als Bremse. Daher ist das resultierende Moment des Einstrangmotors erheblich kleiner als das des baugleichen Drehstrommotors.

Im Stillstand sind das antreibende und das bremsende Moment gleich groß. Ein einsträngiger Motor besitzt daher k e i n A n z u g s m o m e n t und muß angeworfen werden (A n w u r f m o t o r).

Je nach Anwurfrichtung kann sich der Einstrangmotor rechts- oder linksherum drehen.

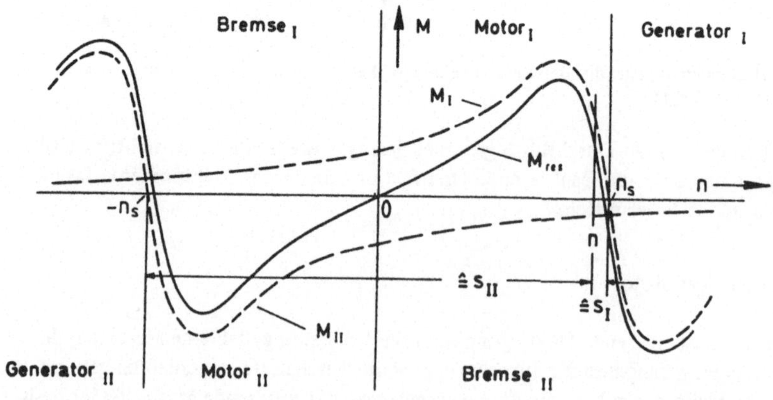

Bild 2.8 Drehzahl-Drehmoment-Kurven der Maschinen in Bild 2.7

Dreht sich die Einstrangmaschine nach dem Anwerfen selbständig weiter, so ist offensichtlich aus dem Wechselfeld bei Stillstand ein Drehfeld entstanden, das in Motordrehrichtung rotiert.

Definition: Dreht sich die Ersatzmaschine I des Bildes 2.8 in der gleichen Richtung wie der einsträngige Motor, bezeichnet man die Maschine I als mitlaufende Maschine bzw. ihr Magnetfeld B_I als mitlaufendes Feld oder Mitfeld und Maschine II als gegenlaufende Maschine bzw. ihr Feld B_{II} als gegenlaufendes Feld oder Gegen- bzw. Inversfeld. Das Feld des Einstrangmotors besteht aus zwei Komponenten, dem Mit- und dem Gegenfeld.

Der Schlupf des Läufers gegenüber dem mitlaufenden Feld ist nach Bild 2.8

$$s_m = s = \frac{n_s - n}{n_s}, \tag{2.1a}$$

der Schlupf gegenüber dem gegenlaufenden Feld

$$s_g = \frac{n_s + n}{n_s} = 2 - s. \tag{2.1b}$$

Dabei ist n die Drehzahl der Welle und n_s die synchrone Drehzahl des Einstrangmotors.

Der Einstrangmotor kann nicht als Bremse verwendet werden; in seiner Stromortskurve fehlt der Bremsbereich.

Die Frequenz des Läuferstromes der gegenlaufenden Maschine ist mit f_1 als Ständerfrequenz

$$f_{2g} = (2 - s) f_1 \tag{2.2}$$

Da der Schlupf s Werte zwischen 0 und 1 annimmt, ist die Frequenz f_{2g} hoch und würde in einem Hochstabläufer nicht nur bei Anlauf sondern auch bei Nennbetrieb, und zwar in weit stärkerem Maße, eine Stromverdrängung und damit hohe Stromwärmeverluste verursachen. Daher verwendet man bei Einphasenmotoren grundsätzlich keine Hoch- oder Doppelstabläufer, wie sie bei Drehstrommotoren zur Erhöhung des Anlaufmomentes eingesetzt werden.

Aus den Diagrammen des Bildes 2.9 ist zu entnehmen, daß sich das maximale Moment, das Kippmoment M_k, bei variiertem Läuferwiderstand R_2 nicht nur in der Lage,

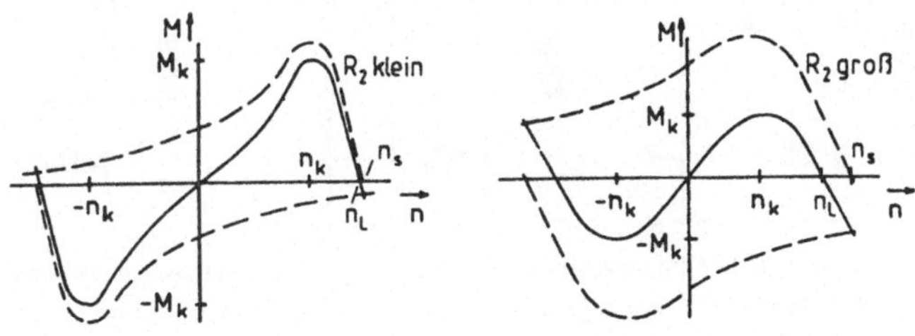

Bild 2.9 Drehmoment-Kurven bei verändertem Läuferwiderstand R_2

wie das bei Drehstrommotoren der Fall ist, sondern auch in der Größe ändert. Ebenso ändert sich die Leerlaufdrehzahl n_L.

Es sei daran erinnert, daß auch Drehstrom-Asynchronmotoren, bei denen der Netzanschluß eines Stranges unterbrochen ist, sich wie Einstrangmaschinen verhalten (Bild 2.10).

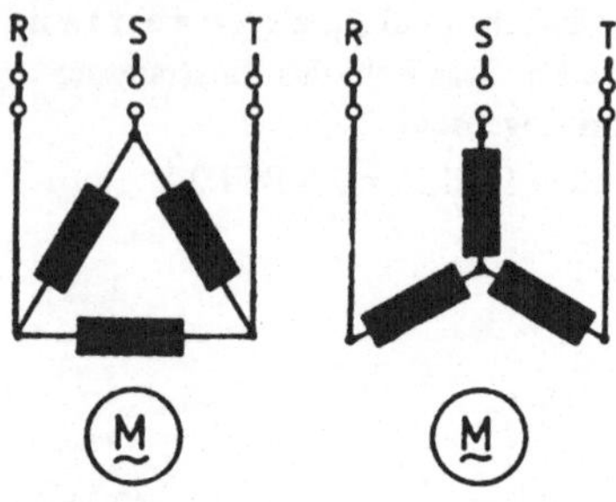

Bild 2.10
Drehstrom-Asynchronmotoren mit zweiphasigem Netzanschluß

Reine Einstrangmotoren kommen nur selten vor, weil sie kein Anzugsmoment besitzen. Ihr Betriebsverhalten wurde hier erläutert, weil die beschriebenen Eigenschaften, abgesehen vom Anzugsmoment, grundsätzlich für alle Wechselstrom-Asynchronmaschinen gelten. Zugleich stellen sie die wesentlichen Unterschiede zwischen Ein- und Mehrphasen-Maschinen dar.

2.2.3 Zweisträngige Motoren

Bei zweisträngigen Motoren ist, wie das Bild 2.11 zeigt, der eine Strang, der H a u p t - s t r a n g , direkt an das speisende Netz angeschlossen. Um ein Anzugsmoment zu erzeugen, muß der Strom in dem zweiten Strang, dem H i l f s s t r a n g , gegenüber dem Strom des Hauptstranges phasenverschoben sein. Daher legt man die Hilfswicklung in Reihe mit einer zusätzlichen Impedanz an das Netz. Dafür gibt es drei Möglichkeiten.

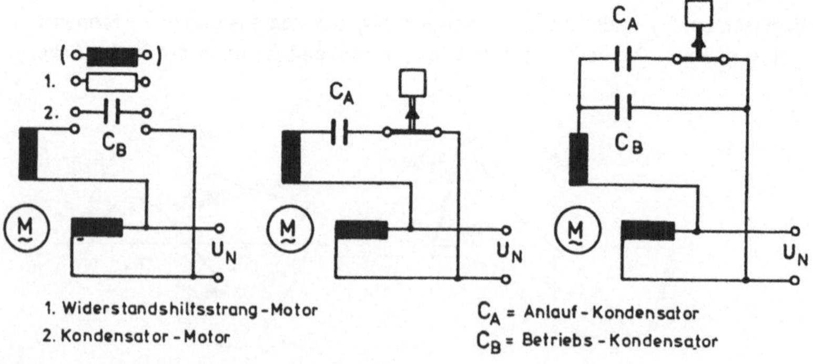

Bild 2.11 Schaltungen zweisträngiger Motoren

2.2.3.1 Kondensator-Motor

Am häufigsten schaltet man Kondensatoren in Reihe zur Hilfswicklung und kann damit eine optimale Phasenverschiebung von $\pi/2$ erreichen, jedoch nur, wie wir im Abschnitt 2.3.3 sehen werden, für einen einzigen Betriebspunkt. Ein Betriebskondensator C_B bleibt dauernd eingeschaltet. Ist ein hohes Anzugsmoment erwünscht, schaltet man einen zweiten Kondensator, einen sogenannten Anlaßkondensator C_A, parallel zum Betriebskondensator. Der Anlaßkondensator wird nach erfolgtem Hochlauf, etwa bei Erreichen des Kippmomentes, durch ein Relais oder einen Fliehkraftschalter abgeschaltet.
Oft sieht man auch nur einen abschaltbaren Anlaßkondensator vor. Der nach dem Abschalten des Hilfsstranges einsträngig wirkende Motor dreht sich ja in der Anlaufrichtung weiter.

2.2.3.2 Widerstandshilfsstrang-Motor

Häufig wird der Wirkwiderstand des Hilfsstranges gegenüber dem des Hauptstranges künstlich erhöht. Dazu legt man entweder einen ohmschen Widerstand in Serie zur Hilfswicklung, verwendet für die Hilfswicklung Widerstandsdraht, wickelt einen Teil der Hilfswicklung bifilar oder kombiniert diese Möglichkeiten miteinander. Wegen der hohen Stromwärmeverluste im Hilfsstrang wird dieser abgeschaltet, wenn der Motor angelaufen ist. Der Widerstandshilfsstrang-Motor ist zwar kostengünstiger und noch robuster als der Kondensator-Motor, bei dem der Kondensator eher zu Ausfällen führt, erreicht aber nicht dessen große Phasenverschiebung.

2.2.3.3 Motor mit induktivem Reihenwiderstand

Beim Kondensator- und beim Widerstandshilfsstrang-Motor eilt der Strom im Hilfsstrang dem Strom im Hauptstrang voraus, weil die Induktivität des Hilfszweiges geringer ist. Der Läufer dreht sich im Sinne dieser Phasenfolge. Verwendet man dagegen eine Drossel als Reihenimpedanz, ist die Phasenfolge und damit die Drehrichtung umgekehrt. Da die mit einer Drossel erzielbare Phasenverschiebung jedoch nur sehr gering ist, weil ja die Wicklungsimpedanzen ohnehin schon überwiegend induktiv sind, wird kaum einmal ein induktiver Reihenwiderstand verwendet. Daher ist auch ein Umschalten von Kondensator oder Widerstand auf eine Drossel zum Zwecke einer Drehrichtungsänderung nicht sinnvoll.

2.2.3.4 Motor mit kurzgeschlossenem Hilfsstrang

In diesem Motor wird eine vierte Möglichkeit zur Phasenverschiebung der Ströme genutzt. Der Hilfsstrang ist hier kurzgeschlossen. Der Hauptstrang ist magnetisch mit dem Hilfsstrang gekoppelt, induziert daher dort transformatorisch eine Spannung und ruft somit einen Strom hervor, der dem des Hauptstranges nacheilt. Infolgedessen dreht sich dieser Motor vom Hauptstrang zum Hilfsstrang. Der am weitesten verbreitete Motortyp, der nach diesem Prinzip arbeitet, ist der Spaltpolmotor, der im Abschnitt 2.5 besonders behandelt wird.

2.2.4 Dreisträngige Motoren

Benötigt man nur eine kleine Stückzahl eines Wechselstrommotor-Typs, kann man auch einen passenden dreisträngigen Motor, der schon vorhanden ist, einphasig betreiben und damit die Entwicklungskosten einer zweisträngigen Ausführung sparen. Eine weitere Möglichkeit, eine dreisträngige Ständerwicklung zu verwenden, kommt manchmal bei polumschaltbaren Motoren vor. Bei Kleinmotoren ist es in diesem Fall günstiger, wenn jede Polzahl eine eigene Wicklung erhält (siehe Abschnitt 2.4.3.3). In einigen Fällen ist nur ein einziger Kondensator für beide Wicklungen erforderlich, wobei manchmal beide Wicklungen mit verschiedenen Strangzahlen ausgeführt werden müssen (siehe Abschnitt 2.3.3.3).

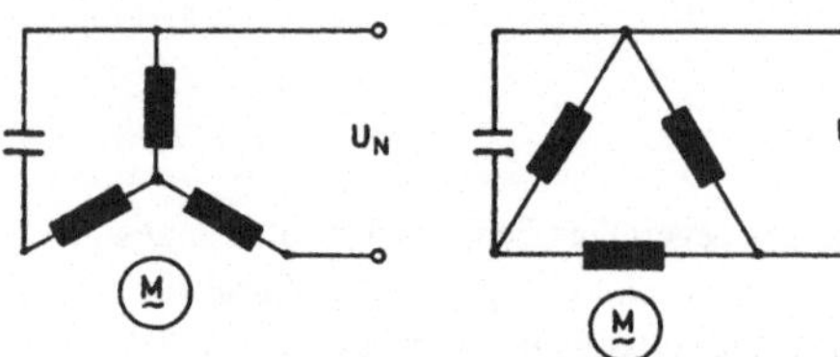

Bild 2.12
Schaltungen dreisträngiger Motoren für Wechselstrombetrieb

Nach demjenigen, der als erster die Verwendung dreisträngiger Motoren als Wechselstrommotoren vorgeschlagen hat, nennt man die entsprechenden Schaltungen S t e i n m e t z - S c h a l t u n g e n (Bild 2.12). Zwei Wicklungsanschlüsse sind direkt an das Netz gelegt, der dritte über einen Kondensator, der als Anlaß- oder Betriebskondensator dient. Wirkwiderstände oder Drosseln wären als Reihenwiderstände natürlich grundsätzlich auch geeignet, werden in der Praxis jedoch nicht verwendet. Allerdings kann es erforderlich sein, zu dem Kondensator noch einen ohmschen Widerstand in Reihe zu schalten, um bei einem vorhandenen dreisträngigen Motor einen bestimmten einphasigen Betriebszustand einzustellen.

2.2.5 Wicklungsausführungen

Im Gegensatz zu Drehstrommaschinen, bei denen die drei Wicklungsstränge stets symmetrisch ausgeführt sind, gibt es häufig Wechselstrommaschinen, bei denen sich die Wicklungsdaten von Haupt- und Hilfsstrang unterscheiden.

2.2.5.1 Symmetrische Wicklungen

Sie entsprechen den Wicklungen von Drehstrommaschinen, d. h.

die Anzahl der Nuten je Pol und Strang (Lochzahl)

$$q = \frac{N}{2pm} \tag{2.3}$$

ist für alle Stränge gleich; dabei ist N die Nutenzahl, m die Strangzahl und p die Polpaarzahl;

die Leiterzahl je Nut z_N ist meistens für alle Nuten gleich. Sie kann jedoch auch von Nut zu Nut verschieden sein, um die Oberwellen des Luftspaltfeldes zu vermindern. Sie ist aber in den gleichlagigen Nuten, d. h. in den Nuten, die gleich weit von der jeweiligen Wicklungsachse entfernt liegen (siehe Bild 2.13), gleich;
alle Stränge haben daher die gleiche Windungszahl und den gleichen Wicklungsfaktor;
der Drahtdurchmesser aller Stränge ist gleich und damit auch ihr Wirk- und Blindwiderstand sowie ihr Wicklungsgewicht.

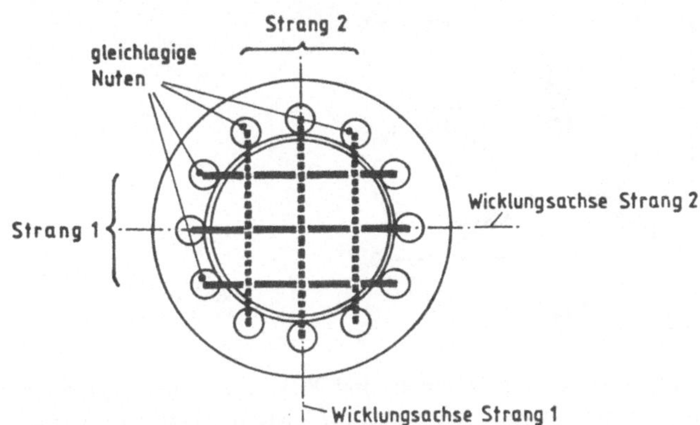

Bild 2.13
Zum Begriff „Gleichlagige Nuten"

2.2.5.2 Quasisymmetrische Wicklungen

Bei diesen Wicklungen ist die Lochzahl aller Stränge zwar gleich und ebenso der Spulenquerschnitt in den gleichlagigen Nuten, die Windungszahl ist jedoch von Strang zu Strang, seltener auch von Nut zu Nut verschieden. Sie können, wie es der Name andeutet, „wie symmetrische" Wicklungen rechnerisch behandelt werden (siehe Abschnitt 2.3.3.1). Der Wicklungsfaktor und das Wicklungsgewicht aller Stränge sind auch bei dieser Ausführung gleich, nicht aber Wirk- und Blindwiderstand.

2.2.5.3 Unsymmetrische Wicklungen

Bei diesen Wicklungen ist die Lochzahl der Stränge unterschiedlich. Die Anzahl der Leiter in den gleichlagigen Nuten kann auch verschieden voneinander sein, ebenso der Drahtdurchmesser der Stränge. Daher weichen hier die Windungszahlen, die Wicklungsfaktoren, die Wicklungsgewichte und die Widerstände der einzelnen Stränge voneinander ab. Ein Beispiel für eine unsymmetrische Wicklungsausführung ist die sogenannte 2/3-1/3-Wicklung im Bild 2.14. Zwei Drittel aller Nuten belegt die Hauptwicklung, ein Drittel die Hilfswicklung. Dadurch verhindert man, daß der Hauptstrang Feldoberwellen erzeugt, deren Polzahlen durch Drei teilbare Vielfache der Grundwellen-Polzahl sind. Insbesondere vermeidet man damit die dritte Oberwelle. Dieses wird aus dem Bild 2.14 verständlich, wenn man sich – den Hilfsstrang außer Acht lassend – den Hauptstrang aus einer Drehstromwicklung hervorgegangen denkt. In dem einen Teil des Hauptstranges – zum Beispiel A – fließe der Strom gerade von der

Klemme zum Mittelpunkt, im anderen Teil – zum Beispiel B – vom Mittelpunkt zur zweiten Klemme. Dieser Durchflutungszustand tritt auch bei Drehstrommaschinen in dem Augenblick auf, in dem zwei Stränge gerade den entgegengesetzt gleichen Strom führen, während der dritte Strang stromlos ist. Ebenso wie bei Drehstromwicklungen treten auch beim Hauptstrang, der zwei Drittel des Maschinenumfanges belegt, die gerade genannten Feldoberwellen nicht auf. Der Hilfsstrang bildet dagegen diese Oberfelder besonders stark aus und wird deshalb oft nach erfolgtem Hochlauf abgeschaltet.

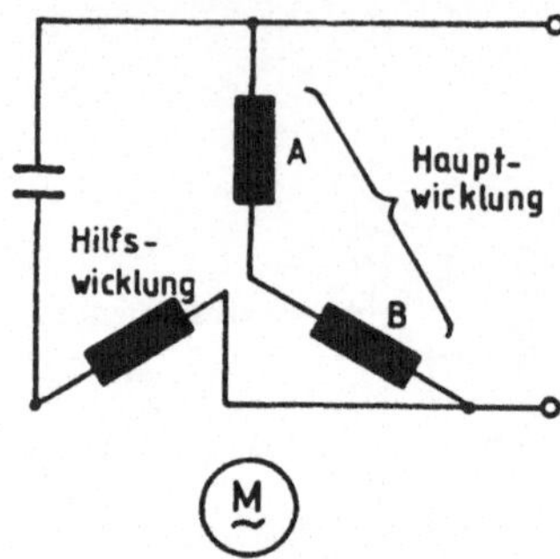

Bild 2.14
2/3-1/3-Wicklung

Zur besseren Übersicht sind die drei Wicklungsausführungen in der folgenden Tabelle einander gegenübergestellt, wobei der Vollständigkeit wegen schon einige Größen und Begriffe aufgenommen sind, die erst im anschließenden Abschnitt definiert werden.

Ha = Hauptstrang Hi = Hilfsstrang	Wicklungsausführung symmetrisch	quasisymmetrisch	unsymmetrisch
Lochzahl	$q_{Hi} = q_{Ha}$	$q_{Hi} = q_{Ha}$	$q_{Hi} \neq q_{Ha}$
Windungszahl	$w_{Hi} = w_{Ha}$	$w_{Hi} \neq w_{Ha}$	$w_{Hi} \neq w_{Ha}$
Wicklungsfaktor	$\xi_{Hi} = \xi_{Ha}$	$\xi_{Hi} = \xi_{Ha}$	$\xi_{Hi} \neq \xi_{Ha}$
Übersetzungsverhältnis	$ü = 1$	$ü = \frac{w_{Ha}}{w_{Hi}}$	$ü = \frac{w_{Ha}\xi_{Ha}}{w_{Hi}\xi_{Hi}}$
Impedanz	$\underline{Z}_{Hi} = \underline{Z}_{Ha}$	$\underline{Z}'_{Hi} = ü^2\underline{Z}_{Hi} = \underline{Z}_{Ha}$	$\underline{Z}'_{Hi} \neq \underline{Z}_{Ha}$
Wicklungsgewicht	$G_{Hi} = G_{Ha}$	$G_{Hi} = G_{Ha}$	$G_{Hi} \neq G_{Ha}$

2.3 Drehfelder in Wechselstrom-Asynchronmaschinen

2.3.1 Allgemeines

Ein Magnetfeld, das mit konstanter Größe und Geschwindigkeit entlang dem Luftspalt einer elektrischen Maschine mit zylindrischem Ständer umläuft, bezeichnet man als K r e i s d r e h f e l d. Es entsteht, wenn

m um den elektrischen Winkel $2\pi/m$ gegeneinander versetzt angeordnete, gleiche Wicklungen von
m um den Winkel $2\pi/m$ gegeneinander phasenverschobenen, gleichen Strömen durchflossen werden.

Anmerkung: Ein elektrischer Winkel ergibt sich durch Multiplikation des entsprechenden geometrischen Winkels mit der Polpaarzahl p:

$$\alpha_{\text{elektrisch}} = p \cdot \alpha_{\text{geometrisch}}$$

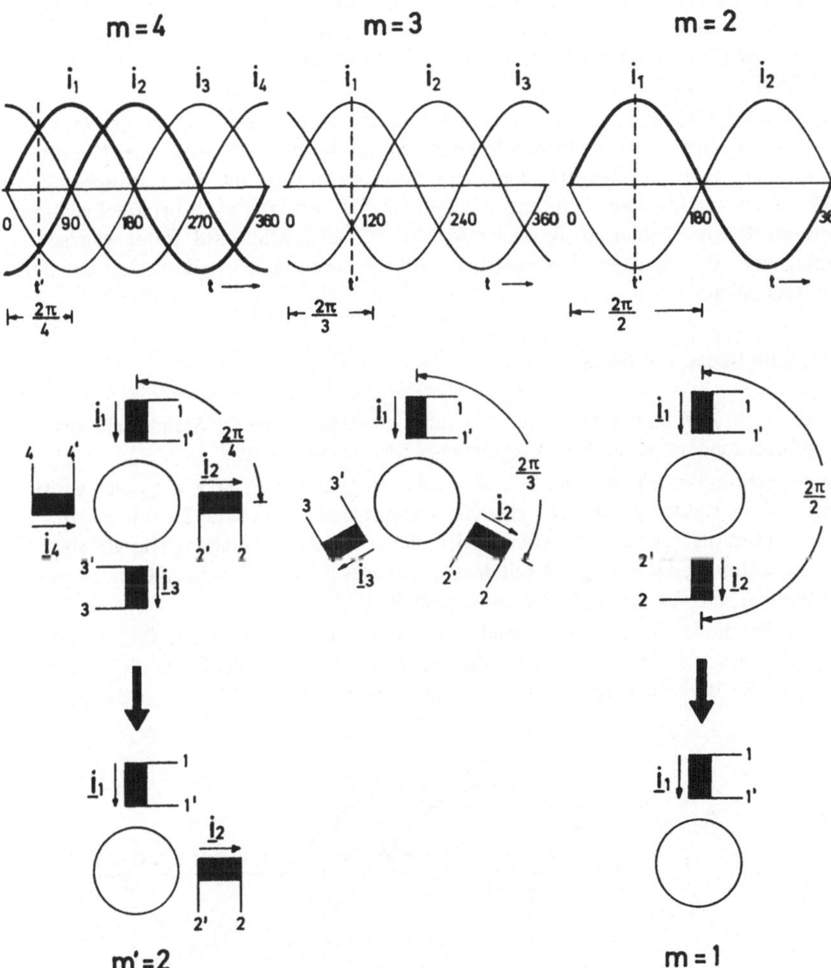

Bild 2.15 Stromdiagramme und Wicklungsanordnungen für die Strangzahlen m = 1 bis m = 4

Das Bild 2.15 zeigt Strom-Diagramme und Wicklungsanordnungen für die Phasen- bzw. Strangzahlen m = 1 bis m = 4. Trägt man an die Wicklungsstränge die Durchflutungsrichtungen zu einem beliebigen Zeitpunkt t′ an, wird ersichtlich, daß bei geraden Strangzahlen die Wicklungen, die in einer Achse liegen, zusammengefaßt werden können. So wird zum Beispiel aus einer ursprünglich viersträngigen Maschine eine zweisträngige, die an ein Zweiphasen-Netz angeschlossen werden kann. Anders ausgedrückt: Es genügen bei einem zweipoligen Motor zwei um 90 Grad räumlich versetzte Wicklungsstränge, die von phasenverschobenen Strömen durchflossen werden, um ein Drehfeld zu erzeugen. Beträgt die Phasenverschiebung ebenfalls 90° und sind die Ströme gleich groß, entsteht ein *Kreisdrehfeld*, andernfalls ein *elliptisches Drehfeld*. Zweisträngige Wechselstrom-Asynchronmotoren müssen einen elektrischen Winkel von $\pi/2$ zwischen den Strängen aufweisen, weil sie letztlich auf *Vierphasen-Motoren* zurückzuführen sind.

Abgesehen von Spaltpolmotoren erfüllen Wechselstrom-Motoren bezüglich der Wicklungsanordnung die eine der beiden Voraussetzungen für das Entstehen eines Kreisdrehfeldes, nicht aber ohne weiteres die andere bezüglich der Ströme. Da elliptische Drehfelder unerwünschte Nebenwirkungen hervorrufen, strebt man auch bei Wechselstrom-Motoren Kreisdrehfelder an. Bevor im Abschnitt 2.3.3 gezeigt wird, unter welchen Bedingungen das möglich ist, werden zunächst die Eigenschaften elliptischer Drehfelder beschrieben.

2.3.2 Elliptische Drehfelder

Im folgenden ist vorausgesetzt, daß der Läufer stromlos ist und das Ständerfeld nicht beeinflußt, sondern lediglich als magnetischer Rückschluß dient.

Ein Asynchronmotor besitze im Ständer zwei Stränge U und Z, die völlig gleich ausgeführt und um elektrisch 90° gegeneinander versetzt angeordnet sind. Sie sollen von gleich großen Strömen durchflossen werden, deren Phasenverschiebung von 90° abweicht. Die Durchflutung des Stranges Z soll der des Stranges U um 60°, d. h. zeitlich um $\pi/3$, vorauseilen, wie dies in dem Bild 2.16 dargestellt ist.

Für den Zeitpunkt t′ = 6, entsprechend dem Winkel $\omega t = \pi/2$, ist in dem Bild 2.17 das Zeigerdiagramm der Durchflutungen gezeichnet. Die Wechselzeiger $\underline{\Theta}_U$ und $\underline{\Theta}_Z$ werden – im Bild 2.17a – zunächst in zwei Drehzeiger, die in Richtung I bzw. II rotieren, zer-

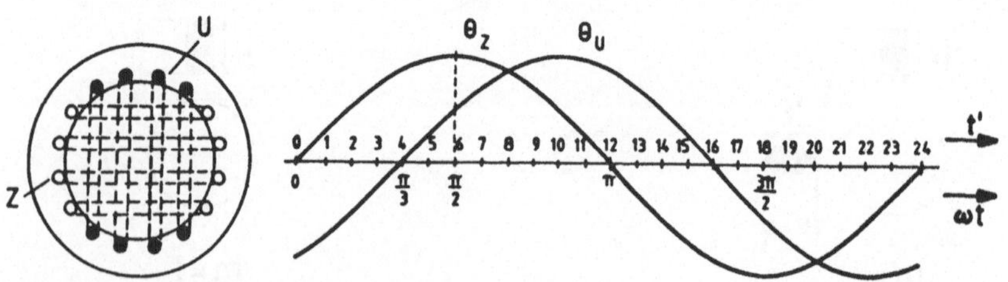

Bild 2.16 Wicklungsanordnung und Durchflutungsdiagramm für eine 2-strängige, 2-polige Maschine

legt. Dann werden die Drehzeiger jeweils einer Richtung addiert. Zeichnet man nun Zeigerdiagramme für weitere aufeinander folgende Zeitpunkte, ergeben sich Dreiecke, die sich links- bzw. rechtsherum drehen, ohne dabei ihre Form und Größe zu ändern.

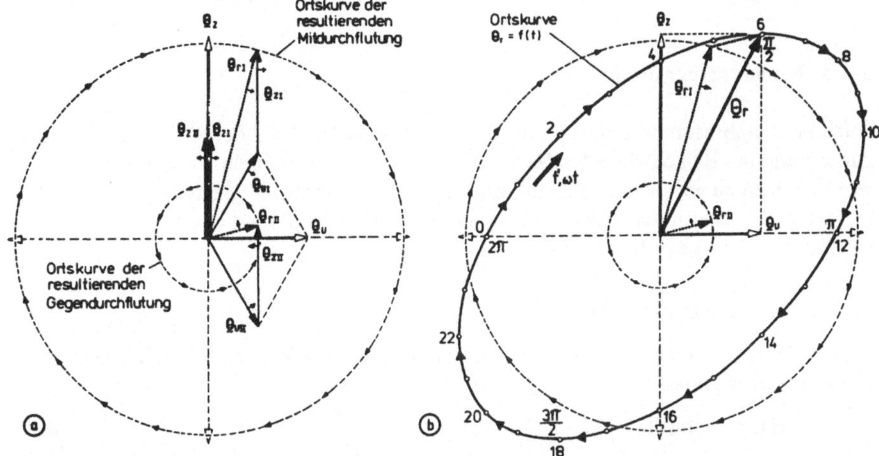

Bild 2.17 Zeigerdiagramme und Ortskurven für die Durchflutungen im Bild 2.16

Auf diese Weise erhält man Kreise als Ortskurven der entgegengesetzt rotierenden Durchflutungs-Drehwellen. Die Ortskurve der Gesamtdurchflutung $\underline{\Theta}_r$, die sich aus der Addition der punktiert gezeichneten Zeiger $\underline{\Theta}_{rI}$ und $\underline{\Theta}_{rII}$ ergibt, ist dagegen im allgemeinen eine Ellipse (Bild 2.17b). Die Gesamtdurchflutung erregt das Gesamtfeld im Luftspalt. Läßt man die Nutung von Ständer und Läufer sowie die magnetische Sättigung des Eisens unberücksichtigt, stellt diese Ellipse gleichzeitig die Ortskurve der Luftspaltinduktion dar und ist damit ein Maß für das Drehmoment. Aus der Ortskurve lassen sich zwei typische Eigenschaften elliptischer Drehfelder ablesen:

Während eines Umlaufs erreicht der Durchflutungszeiger $\underline{\Theta}_r$ zweimal seine größte und zweimal seine kleinste Länge. Da die Umlaufsfrequenz gleich der Netzfrequenz ist, ändern sich Durchflutung, Luftspaltfeld und Moment mit doppelter Netzfrequenz. Wechselstrom-Asynchronmotoren weisen daher im allgemeinen ein Pendelmoment auf, das dem bei stationärem Betrieb konstanten Nutzmoment überlagert ist und ein 100 Hz-Geräusch verursacht.

Die Skalierung der Ellipse zeigt, daß die Abstände der Markierungen ($t' = 0$ bis 23), die jeweils gleiche Zeitabstände angeben, im Bereich der kleinen Achse größer sind als im Bereich der großen Achse. Der Zeiger der Gesamtdurchflutung bewegt sich also im Bereich der kleinen Achse schneller als im Bereich der großen Achse (vgl. das 2. Keplersche Gesetz). Die Geschwindigkeit des Drehfeldes schwankt somit ebenfalls mit 100 Hz.

Je mehr sich die Durchflutungen in der Größe unterscheiden und je mehr ihre Phasenverschiebung von 90° abweicht, um so schmaler wird die Ellipse und um so stärker sind die Momenten- und Geschwindigkeits-Schwankungen ausgeprägt.

Im Beispiel des Bildes 2.17 überwiegt die resultierende Durchflutung der Richtung I. Daher bestimmt das durch $\underline{\Theta}_{rI}$ hervorgerufene Feld die Drehrichtung des Gesamtfeldes im Luftspalt und damit die des Motors: er dreht sich in der I-Richtung. Das Feld der Richtung I ist daher das Mitfeld, das der Richtung II das Gegenfeld.

2.3.3 Symmetrischer Betrieb

Auch bei Einphasenmotoren ist es möglich, durch passende Wahl der Wicklungsimpedanzen und des Reihenwiderstandes im Hilfszweig ein Kreisdrehfeld wie bei Mehrphasenmaschinen zu erzeugen und damit Momenten- und Geschwindigkeitsschwankungen zu vermeiden. Man spricht dann vom symmetrischen Betrieb eines symmetrierten Motors.

2.3.3.1 Zweisträngiger Motor

Aus der Schaltung eines zweisträngigen Motors im Bild 2.18 können folgende Gleichungen abgelesen werden:

Hauptstrang U: $\underline{U}_N = \underline{I}_U \underline{Z}_U$ (2.4)

Hilfsstrang Z: $\underline{U}_N = \underline{I}_Z(\underline{Z}_Z + \underline{Z}_r)$ (2.5)

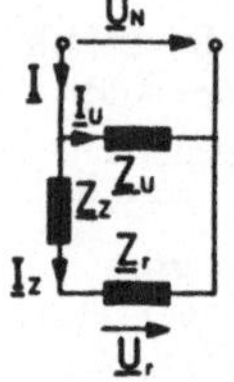

Bild 2.18 Schaltbild eines zweisträngigen Wechselstrom-Asynchronmotors

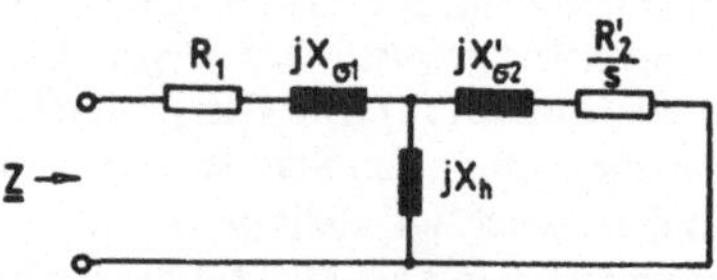

Bild 2.19 Schaltbild des Ersatzstromkreises eines Ständerstranges

Dabei ist $\underline{Z}_r$ die Reihenimpedanz. Für beide Stränge gilt das von Drehstrommaschinen her bekannte Schaltbild des Ersatzstromkreises im Bild 2.19 mit dem Wirkwiderstand R_1 und dem Streublindwiderstand $X_{\sigma 1}$ der Ständerwicklung, der Nutz- oder Hauptreaktanz X_h, dem Wirkwiderstand R_2' und dem Streublindwiderstand $X_{\sigma 2}'$ der Läuferwicklung. Beide Läuferwiderstände sind auf die Ständerwicklung umgerechnet:

$$R_2' = u \cdot R_2 \qquad X_{\sigma 2}' = u \cdot X_{\sigma 2} \tag{2.6}$$

mit dem Umrechnungsfaktor

$$u = \frac{m_1}{m_2}\left(\frac{z_1 \cdot \xi_1}{z_2 \cdot \xi_2}\right)^2 \tag{2.7}$$

Für einen Käfigläufer, ist die Strangzahl m_2 gleich seiner Nutenzahl N_2, die Leiterzahl z_2 gleich 1 und der Wicklungsfaktor ξ_2 gleich dem Schrägungsfaktor, wie er von der Drehstrommaschine her bekannt ist. Die Strangimpedanzen $\underline{Z}_U$ und $\underline{Z}_Z$ enthalten sowohl im Realteil (Index R) als auch im Imaginärteil (Index I) den schlupfabhängigen Widerstand R_2'/s.

$$\underline{Z}_U = Z_{UR} + jZ_{UI} \qquad \underline{Z}_Z = Z_{ZR} + jZ_{ZI} \tag{2.8}$$

Die Gleichungen (2.4) und (2.5) gleichgesetzt, ergeben für die Reihenimpedanz

$$\underline{Z}_r = \underline{Z}_U \frac{\underline{I}_U}{\underline{I}_Z} - \underline{Z}_Z. \tag{2.9}$$

Um ein K r e i s d r e h f e l d zu erzeugen, müssen, wie im Abschnitt 2.3.1 erwähnt, die beiden folgenden Bedingungen erfüllt sein:

Die Durchflutungen beider Stränge müssen gleich groß und um $\pi/2$ gegeneinander phasenverschoben sein:

$$w_Z \cdot \xi_Z \cdot \underline{I}_Z = w_U \cdot \xi_U \cdot \underline{I}_U e^{j\frac{\pi}{2}} = jw_U \cdot \xi_U \cdot \underline{I}_U \tag{2.10}$$

mit den Windungszahlen w_U und w_Z sowie den Wicklungsfaktoren ξ_U und ξ_Z. Führt man das Übersetzungsverhältnis

$$ü = \frac{w_U \cdot \xi_U}{w_Z \cdot \xi_Z} = \frac{I_Z}{I_U} \tag{2.11}$$

ein, wobei I_U und I_Z Effektivwerte sind, läßt sich die Gleichung (2.10) vereinfacht schreiben:

$$jü = \frac{\underline{I}_Z}{\underline{I}_U} \tag{2.12}$$

Wir wollen hier nur s y m m e t r i s c h e und q u a s i s y m m e t r i s c h e W i c k - l u n g e n behandeln und können daher die Größen des Hilfsstranges, wie z. B.

$$\underline{Z}'_Z = ü^2 \underline{Z}_Z = \underline{Z}_U \tag{2.13}$$

auf den Hauptstrang umrechnen. Die Gleichungen (2.12) und (2.13) werden in die Gleichung (2.9) eingesetzt:

$$\underline{Z}_r = \frac{\underline{Z}_U}{jü} - \frac{\underline{Z}_U}{ü^2} = \frac{1}{ü^2}(-1 - jü)\underline{Z}_U \tag{2.14}$$

Schließlich wird die Impedanz des Hauptstranges $\underline{Z}_U$ noch durch Gleichung (2.8) ersetzt:

$$\underline{Z}_r = \frac{1}{ü^2}[(üZ_{UI} - Z_{UR}) - j(üZ_{UR} + Z_{UI})] \tag{2.15}$$

Die Impedanz, die die Gleichung (2.15) beschreibt, besitzt einen negativen Imaginärteil, der nur mit Hilfe einer Kapazität verwirklicht werden kann. Sie läßt sich durch die Forderung, daß der Realteil der Gleichung (2.15) Null sein muß, bestimmen:

$$üZ_{UI} = Z_{UR} \tag{2.16}$$

Dieses ist die Bedingung für die Hauptwicklung, damit ein Kreisdrehfeld entsteht. Sie gilt wegen Gleichung (2.13) in gleicher Weise für die Hilfswicklung. Die Bedingung für den Kondensator ergibt sich aus den Gleichungen (2.15) und (2.16) zu

$$\underline{Z}_r = -jX_C \quad \text{mit} \quad X_C = \frac{1}{ü^2}(ü^2 Z_{UI} + Z_{UI}) = \frac{1 + ü^2}{ü^2} Z_{UI}. \tag{2.17}$$

Die Bedingung (2.16) ist nur für einen Schlupfwert zu erreichen, da sie entsprechend der Bemerkung zur Gleichung (2.8) schlupfabhängig ist. Wechselstrom-Asynchronmotoren können deshalb nur bei einer einzigen Drehzahl symmetrisch betrieben werden, bei der sie ein Kreisdrehfeld besitzen und sich demzufolge wie ein Drehstrommotor verhalten. Im übrigen Bereich arbeiten sie unsymmetrisch, besitzen ein mehr oder weniger stark ausgeprägtes, elliptisches Drehfeld und damit die im vorhergehenden Abschnitt beschriebenen Eigenschaften. Wegen vorgegebener technischer Bedingungen – zum Beispiel sind nur bestimmte Leiterzahlen, Drahtstärken, Blechpaket-Durchmesser und -Längen sowie Kapazitätswerte ausführbar oder sinnvoll – ist es meistens nicht möglich, den optimalen Betrieb im Nennpunkt zu erreichen. Das ist auch nicht erforderlich, da das Optimum flach verläuft. Andererseits ist es im allgemeinen auch nicht erwünscht, unmittelbar bei der Nenndrehzahl ein Kreisdrehfeld zu erhalten, da dann das Feld bei Stillstand extrem elliptisch ist und die Momentenschwankungen den Anlauf erheblich beeinträchtigen können. Man legt daher den Symmetriepunkt zwischen Start- und Nennpunkt, und zwar je nach den Erfordernissen näher zum einen oder anderen Betriebspunkt.

Während beim Entwurf eines Motors die Bedingungen (2.16) und (2.17) berücksichtigt werden können, kann ein vorhandener Motor nachträglich nur dann symmetriert werden, wenn $Z_{UR} \leq üZ_{UI}$ ist. Außer einem Kondensator mit der Reaktanz $X_C = üZ_{UR} + Z_{UI}$ ist ein ohmscher Widerstand $R = üZ_{UI} - Z_{UR}$ erforderlich, der allerdings Verluste verursacht und damit den Wirkungsgrad verschlechtert.

Mit Hilfe der gerade abgeleiteten Gleichungen können die Kenndaten eines Kondensatormotors bei symmetrischem Betrieb bestimmt werden:

Die Kondensatorspannung $U_r = U_C$ bezogen auf die Nennspannung U_N, wobei die Gleichung (2.14) berücksichtigt wird:

$$\frac{U_C}{U_N} = \frac{|\underline{I}_Z \underline{Z}_r|}{U_N} = \frac{\left| jü\underline{I}_U \left(-\frac{1 + jü}{ü^2}\right) \underline{Z}_U \right|}{U_N} = \frac{\sqrt{1 + ü^2}}{ü} \tag{2.18}$$

Die Spannung des Hilfsstranges, bezogen auf die Nennspannung:

$$\frac{U_Z}{U_N} = \frac{U_Z}{U_U} = \frac{1}{ü} \tag{2.19}$$

Der Leistungsfaktor des Hauptstranges mit Gleichung (2.16):

$$\cos \varphi_U = \frac{Z_{UR}}{\sqrt{Z_{UR}^2 + Z_{UI}^2}} = \frac{ü}{\sqrt{ü^2 + 1}} = \frac{U_N}{U_C} \tag{2.20}$$

Der *Leistungsfaktor des Hilfsstranges* entsprechend Gleichung (2.13):

$$\cos\varphi_Z = \cos\varphi_U \tag{2.21}$$

Die Motorimpedanz entsprechend dem Bild (2.18) mit den Gleichungen (2.13) und (2.14):

$$\underline{Z} = \frac{\underline{Z}_U(\underline{Z}_Z + \underline{Z}_r)}{\underline{Z}_U + \underline{Z}_Z + \underline{Z}_r} = \frac{\underline{Z}_U\left(\frac{\underline{Z}_U}{ü^2} - \frac{1 + jü}{ü^2}\underline{Z}_U\right)}{\underline{Z}_U + \frac{\underline{Z}_U}{ü^2} - \frac{1 + jü}{ü^2}\underline{Z}_U} = \frac{1}{1 + jü}\underline{Z}_U$$

Setzt man darin die Gleichungen (2.8) und (2.16) ein, ergibt sich

$$\underline{Z} = \frac{1}{1 + jü}(ü + j)Z_{UI}$$

mit dem Realteil:

$$\mathrm{Re}\,(\underline{Z}) = \frac{2ü}{1 + ü^2} Z_{UI}$$

und dem Imaginärteil:

$$\mathrm{Im}\,(\underline{Z}) = \frac{1 - ü^2}{1 + ü^2} Z_{UI}.$$

Aus den letzten Gleichungen erhält man den *Leistungsfaktor des Motors* zu:

$$\cos\varphi = \frac{\mathrm{Re}\,(Z)}{\sqrt{[\mathrm{Re}\,(\underline{Z})]^2 + [\mathrm{Im}\,(\underline{Z})]^2}} = \frac{2ü}{\sqrt{4ü^2 + (1 - ü^2)^2}} = \frac{2ü}{1 + ü^2} \tag{2.22}$$

Für eine *symmetrische Wicklung*, die das Übersetzungsverhältnis ü = 1 hat, ergeben sich einige Besonderheiten:

Kondensator-Reaktanz nach Gleichung (2.17):

$$X_C = 2Z_{UI}$$

Kondensator-Spannung nach Gleichung (2.18):

$$U_C = \sqrt{2}U_N$$

Hilfsstrang-Spannung nach Gleichung (2.19):

$$U_Z = U_N$$

Leistungsfaktoren nach Gleichung (2.20):

$$\cos\varphi_Z = \cos\varphi_U = \frac{1}{\sqrt{2}} \quad (\varphi_Z = \varphi_U = 45°)$$

G e s a m t l e i s t u n g s f a k t o r nach Gleichung (2.22):

$$\cos \varphi = 1$$

Bemerkenswert ist, daß ein symmetrisch gewickelter Motor bei symmetriertem Betrieb aus dem Netz keine B l i n d l e i s t u n g aufnimmt. Man sagt daher auch, der Motor sei „in Resonanz“. Grundsätzlich muß der Kondensator für eine höhere Spannung als die Motornennspannung ausgelegt sein, zumal, wie das Bild 2.51 zeigt, die Kondensatorspannung mit zunehmender Entlastung des Motors ansteigt.

Im Bild 2.20 sind die Z e i g e r d i a g r a m m e bei s y m m e t r i s c h e m B e t r i e b, die aufgrund der Gleichungen (2.17) bis (2.22) gezeichnet werden können, dargestellt. Bei einem Übersetzungsverhältnis größer als 1 arbeitet ein symmetrierter Kondensatormotor ü b e r e r r e g t , d. h. er gibt Blindleistung an das Netz ab. Ist das Übersetzungsverhältnis kleiner als 1 wird der Motor u n t e r e r r e g t betrieben; er nimmt also Blindleistung auf. Andererseits ist, wie man an der Gleichung (2.17) erkennt, ein kleinerer, d. h. billigerer Kondensator erforderlich als bei ü ≥ 1.

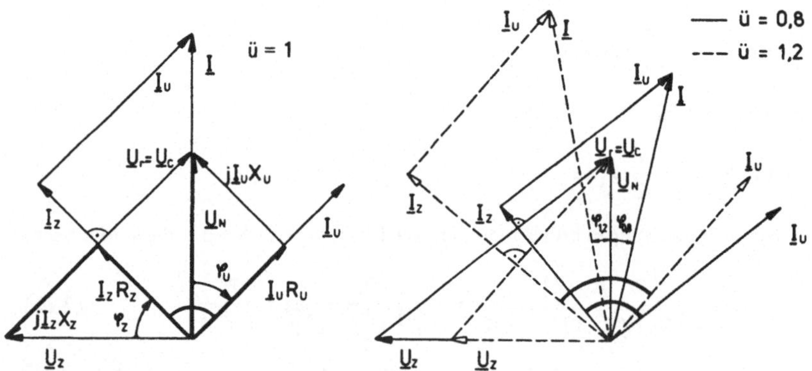

Bild 2.20 Zeigerdiagramme für zweisträngige Asynchronmotoren bei symmetrischem Betrieb

Zum Schluß soll gezeigt werden, wie für einen vorhandenen Motor die für einen symmetrischen Betrieb notwendige Kapazität ermittelt werden kann. Das ist im allgemeinen nur überschlägig möglich, weil unter anderem meistens die Wicklungsbedingung (2.16) nicht erfüllt wird. Zunächst wird die Kondensator-Blindleistung P_C auf die aufgenommene Motorwirkleistung P_1, die mit dem im allgemeinen wenigstens näherungsweise bekannten Wirkungsgrad aus der Abgabeleistung berechnet werden kann, bezogen:

$$\frac{P_C}{P_1} = \frac{U_C I_Z}{U_U I_U \cos \varphi_U + U_Z I_Z \cos \varphi_Z}$$

Mit den Gleichungen (2.11), (2.19) und (2.21) wird

$$P_C = \frac{U_C I_U ü}{2 U_N I_U \cos \varphi_U} P_1.$$

Der Leistungsfaktor cos φ_U wird entsprechend der Gleichung (2.20) durch U_N und U_C ersetzt:

$$P_C = \frac{U_C^2}{U_N^2} \cdot \frac{ü}{2} \cdot P_1$$

Andererseits gilt für die Kondensatorleistung

$$P_C = \omega C U_C^2.$$

Diese beiden Gleichungen gleichgesetzt und nach der Kapazität C aufgelöst, ergibt den gesuchten Wert

$$C = \frac{ü}{2\omega} \frac{P_1}{U_N^2}. \tag{2.23}$$

2.3.3.2 Dreisträngiger Motor

Beispielhaft werden hier die Bedingungen für die Wicklungswiderstände und den Kondensator einer Sternschaltung hergeleitet. Die Stränge werden entsprechend den Drehstrommaschinen mit U, V, W bezeichnet, wobei der Strang, der mit dem Kondensator in Reihe geschaltet parallel zum Strang U liegt, den Index W erhält (Bild 2.21). Wir wollen uns auf eine symmetrische Wicklung, für die

$$\underline{Z}_U = \underline{Z}_V = \underline{Z}_W = Z_{UR} + jZ_{UI} \tag{2.24}$$

gilt, beschränken. Aus dem Schaltbild 2.21 läßt sich

$$\underline{I}_W(\underline{Z}_W + \underline{Z}_r) = \underline{I}_U\underline{Z}_U$$

ablesen. Unter Berücksichtigung der Gleichung (2.24) wird damit die Reihenimpedanz

$$\underline{Z}_r = \underline{Z}_U\left(\frac{\underline{I}_U}{\underline{I}_W} - 1\right) \tag{2.25}$$

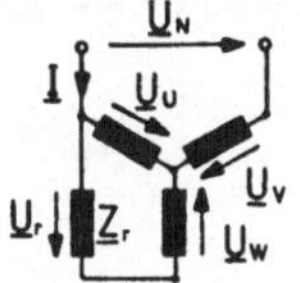

Bild 2.21
Sternschaltung eines Wechselstrom-Asynchronmotors

Es müssen die gleichen Bedingungen für ein Kreisdrehfeld, wie sie für Drehstrommotoren gelten, auch hier eingehalten werden, daß nämlich

die Ströme der drei Stränge gleich groß, d. h.

$$|\underline{I}_U| = |\underline{I}_V| = |\underline{I}_W|,$$

und um 120° gegeneinander phasenverschoben sind, zum Beispiel

$$\underline{I}_W = \underline{I}_U e^{j120°}.$$

Für die Gleichung (2.25) wird der Ausdruck $\frac{\underline{I}_U}{\underline{I}_W} - 1$ benötigt:

$$\frac{\underline{I}_U}{\underline{I}_W} - 1 = e^{-j120^\circ} - 1 = \cos 120^\circ - j \sin 120^\circ - 1 = -\frac{1}{2} - j\frac{\sqrt{3}}{2} - 1$$

Dieses zusammen mit Gleichung (2.24) in die Gleichung (2.25) eingesetzt, führt auf

$$\underline{Z}_r = -\left(\frac{3}{2} + j\frac{\sqrt{3}}{2}\right)(Z_{UR} + jZ_{UI}) = \left(-\frac{3}{2} Z_{UR} + \frac{\sqrt{3}}{2} Z_{UI}\right) - j\left(\frac{\sqrt{3}}{2} Z_{UR} + \frac{3}{2} Z_{UI}\right).$$

Hier trifft wieder das gleiche wie beim zweisträngigen Motor zu: Als Reihenimpedanz kommt nur ein Kondensator in Frage. Der Realteil von $\underline{Z}_r$ verschwindet, wenn $\frac{3}{2} Z_{UR} = \frac{\sqrt{3}}{2} Z_{UI}$, d. h. wenn $Z_{UR} = \frac{Z_{UI}}{\sqrt{3}}$ ist. Die Reaktanz des Kondensators $\underline{Z}_r = -jX_C$ wird damit

$$X_C = \frac{\sqrt{3}}{2} Z_{UR} + \frac{3}{2} Z_{UI} = 2Z_{UI}. \tag{2.26}$$

Der Leistungsfaktor des Stranges U wird

$$\cos \varphi_U = \frac{Z_{UR}}{\sqrt{Z_{UR}^2 + Z_{UI}^2}} = \frac{1}{2}. \tag{2.27}$$

Damit kann man das Zeigerdiagramm des Bildes 2.22 zeichnen. Nach den oben genannten Bedingungen für die Ströme müssen die Zeiger $\underline{I}_U$, $\underline{I}_V$ und $\underline{I}_W$ einen symmetrischen Stern bilden. Aus Symmetriegründen müssen jeweils die Strangströme den Strangspannungen – entsprechend dem Leistungsfaktor $\cos \varphi_U = 0{,}5$ – um den Winkel $\varphi_U = 60^\circ$ nacheilen. Die Nennspannung $\underline{U}_N$ ist die Differenz der beiden Strangspannungen $\underline{U}_U$ und $\underline{U}_V$, die Spannung am Kondensator die Differenz der Spannungen $\underline{U}_U$ und $\underline{U}_W$. Da bei dem im Bild 2.22 dargestellten Betriebszustand die gleichen Verhältnisse herrschen wie bei einem Drehstrommotor, muß auch hier die für eine Sternschaltung typische Spannungsgleichung

$$|\underline{U}_U| = |\underline{U}_V| = |\underline{U}_W| = \frac{|\underline{U}_N|}{\sqrt{3}} \tag{2.28}$$

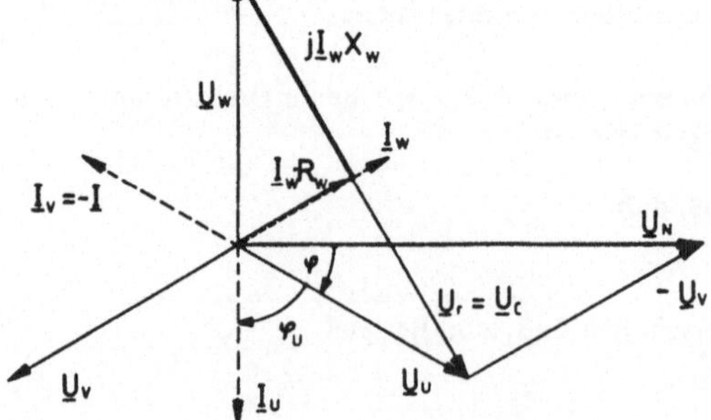

Bild 2.22
Zeigerdiagramm eines Wechselstrom-Asynchronmotors in Sternschaltung bei symmetrischem Betrieb

gelten. Wie dem Zeigerdiagramm zu entnehmen ist, ist die Kondensatorspannung gleich der Nennspannung

$$|\underline{U}_C| = |\underline{U}_r| = |\underline{U}_N| \tag{2.29}$$

Weiter zeigt sich, daß der Gesamtleistungsfaktor entsprechend dem Phasenwinkel $\varphi = 30°$

$$\cos\varphi = \frac{\sqrt{3}}{2},$$

hier also kleiner als 1 ist. Für die Sternschaltung gilt ebenso wie für die Dreieckschaltung: Ein symmetrisch betriebener, dreisträngiger Motor ist stets untererregt, nimmt also Blindleistung aus dem Netz auf.

Für einen vorhandenen Motor mit einer dreisträngigen Wicklung soll ebenfalls die überschlägige Berechnung eines Betriebskondensators für den symmetrischen Betrieb angegeben werden, wobei wie beim zweisträngigen Motor vorgegangen wird:

$$\frac{P_C}{P_1} = \frac{U_C I_C}{3 U_U I_U \cos\varphi_U}$$

Mit den Gleichungen (2.27), (2.28) und (2.29) ist die Kondensatorleistung

$$P_C = \frac{2}{\sqrt{3}} P_1.$$

Außerdem gilt wiederum

$$P_C = \omega C U_C^2.$$

Aus diesen beiden Gleichungen ergibt sich als notwendige Kapazität

$$C = \frac{2}{\sqrt{3}} \frac{P_1}{\omega U_N^2} \tag{2.30}$$

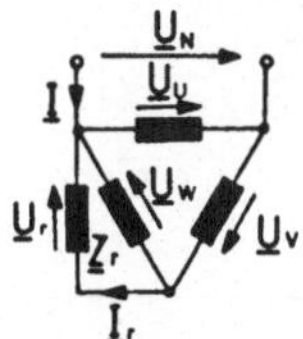

Bild 2.23 Dreieckschaltung eines Wechselstrom-Asynchronmotors

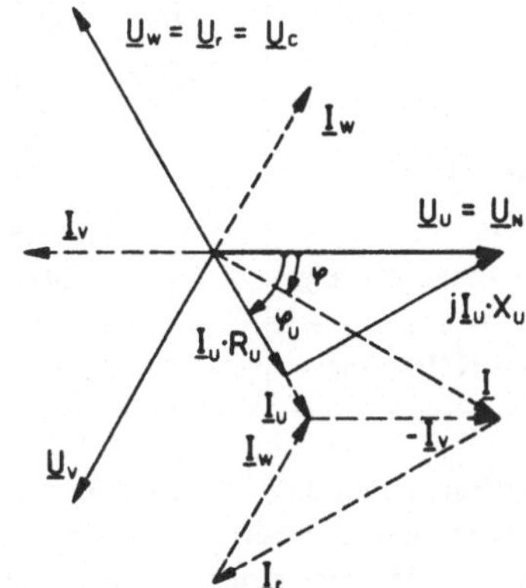

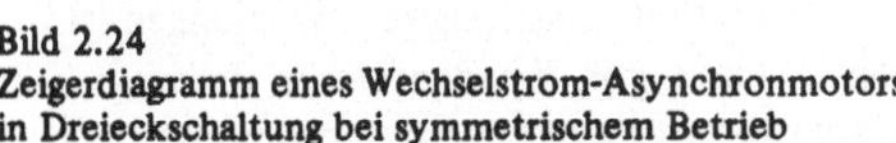

Bild 2.24
Zeigerdiagramm eines Wechselstrom-Asynchronmotors in Dreieckschaltung bei symmetrischem Betrieb

Der Vollständigkeit wegen ist im Bild 2.23 das Schaltbild eines im Dreieck geschalteten Wechselstrom-Asynchronmotors und im Bild 2.24 das Zeigerdiagramm der Ströme und Spannungen dieses Motors bei symmetrischem Betrieb gezeichnet.

2.3.3.3 Zusammenfassung

In der folgenden Tabelle sind alle wichtigen Daten für zwei- und dreisträngige Motoren bei symmetrischem Betrieb zusammengestellt. Wie man sieht, gelten fast alle Werte der Sternschaltung auch für die Dreieckschaltung. Es treten nur die von Drehstrommaschinen her bekannten Unterschiede bei den Strömen und Spannungen auf.

<table>
<tr><td>Strangzahl</td><td colspan="2">2</td><td colspan="2">3</td></tr>
<tr><td>Wicklung</td><td>symmetrisch</td><td>quasisymmetr.</td><td>Y-Schaltung</td><td>Δ-Schaltung</td></tr>
<tr><td>I/I_{Ha}</td><td>$\sqrt{2}$</td><td>$\sqrt{1+ü^2}$</td><td>1</td><td>$\sqrt{3}$</td></tr>
<tr><td>I_{Hi}/I_{Ha}</td><td>1</td><td>ü</td><td colspan="2">1</td></tr>
<tr><td>$\cos \varphi$</td><td>1</td><td>$\frac{2ü}{1+ü^2}$</td><td colspan="2">$\frac{\sqrt{3}}{2}$</td></tr>
<tr><td>$\cos \varphi_{Ha}$</td><td>$\frac{1}{\sqrt{2}}$</td><td>$\frac{ü}{\sqrt{1+ü^2}}$</td><td colspan="2">0,5</td></tr>
<tr><td>X_{Ha}/R_{Ha}</td><td>1</td><td>$\frac{1}{ü}$</td><td colspan="2">$\sqrt{3}$</td></tr>
<tr><td>U_C/U_N</td><td>$\sqrt{2}$</td><td>$\frac{\sqrt{1+ü^2}}{ü}$</td><td colspan="2">1</td></tr>
<tr><td>X_C/X_{Ha}</td><td>2</td><td>$\frac{1+ü^2}{ü^2}$</td><td>2</td><td>$\frac{2}{3}$</td></tr>
<tr><td>C</td><td>$\frac{P_1}{2\omega U_N^2}$</td><td>$\frac{ü\,P_1}{2\omega U_N^2}$</td><td colspan="2">$\frac{2\,P_1}{\sqrt{3}\,\omega U_N^2}$</td></tr>
<tr><td>P_C/P_{w1}</td><td>1</td><td>$\frac{1+ü^2}{2ü}$</td><td colspan="2">$\frac{2}{\sqrt{3}}$</td></tr>
<tr><td>Ha = Hauptstrang</td><td colspan="2">Strang U</td><td colspan="2">Strang U</td></tr>
<tr><td>Hi = Hilfsstrang</td><td colspan="2">Strang Z</td><td colspan="2">Strang W</td></tr>
</table>

Erwähnenswert an der Gegenüberstellung von zwei- und dreisträngigen Wicklungen ist insbesondere, daß bei gleicher aufgenommener Leistung P_1 Kondensatoren für dreisträngige Motoren eine um $4/\sqrt{3}$ größere Kapazität als zweisträngige Motoren besitzen müssen. Da der Preis eines Kondensators sich in erster Linie nach seiner Kapazität richtet und die Spannung ihn weniger beeinflußt, werden vor allem zweisträngige Motoren gebaut.

Es wurde schon darauf hingewiesen, daß man bei polumschaltbaren Motoren manchmal die beiden Ständerwicklungen mit unterschiedlichen Strangzahlen ausführt. Als Beispiel sei der Antrieb einer einfachen Waschmaschine gegeben: Zum Drehen der Trommel im Waschbetrieb wird ein dreisträngiger Motor mit einer Abgabeleistung von 100 W, im Schleuderbetrieb ein zweisträngiger Motor von 300 W benötigt. In beiden Fällen wollen wir einen Wirkungsgrad von 50% annehmen. Bei einer Nennspannung von 220 V und einer Nennfrequenz von 50 Hz erfordert der Waschmotor entsprechend der Gleichung (2.30) einen Kondensator mit einer Kapazität von 15,2 μF, der Schleudermotor entsprechend der Gleichung (2.23) eine Kapazität von 19,7 μF. Zwecks Kostenersparnis kann man für beide Motorteile einen gemeinsamen Kondensator von 16 μF vorsehen und eine gewisse Abweichung vom symmetrischen Betrieb in Kauf nehmen.

Das Bild 2.25 zeigt eine Gegenüberstellung verschiedener Schaltungen für Wechselstrom- und Drehstrom-Asynchronmotoren gleicher Baugröße. Der Vergleich erlaubt zwar eine grundsätzliche Aussage, hat aber die jeweils zugrunde gelegten Vergleichskriterien zu berücksichtigen. Hier wurde auf ein möglichst großes Kippmoment M_{kipp} Wert gelegt, wobei die abgegebene Leistung und die Verluste bei Nenndrehzahl bei den Kurven 1 bis 3 nahezu identisch sind. Bei den Schaltungen 4 und 5 wurde nur das maximal mögliche Kippmoment angestrebt. Ein Dauerbetrieb dieser beiden Motoren bei der Nenndrehzahl der ersten drei Motoren ist wegen der zu hohen Erwärmung unzulässig. Der dreisträngige Motor benötigt einen Kondensator mit der dreifachen Kapazität, wie sie der des zweisträngigen Motors besitzt. Der Widerstands-

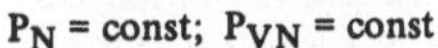

① DAM in Y-Schaltung
② EAM in Steinmetzschaltung
③ EAM mit 2-strängig unsymmetrischer Wicklung und Kondensatorhilfsstrang
④ EAM wie ③, jedoch Widerstandshilfsstrang
⑤ EAM, einsträngig (P_{2max} < „P_N“)

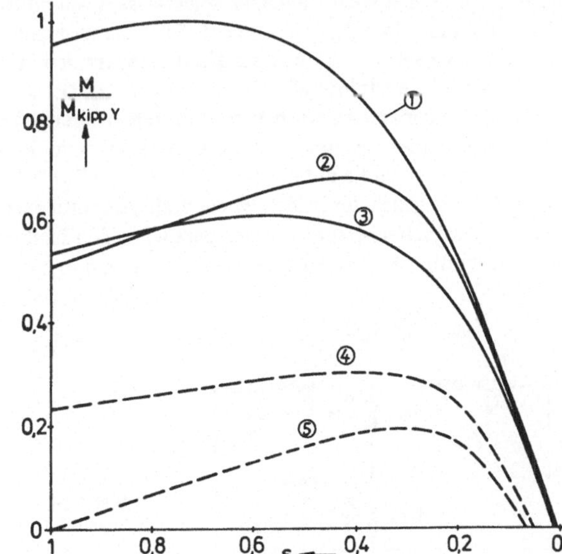

Bild 2.25
Vergleich von Asynchronmotoren mit unterschiedlichen Schaltungen

Hilfsstrangmotor erfordert einen Zusatzwiderstand, der etwa dem dreifachen Strangwiderstand entspricht. Wegen der dadurch entstehenden zu hohen Verluste wird bei einem solchen Motor der Hilfsstrang, wie schon im Abschnitt 2.2.3.2 erwähnt, nach erfolgtem Hochlauf abgeschaltet.

2.4 Grundgleichungen für Ströme und Spannungen

In den folgenden Abschnitten werden zwei Verfahren zur Berechnung des Betriebsverhaltens von Wechselstrom-Asynchronmotoren beschrieben. Um deren Herleitung möglichst einfach und übersichtlich zu halten, wollen wir ein für beide Fälle ähnliches Gleichungssystem für Ströme und Spannungen, ihre sogenannten *Symmetrischen Komponenten*, verwenden.

2.4.1 Dreisträngiger Motor

Das Wechselfeld eines Ständerstranges kann, wie im Abschnitt 2.2.1 beschrieben, in zwei gegenläufige Drehfelder zerlegt gedacht werden. Die Drehfelder, die *Nutz- oder Hauptfelder*, sind beide mit der Läuferwicklung voll verkettet und erzeugen das nutzbare Drehmoment des Motors. Daneben treten *Streufelder* des Ständers und des Läufers auf. Da sie nicht zur Drehmoment-Bildung beitragen, ist ihre Zerlegung in Drehfelder nicht erforderlich. Die Ständerstreufelder werden daher ebenso wie die *Stromwärme-Verluste* als eine den beiden fiktiven Ersatzmotoren (siehe 2.2.2) gemeinsame Größe betrachtet und nicht auf die Ersatzmotoren aufgeteilt. Die entsprechenden Widerstände, beispielsweise $X_{\sigma U}$ und R_U des Stranges U werden zur Ständerstreuimpedanz $\underline{Z}_{\sigma U}$ zusammengefaßt. Daraus ergibt sich das *Schaltbild des Ersatzstromkreises* (Bild 2.26) für den Strang U, das natürlich auch für die anderen Ständerstränge gilt. Gegenüber den von Drehstrommaschinen her bekannten Ersatzschaltbildern haben wir hier zwei hintereinander geschaltete Läufermaschen mit dem Widerstand für das *mitlaufende System* $R_2/s_m = R_2/s$ und demjenigen für das *gegenlaufende System* $R_2/s_g = R_2/(2-s)$. Da die Amplitude der beiden Drehfelder gleich der halben Wechselfeld-Amplitude ist, liegt für beide Systeme je die halbe Wechselfeld-Hauptreaktanz parallel zu den Läufer-Widerständen. Ganz allgemein gilt für die *Drehfeld-Reaktanz* von m_1 Strängen

$$X_{hW} = \frac{m_1}{2} X_{hW}. \tag{2.31}$$

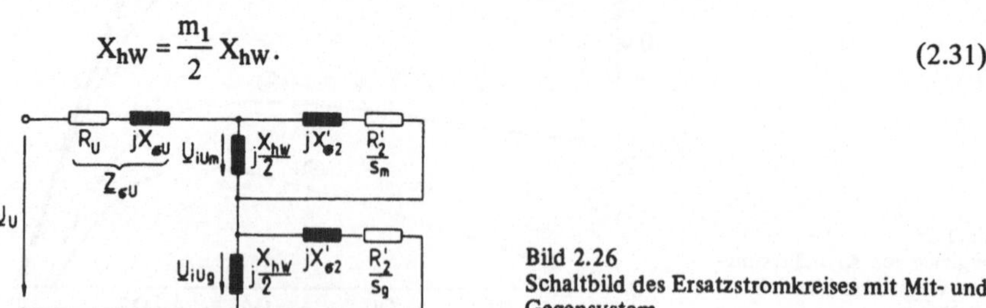

Bild 2.26
Schaltbild des Ersatzstromkreises mit Mit- und Gegensystem

Die Gleichung für die Hauptreaktanz eines Wechselfeldes wird in jedem Buch, das die Grundlagen elektrischer Maschinen behandelt, entwickelt und daher hier ohne Herleitung angegeben:

$$X_{hW} = \mu_0 (z_U \cdot \xi_U)^2 f_1 \frac{D_i \ell}{p^2 k_C k_S \delta} \tag{2.32}$$

mit der absoluten Permeabilität μ_0, der Leiterzahl z_U des Stranges U, seinem Wicklungsfaktor ξ_U, der Netzfrequenz f_1, dem Bohrungsdurchmesser D_i, der Blechpaketlänge ℓ, dem Carter-Faktor k_C, dem Sättigungsfaktor k_S und der Luftspaltbreite δ.

Wir wollen im folgenden lineare Verhältnisse voraussetzen und zunächst die magnetische Sättigung des Eisens unberücksichtigt lassen. Aus der Ersatzschaltung des Bildes 2.26 läßt sich die Spannungsgleichung

$$\underline{U}_U = \underline{I}_U \underline{Z}_{\sigma U} + \underline{U}_{iUm} + \underline{U}_{iUg} \tag{2.33}$$

ablesen. Dabei ist die vom mitlaufenden Feld induzierte Spannung

$$\underline{U}_{iUm} = \underline{I}_U \underline{Z}_{hUm}$$

und die vom gegenlaufenden Feld induzierte Spannung

$$\underline{U}_{iUg} = \underline{I}_U \underline{Z}_{hUg}.$$

$\underline{Z}_{hUm}$ und $\underline{Z}_{hUg}$ sind die Impedanzen der jeweiligen Parallelschaltung der Hauptreaktanz mit den auf die Ständerwicklung umgerechneten Läuferwiderständen. Damit lautet die Spannungsgleichung

$$\underline{U}_U = \underline{I}_U (\underline{Z}_{\sigma U} + \underline{Z}_{hUm} + \underline{Z}_{hUg}).$$

Es ist zweckmäßig

die Leiterzahl eines Ständer-Stranges z mit seinem Wicklungsfaktor ξ zur effektiv wirksamen Leiterzahl $z' = z \cdot \xi$ zusammenzufassen

und Hauptimpedanzen zu verwenden, die unabhängig von der Leiterzahl sind. Man rechnet dann mit sogenannten Einheitsimpedanzen, d. h. mit den Impedanzen eines einzigen Ständer-Leiters $\underline{Z}'_{hm}$ und $\underline{Z}'_{hg}$, die, multipliziert mit dem Quadrat der effektiven Leiterzahl, die tatsächlichen Impedanzen ergeben

$$\underline{Z}_{hUm} = z'^2_U \underline{Z}'_{hm} \quad \text{und} \quad \underline{Z}_{hUG} = z'^2_U \underline{Z}_{hg}. \tag{2.34}$$

Das ist zulässig, weil sowohl X_h als auch R'_2 und $X'_{\sigma 2}$ proportional zu z'^2 sind.

Für die durch Selbstinduktion hervorgerufenen Spannungen gilt damit

$$\underline{U}_{iUm} = \underline{I}_U z'^2_U \underline{Z}'_{hm} \quad \text{und} \quad \underline{U}_{iUg} = \underline{I}_U z'^2_U \underline{Z}'_{hg}. \tag{2.35}$$

Besitzt eine Maschine mehrere Stränge, induzieren diese auch gegenseitig Spannungen. Die durch Selbst- und Gegeninduktion hervorgerufenen Spannungen eines Stranges sind gegeneinander phasenverschoben, weil auch die sie verursachenden Felder nicht in Phase sind. Zur Erläuterung diene das topologische Bild 2.27 einer dreisträngigen Wicklung, bei der die Stränge geometrisch beliebig zueinander angeordnet sind.

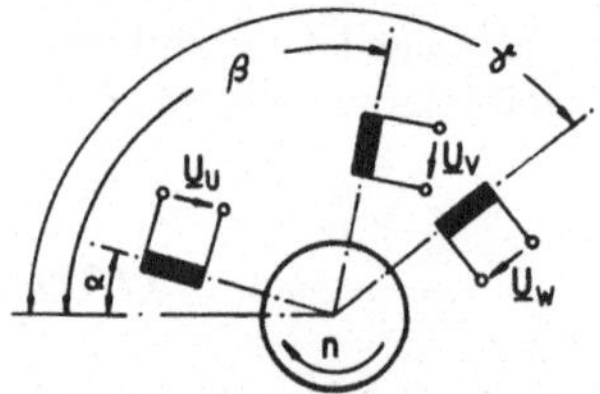

Bild 2.27 Topologisches Bild einer dreisträngigen Wicklung mit beliebiger Anordnung der Stränge

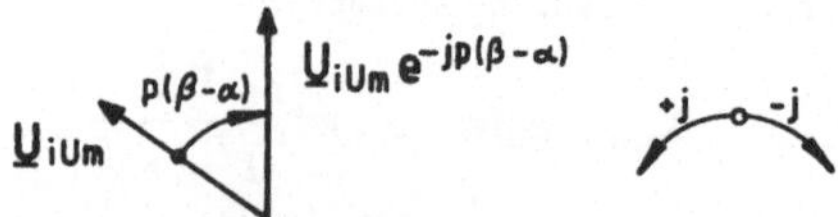

Bild 2.28 Zeigerdiagramm zur Erläuterung von Gleichung (2.36)

Die geometrischen Winkel α, β und γ geben die Abstände der Wicklungen U, V und W gegenüber einer Bezugsachse 0 an. Der Läufer und die mitlaufenden Felder sollen im Uhrzeigersinn, d. h. in mathematisch negativer Richtung, rotieren. Zunächst liege nur der Strang U an Spannung. Sein mitlaufendes Kreisdrehfeld induziert in den Strängen U und V Spannungen, die sich dem Betrage nach wie die Leiterzahlen unterscheiden. Da das mitlaufende Feld die Wicklung U um den elektrischen Winkel $p(\beta-\alpha)$ früher erreicht als die Wicklung V, eilt die im Strang V induzierte Spannung $\underline{U}_{iVUm}$ der Spannung $\underline{U}_{iUm}$ um diesen Winkel nach. Vom Mitfeld des Stranges U wird daher, wie Bild 2.28 verdeutlicht, im Strang V die Spannung

$$\underline{U}_{iVUm} = \underline{U}_{iUm}\,\frac{z'_V}{z'_U}\,e^{-jp(\beta-\alpha)}$$

induziert. Die Spannung $\underline{U}_{iUm}$ läßt sich noch durch den das Feld erregenden Strom $\underline{I}_U$ entsprechend der Gleichung (2.35) ausdrücken:

$$\underline{U}_{iVUm} = \underline{I}_U z'_V z'_U \underline{Z}'_{hm} e^{-jp(\beta-\alpha)}. \tag{2.36}$$

Das gegenläufige Feld erreicht dagegen die Wicklung V eher als die Wicklung U, so daß dementsprechend die dadurch in V induzierte Spannung

$$\underline{U}_{iVUg} = \underline{I}_U z'_V z'_U \underline{Z}'_{hg} e^{jp(\beta-\alpha)} \tag{2.37}$$

ist. Für den Strang W lassen sich analoge Gleichungen aufstellen. Sind m_1 Stränge an Spannung gelegt, treten insgesamt $2m_1$ Drehfelder auf. Nur unter der vorher getroffenen Voraussetzung linearer Verhältnisse dürfen die magnetischen Felder und ihre Wirkungen, zum Beispiel die induzierten Spannungen, überlagert werden. Die Gleichung (2.33) der Strangspannung $\underline{U}_U$ muß daher noch um die Spannungen, die die Mit- und Gegenfelder der anderen Stränge im Strang U hervorrufen, erweitert werden. Beispielsweise induziert das Mitfeld des Stranges V im Strang U die Spannung

$$\underline{U}_{iUVm} = \underline{I}_V z'_U z'_V \underline{Z}'_{hm} e^{jp(\beta-\alpha)}.$$

Somit ergibt sich die gesamte Spannungsgleichung des Stranges U zu

$$\begin{aligned}\underline{U}_U = \underline{I}_U \underline{Z}_{\sigma U} &+ \underline{I}_U z'^2_U \underline{Z}'_{hm} && + \underline{I}_U z'^2_U \underline{Z}'_{hg} \\ &+ \underline{I}_V z'_U z'_V \underline{Z}'_{hm} e^{-jp(\alpha-\beta)} && + \underline{I}_V z'_U z'_V \underline{Z}'_{hg} e^{jp(\alpha-\beta)} \\ &+ \underline{I}_W z'_U z'_W \underline{Z}'_{hm} e^{-jp(\alpha-\gamma)} && + \underline{I}_W z'_U z'_W \underline{Z}'_{hg} e^{jp(\alpha-\gamma)}.\end{aligned} \tag{2.38a}$$

Es werden nun alle Ströme, die mit der Mitimpedanz verknüpft sind, und alle Ströme, die mit der Gegenimpedanz verknüpft sind, zusammengefaßt:

$$\begin{aligned}\underline{U}_U = \underline{I}_U\underline{Z}_{\sigma U} &+ (\underline{I}_U z_U'^2 + \underline{I}_V z_U' z_V' e^{-jp(\alpha-\beta)} + \underline{I}_W z_U' z_W' e^{-jp(\alpha-\gamma)})\underline{Z}_{hm}' \\ &+ (\underline{I}_U z_U'^2 + \underline{I}_V z_U' z_V' e^{jp(\alpha-\beta)} + \underline{I}_W z_U' z_W' e^{jp(\alpha-\gamma)})\underline{Z}_{hg}'\end{aligned} \quad (2.38)$$

In gleicher Weise wird bei den beiden anderen Strängen vorgegangen.

$$\begin{aligned}\underline{U}_V = \underline{I}_V\underline{Z}_{\sigma V} &+ (\underline{I}_U z_V' z_U' e^{-jp(\beta-\alpha)} + \underline{I}_V z_V'^2 + \underline{I}_W z_V' z_W' e^{-jp(\beta-\gamma)})\underline{Z}_{hm}' \\ &+ (\underline{I}_U z_V' z_U' e^{jp(\beta-\alpha)} + \underline{I}_V z_V'^2 + \underline{I}_W z_V' z_W' e^{jp(\beta-\gamma)})\underline{Z}_{hg}'\end{aligned} \quad (2.39)$$

$$\begin{aligned}\underline{U}_W = \underline{I}_W\underline{Z}_{\sigma W} &+ (\underline{I}_U z_W' z_U' e^{-jp(\gamma-\alpha)} + \underline{I}_V z_W' z_V' e^{-jp(\gamma-\beta)} + \underline{I}_W z_W'^2)\underline{Z}_{hm}' \\ &+ (\underline{I}_U z_W' z_U' e^{jp(\gamma-\alpha)} + \underline{I}_V z_W' z_V' e^{jp(\gamma-\beta)} + \underline{I}_W z_W'^2)\underline{Z}_{hg}'\end{aligned} \quad (2.40)$$

Diese Gleichungen werden so umgeformt, daß innerhalb der Klammern für die Mit- und Gegengrößen jeweils gleiche Ausdrücke stehen.

$$\begin{aligned}\underline{U}_U = \underline{I}_U\underline{Z}_{\sigma U} &+ z_U'^2\left(\underline{I}_U + \underline{I}_V\frac{z_V'}{z_U'}e^{-jp(\alpha-\beta)} + \underline{I}_W\frac{z_W'}{z_U'}e^{-jp(\alpha-\gamma)}\right)\underline{Z}_{hm}' \\ &+ z_U'^2\left(\underline{I}_U + \underline{I}_V\frac{z_V'}{z_U'}e^{jp(\alpha-\beta)} + \underline{I}_W\frac{z_W'}{z_U'}e^{jp(\alpha-\gamma)}\right)\underline{Z}_{hg}'\end{aligned} \quad (2.41)$$

$$\begin{aligned}\underline{U}_V = \underline{I}_V\underline{Z}_{\sigma V} &+ z_V' z_U' e^{jp(\alpha-\beta)}\left(\underline{I}_U + \underline{I}_V\frac{z_V'}{z_U'}e^{-jp(\alpha-\beta)} + \underline{I}_W\frac{z_W'}{z_U'}e^{-jp(\alpha-\gamma)}\right)\underline{Z}_{hm}' \\ &+ z_V' z_U' e^{-jp(\alpha-\beta)}\left(\underline{I}_U + \underline{I}_V\frac{z_V'}{z_U'}e^{jp(\alpha-\beta)} + \underline{I}_W\frac{z_W'}{z_U'}e^{jp(\alpha-\gamma)}\right)\underline{Z}_{hg}'\end{aligned} \quad (2.42)$$

$$\begin{aligned}\underline{U}_W = \underline{I}_W\underline{Z}_{\sigma W} &+ z_W' z_U' e^{jp(\alpha-\gamma)}\left(\underline{I}_U + \underline{I}_V\frac{z_V'}{z_U'}e^{-jp(\alpha-\beta)} + \underline{I}_W\frac{z_W'}{z_U'}e^{-jp(\alpha-\gamma)}\right)\underline{Z}_{hm}' \\ &+ z_W' z_U' e^{-jp(\alpha-\gamma)}\left(\underline{I}_U + \underline{I}_V\frac{z_V'}{z_U'}e^{jp(\alpha-\beta)} + \underline{I}_W\frac{z_W'}{z_U'}e^{jp(\alpha-\gamma)}\right)\underline{Z}_{hg}'\end{aligned} \quad (2.43)$$

Die Ausdrücke

$$\underline{I}_V\frac{z_V'}{z_U'} = \frac{\underline{I}_V}{ü_V} = \underline{I}_V' \quad \text{mit} \quad ü_V = \frac{z_U'}{z_V'} \quad (2.44)$$

und $$\underline{I}_W\frac{z_W'}{z_U'} = \frac{\underline{I}_W}{ü_W} = \underline{I}_W' \quad \text{mit} \quad ü_W = \frac{z_U'}{z_W'} \quad (2.45)$$

kann man als die auf Strang U umgerechneten Ströme der Stränge V und W deuten. Damit die weitere Herleitung übersichtlicher und das Rechenverfahren einfacher wird, ist es angebracht, den Strang U als Bezugsgröße mit $\alpha = 0$ einzuführen. Seine Impedanzen

$$z_U'^2 \underline{Z}'_{hm} \quad \text{und} \quad z_U'^2 \underline{Z}'_{hg},$$

multipliziert mit der Strangzahl m_1, seien gleich den Gesamtimpedanzen der Maschine, $\underline{Z}_{hm}$ und $\underline{Z}_{hg}$:

$$z_U'^2 \underline{Z}'_{hm} = \frac{\underline{Z}_{hm}}{m_1}, \qquad z_U'^2 \underline{Z}'_{hg} = \frac{\underline{Z}_{hg}}{m_1} \tag{2.46}$$

Für den Strang U ergibt sich damit folgende Spannungsgleichung:

$$\underline{U}_U = \underline{I}_U \underline{Z}_{\sigma U} + \frac{1}{m_1}(\underline{I}_U + \underline{I}'_V e^{jp\beta} + \underline{I}'_W e^{jp\gamma})\underline{Z}_{hm}$$
$$+ \frac{1}{m_1}(\underline{I}_U + \underline{I}'_V e^{-jp\beta} + \underline{I}'_W e^{-jp\gamma})\underline{Z}_{hg}$$

Die Spannungsgleichungen der beiden anderen Stränge werden umgeformt, indem die Gleichung (2.42) des Stranges V mit dem Übersetzungsverhältnis $\ddot{u}_V$, die Gleichung (2.43) des Stranges W mit dem Übersetzungsverhältnis $\ddot{u}_W$ multipliziert wird.

$$\underline{U}'_V = \underline{I}'_V \underline{Z}'_{\sigma V} + e^{-jp\beta}\frac{1}{m_1}(\underline{I}_U + \underline{I}'_V e^{jp\beta} + \underline{I}'_W e^{jp\gamma})\underline{Z}_{hm}$$
$$+ e^{jp\beta}\frac{1}{m_1}(\underline{I}_U + \underline{I}'_V e^{-jp\beta} + \underline{I}'_W e^{-jp\gamma})\underline{Z}_{hg}$$

$$\underline{U}'_W = \underline{I}'_W \underline{Z}'_{\sigma W} + e^{-jp\gamma}\frac{1}{m_1}(\underline{I}_U + \underline{I}'_V e^{jp\beta} + \underline{I}'_W e^{jp\gamma})\underline{Z}_{hm}$$
$$+ e^{jp\gamma}\frac{1}{m_1}(\underline{I}_U + \underline{I}'_V e^{-jp\beta} + \underline{I}'_W e^{-jp\gamma})\underline{Z}_{hg}$$

Die Klammerausdrücke in den Gleichungen (2.44) bis (2.46), dividiert durch m_1, kann man als Strangströme der fiktiven Drehstrommaschinen des Mit- und Gegensystems auffassen.

$$\text{Mitstrom} \qquad \underline{I}_m = \frac{1}{m_1}(\underline{I}_U + \underline{I}'_V e^{jp\beta} + \underline{I}'_W e^{jp\gamma})$$

$$\text{Gegenstrom} \qquad \underline{I}_g = \frac{1}{m_1}(\underline{I}_U + \underline{I}'_V e^{-jp\beta} + \underline{I}'_W e^{-jp\gamma}) \tag{2.47}$$

Damit vereinfachen sich die Gleichungen der Strangspannungen zu

$$\underline{U}_U = \underline{I}_U \underline{Z}_{\sigma U} + \underline{I}_m \underline{Z}_{hm} + \underline{I}_g \underline{Z}_{hg} \tag{2.48}$$

$$\underline{U}'_V = \underline{I}'_V \underline{Z}'_{\sigma V} + \underline{I}_m \underline{Z}_{hm} e^{-jp\beta} + \underline{I}_g \underline{Z}_{hg} e^{jp\beta} \tag{2.49}$$

$$\underline{U}'_W = \underline{I}'_W \underline{Z}'_{\sigma W} + \underline{I}_m \underline{Z}_{hm} e^{-jp\gamma} + \underline{I}_g \underline{Z}_{hg} e^{jp\gamma}. \tag{2.50}$$

Die beliebige Lage der Wicklungen U, V und W im Bild 2.27 wurde gewählt, um anschließend die Gleichungen für zweisträngige Motoren ableiten zu können. Wie bei Drehstrommaschinen bilden auch die Stränge von dreisträngigen Wechselstrom-Asynchronmotoren stets einen elektrischen Winkel von $2\pi/3$ zueinander, das heißt

$$p\beta = 120° \quad \text{und} \quad p\gamma = 240°,$$

so daß man für die linksdrehenden Zeiger

$$e^{jp\beta} = e^{j120°} = \underline{a} \quad \text{und} \quad e^{jp\gamma} = e^{j240°} = \underline{a}^2 \tag{2.51a}$$

mit dem Einheitszeiger $\underline{a}$ als Abkürzung schreiben kann. Er dreht den Zeiger, mit dem er multipliziert wird, in mathematisch positiver Richtung. Die Zählrichtung der Stränge sei gleich der Rotationsrichtung des Läufers, wie schon im Bild 2.27 definiert. Das Bild 2.29 zeigt das Diagramm des Zeigers $\underline{a}$, aus dem man für die rechtsdrehenden Zeiger

$$e^{-jp\beta} = e^{-j120°} = \underline{a}^2 \quad \text{und} \quad e^{-jp\gamma} = e^{-j240°} = \underline{a} \tag{2.51b}$$

entnehmen kann. Führt man diese Ausdrücke in die Gleichungen (2.47) ein, erhält man die Symmetrischen Komponenten des Stromes für dreisträngige Systeme:

$$\underline{I}_m = \frac{1}{m_1}(\underline{I}_U + \underline{a}\underline{I}'_V + \underline{a}^2\underline{I}'_W) \qquad \underline{I}_g = \frac{1}{m_1}(\underline{I}_U + \underline{a}^2\underline{I}'_V + \underline{a}\underline{I}'_W) \qquad (2.52a)\,(2.52b)$$

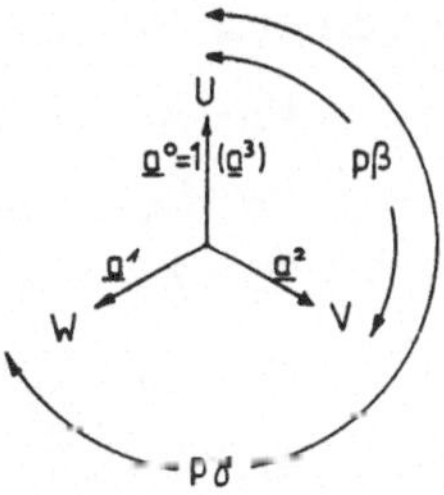

Bild 2.29
Einheits-Zeigerdiagramm

Wie wir später sehen werden, berechnet man zunächst diese Symmetrischen Komponenten und dann daraus unter anderem die Strangströme $\underline{I}_U$, $\underline{I}'_V$ und $\underline{I}'_W$. Wir haben daher jetzt die dazu notwendigen Transformationsgleichungen zu suchen. Durch Addition der beiden Gleichungen (2.52) erhält man unter Beachtung, daß $\underline{a} + \underline{a}^2 = -1$ ist,

$$\underline{I}_m + \underline{I}_g = \frac{1}{3}[2\underline{I}_U - (\underline{I}'_V + \underline{I}'_W)] = \frac{1}{3}(2\underline{I}_U - \underline{I}'_V - \underline{I}'_W) \tag{2.53}$$

Zwei Fälle sind zu unterscheiden:

A. Die Summe der Ströme ist in jedem Augenblick Null, was zum Beispiel für eine Sternschaltung ohne Nulleiter gilt:

$$\underline{I}'_V + \underline{I}'_W = -\underline{I}_U$$

Damit erhält man aus Gleichung (2.53)

$$\underline{I}_U = \underline{I}_m + \underline{I}_g.$$

B. Die Summe der Ströme ist ungleich Null, was zum Beispiel für eine Sternschaltung mit Nulleiter zutreffen kann:

$$\underline{I}_U - (\underline{I}_m + \underline{I}_g) \neq 0$$

oder mit Gleichung (2.53)

$$\underline{I}_U - (\underline{I}_m + \underline{I}_g) = \underline{I}_U - \frac{1}{3}(2\underline{I}_U - \underline{I}'_V - \underline{I}'_W) = \frac{1}{3}(\underline{I}_U + \underline{I}'_V + \underline{I}'_W)$$

Diesen Strom, der im Nulleiter fließt, bezeichnet man als Nullstrom

$$\underline{I}_0 = \frac{1}{m_1}(\underline{I}_U + \underline{I}'_V + \underline{I}'_W). \tag{2.52c}$$

Aus den Gleichungen (2.52) ergeben sich für den allgemeineren Fall B die gesuchten Transformationsgleichungen

$$\begin{aligned} \underline{I}_U &= \underline{I}_m + \underline{I}_g + \underline{I}_0 \\ \underline{I}'_V &= \underline{a}^2\underline{I}_m + \underline{a}\underline{I}_g + \underline{I}_0 \\ \underline{I}'_W &= \underline{a}\underline{I}_m + \underline{a}^2\underline{I}_g + \underline{I}_0 \end{aligned} \tag{2.54}$$

Für die Strangspannungen können analoge Gleichungen aufgestellt werden. Dazu ergänzt man die rechte Seite der Gleichung (2.48) um $\pm\, \underline{I}_m\underline{Z}_{\sigma U}$ und $\pm\, \underline{I}_g\underline{Z}_{\sigma U}$.

$$\underline{U}_U = \underline{I}_U\underline{Z}_{\sigma U} + \underline{I}_m(\underline{Z}_{\sigma U} + \underline{Z}_{hm}) + \underline{I}_g(\underline{Z}_{\sigma U} + \underline{Z}_{hg}) - (\underline{I}_m + \underline{I}_g)\underline{Z}_{\sigma U}$$

$$\underline{U}_U = \underline{I}_m\underline{Z}_m + \underline{I}_g\underline{Z}_g + [\underline{I}_U - (\underline{I}_m + \underline{I}_g)]\underline{Z}_{\sigma U}$$

mit $\underline{Z}_m = \underline{Z}_{\sigma U} + \underline{Z}_{hm}$ und $\underline{Z}_g = \underline{Z}_{\sigma U} + \underline{Z}_{hg}$ (2.55)

$$\underline{U}_U = \underline{U}_m + \underline{U}_g + \underline{U}_0 \tag{2.56a}$$

mit $\underline{U}_m = \underline{I}_m\underline{Z}_m \qquad \underline{U}_g = \underline{I}_g\underline{Z}_g$ und $\underline{U}_0 = \underline{I}_0\underline{Z}_{\sigma U}$ (2.57)

In Gleichung (2.49) wird auf der linken Seite $\underline{I}'_V\underline{Z}_{\sigma U}$ und auf der rechten Seite $(\underline{a}^2\underline{I}_m + \underline{a}\underline{I}_g + \underline{I}_0)\underline{Z}_{\sigma U}$ hinzugefügt, so daß sich nunmehr

$$\underline{U}'_V + \underline{I}'_V\underline{Z}_{\sigma U} = \underline{I}'_V\underline{Z}'_{\sigma V} + \underline{I}_0\underline{Z}_{\sigma U} + \underline{a}^2\underline{I}_m(\underline{Z}_{\sigma U} + \underline{Z}_{hm}) + \underline{a}\underline{I}_g(\underline{Z}_{\sigma U} + \underline{Z}_{hg})$$

ergibt. Ist $\underline{Z}_{\sigma U} = \underline{Z}'_{\sigma V}$, was für symmetrische und quasisymmetrische Wicklungen zutrifft, erhält man für den Strang V

$$\underline{U}'_V = \underline{a}^2\underline{U}_m + \underline{a}\underline{U}_g + \underline{U}_0 \tag{2.56b}$$

Fügt man in Gleichung (2.50) $\underline{I}'_W\underline{Z}_{\sigma U}$ bzw. $(\underline{a}\underline{I}_m + \underline{a}^2\underline{I}_g + \underline{I}_0)\underline{Z}_{\sigma U}$ hinzu, so erhält man mit $\underline{Z}_{\sigma U} = \underline{Z}'_{\sigma W}$ für den Strang W

$$\underline{U}'_W = \underline{a}\underline{U}_m + \underline{a}^2\underline{U}_g + \underline{U}_0 \tag{2.56c}$$

Mit den Gleichungen (2.56) lassen sich nunmehr Mit-, Gegen- und Nullspannung ermitteln.

$$\begin{aligned} \underline{U}_m &= \frac{1}{m_1}(\underline{U}_U + \underline{a}\underline{U}'_V + \underline{a}^2\underline{U}'_W) \\ \underline{U}_g &= \frac{1}{m_1}(\underline{U}_U + \underline{a}^2\underline{U}'_V + \underline{a}\underline{U}'_W) \\ \underline{U}_0 &= \frac{1}{m_1}(\underline{U}_U + \underline{U}'_V + \underline{U}'_W) \end{aligned} \tag{2.58}$$

Die Bedeutung des Nullsystems ist aus Gleichung (2.57) ersichtlich. Die Nullimpedanz $\underline{Z}_{\sigma U}$ setzt sich aus Wirk- und Streublindwiderstand der Ständerwicklung zusammen. Der Nullfluß kann daher nur ein Streufluß sein, der kein Moment hervorruft. Diese Deutung trifft jedoch nur im Rahmen unserer augenblicklichen Betrachtung des Grundwellenverhaltens einer Maschine zu, bei der die Wirkung der Oberwellen des Magnetfeldes lediglich durch die Oberwellenstreuung, die neben der Nuten- und Stirnstreuung einen Teil der Ständerstreuung ausmacht, berücksichtigt wird. Bei Oberfeldbetrachtungen, die der Untersuchung der besonderen Wirkung der Einzelfelder unterschiedlicher Polzahl dienen, wird das Nullfeld anders interpretiert. Entsprechend der Gleichung (2.54) fließt der Nullstrom in den drei Strängen phasengleich und ruft daher ein Wechselfeld mit dreifacher Grundpolzahl hervor. Dieses Wechselfeld denkt man sich wiederum in gegenläufige Drehfelder zerlegt. Das Nullfeld besteht also aus zwei Oberwellen dritter Ordnung, die entgegengesetzt rotieren. Auch insofern ist die Deutung des Nullfeldes als Streufeld im Rahmen der Grundfeldbetrachtung korrekt, denn es trägt nicht zur nutzbringenden Wirkung einer elektrischen Maschine bei.

2.4.2 Zweisträngiger Motor

Nun wollen wir uns den zweisträngigen Maschinen zuwenden. Vergleicht man die beiden Bilder 2.18 und 2.21 miteinander, kann man sich eine zweisträngige Maschine aus einer dreisträngigen dadurch hervorgegangen denken, daß der Strang V entfällt. Es interessieren jetzt nur die beiden parallel geschalteten Stränge U und W. In den Gleichungen (2.52), von denen wir ausgehen wollen, ist daher der Strom des Stranges V zu Null zu setzen. Statt des Indexes W wird nun wieder der für zweisträngige Maschinen übliche Index Z für den Hilfsstrang verwendet. Da der elektrische Winkel zwischen den beiden Strängen praktisch immer 90° ist – sieht man von den besonders zu behandelnden Spaltpolmotoren ab – gilt jetzt

$$e^{jp\gamma} = e^{-j90^\circ} = \cos 90^\circ - j \sin 90^\circ = -j \quad \text{und} \quad e^{-jp\gamma} = j. \tag{2.59}$$

Die Gleichungen für Mit- und Gegenstrom lauten damit

$$\underline{I}_m = \frac{1}{m_1}(\underline{I}_U - j\underline{I}'_Z) \quad \text{und} \quad \underline{I}_g = \frac{1}{m_1}(\underline{I}_U + j\underline{I}'_Z) \tag{2.60}$$

bzw. für die Strangströme

$$\underline{I}_U = \underline{I}_m + \underline{I}_g \quad \text{und} \quad \underline{I}'_Z = j\underline{I}_m - j\underline{I}_g. \qquad (2.61a), (2.61b)$$

Ein Nullsystem entfällt hier, weil es keinen Nulleiter gibt. Die Strangströme und ihre Symmetrischen Komponenten lassen sich eindeutig aus den jeweils bekannten Größen bestimmen.

Die zugehörigen Spannungsgleichungen erhält man auf die gleiche Weise wie bei den dreisträngigen Wicklungen. Die Gleichung (2.61a) in die Gleichung (2.48) eingesetzt, ergibt

$$\underline{U}_U = \underline{I}_m(\underline{Z}_{\sigma U} + \underline{Z}_{hm}) + \underline{I}_g(\underline{Z}_{\sigma U} + \underline{Z}_{hg}) = \underline{I}_m\underline{Z}_m + \underline{I}_g\underline{Z}_g$$

$$\underline{U}_U = \underline{U}_m + \underline{U}_g. \qquad (2.62a)$$

In die Gleichung (2.50) wird auf der linken Seite $\underline{I}'_Z\underline{Z}_{\sigma U}$ und auf der rechten Seite $j(\underline{I}_m - \underline{I}_g)\underline{Z}_{\sigma U}$ eingesetzt, wobei wieder mit Z statt mit W indiziert wird.

$$\underline{U}'_Z + \underline{I}'_Z\underline{Z}_{\sigma U} = \underline{I}'_Z\underline{Z}'_{\sigma Z} + j\underline{I}_m(\underline{Z}_{\sigma U} + \underline{Z}_{hm}) - j\underline{I}_g(\underline{Z}_{\sigma U} + \underline{Z}_{hg})$$

Bei symmetrischen Maschinen ist $\underline{Z}_{\sigma U} = \underline{Z}'_{\sigma Z} = \underline{Z}_{\sigma Z}$ und damit

$$\underline{U}_Z = j(\underline{U}_m - \underline{U}_g),$$

bei quasisymmetrischen Maschinen ist $\underline{Z}_{\sigma U} = \underline{Z}'_{\sigma Z}$ und damit

$$\underline{U}'_Z = j(\underline{U}_m - \underline{U}_g) \quad \text{oder} \quad \underline{U}_Z = j\,\frac{z'_Z}{z'_U}(\underline{U}_m - \underline{U}_g), \qquad (2.62b)$$

bei unsymmetrischen Maschinen ist $\underline{Z}_{\sigma U} \neq \underline{Z}'_{\sigma Z}$ und damit

$$\underline{U}'_Z = \underline{I}'_Z(\underline{Z}'_{\sigma Z} - \underline{Z}_{\sigma U}) + j(\underline{U}_m - \underline{U}_g). \qquad (2.63)$$

Die Gleichungen für die Mit- und die Gegenspannung, aus den Gleichun-

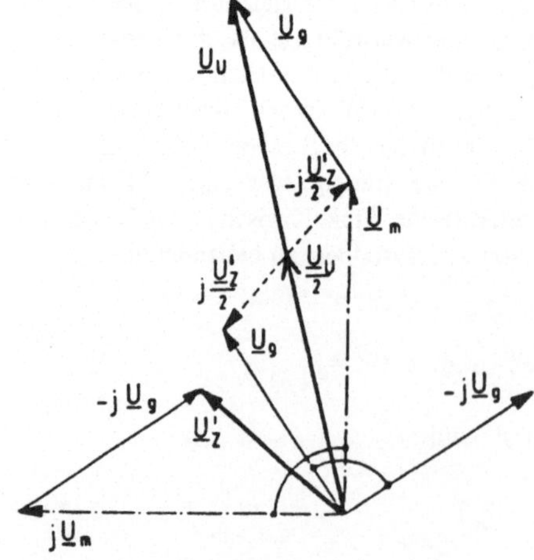

Bild 2.30
Zeigerdiagramm zu den Gleichungen (2.62) und (2.64)

gen (2.62) ermittelt, lauten

$$\underline{U}_m = \frac{1}{m_1}(\underline{U}_U - j\underline{U}'_Z) \quad \text{und} \quad \underline{U}_g = \frac{1}{m_1}(\underline{U}_U + j\underline{U}'_Z). \tag{2.64}$$

Das Zeigerdiagramm im Bild 2.30 zeigt den Zusammenhang zwischen den Strangspannungen und ihren Symmetrischen Komponenten.

2.5 Motor mit verteilter Ständerwicklung

Nach den eher qualitativen Aussagen über die Eigenschaften von Wechselstrom-Asynchronmotoren in den vorausgegangenen Kapiteln wollen wir uns nun Verfahren der quantitativen Berechnung ihres Betriebsverhaltens zuwenden. Das Folgende gilt für Motoren, deren Ständerwicklung in Nuten verteilt ist. Zunächst wird ein weit verbreitetes Verfahren zur Berechnung des Grundwellen-Verhaltens entwickelt. Es wird, wie erwähnt, angenommen, daß das Luftspaltfeld rein sinusförmig ist; die Oberfelder werden den Streufeldern zugerechnet. Im anschließenden Abschnitt wird eine Möglichkeit beschrieben, wie man die Oberfelder und ihren Einfluß, und zwar insbesondere auf das Drehzahl-Drehmomenten-Verhalten, direkt erfassen kann. In beiden Fällen werden wir von den im Abschnitt 2.4 hergeleiteten Strom- und Spannungsgleichungen ausgehen.

2.5.1 Grundwellenverhalten

Da ein vollständiges Voraus- oder Nachrechen-Verfahren den Rahmen dieses Buches sprengen würde und die Berechnung des magnetischen Kreises, der Streuung und der Verluste ohnehin ähnlich wie bei Drehstrommaschinen erfolgt, wollen wir uns allein auf die Berechnung des Betriebsverhaltens der Motoren beschränken. Wirkwiderstände, Haupt- und Streu-Reaktanzen werden deshalb im folgenden als gegeben vorausgesetzt.

2.5.1.1 Leitwertortskurve

Mit den im Abschnitt 2.4 abgeleiteten Gleichungen lassen sich die überwiegend unsymmetrischen Betriebszustände von Einphasenmotoren durch symmetrische Gleichungssysteme von Mehrphasenmaschinen darstellen. Es gelten deshalb auch die von Drehstrommaschinen her bekannten Gesetzmäßigkeiten. So können wir dem Folgenden das übliche Schaltbild des Ersatzstromkreises 2.19 zugrunde legen, dem wir die Spannungsgleichungen für die Ständer- und die Läufermasche entnehmen.

$$\underline{U} = (R_1 + jX_1)\underline{I}_1 + jX_h\underline{I}'_2 \tag{2.65}$$

$$0 = jX_h\underline{I}_1 + \left(\frac{R'_2}{s} + jX'_2\right)\underline{I}'_2 \tag{2.66}$$

mit $X_1 = X_{\sigma 1} + X_h$ und $X'_2 = X'_{\sigma 2} + X_h$ (2.67) (2.68)

Eliminiert man in den Gleichungen (2.65) und (2.66) den auf die Ständerwicklung bezogenen Läuferstrom $\underline{I}_2'$, lautet die Gleichung der Ständerspannung

$$\underline{U} = \underline{I}_1 \left(R_1 + jX_1 + \frac{X_h^2}{\frac{R_2'}{s} + jX_2'} \right) = \frac{\underline{I}_1}{\underline{Y}}. \tag{2.69}$$

Die Ständerspannung U wird als Bezugsgröße gewählt. Sie ist daher nur ein Proportionalitätsfaktor zwischen dem Ständerstrom I_1 und dem Leitwert Y.

$$\underline{I}_1 = U\underline{Y}$$

mit

$$\underline{Y} = \frac{\frac{R_2'}{s} + jX_2'}{\frac{R_1 R_2'}{s} - X_1 X_2' + j\left(\frac{X_1 R_2'}{s} + X_2' R_1\right) + X_h^2} = \frac{\underline{A} + s\underline{B}}{\underline{C} + s\underline{D}} \tag{2.70}$$

Der Aufbau dieser Gleichung ist identisch dem der S t r o m o r t s k u r v e von Drehstrommaschinen. Die L e i t w e r t o r t s k u r v e $\underline{Y}(s)$ stellt einen Kreis in der komplexen Ebene mit dem Schlupf s als Parameter dar. Dieser Ortskurve kann an der Stelle $s_m = s$ der Leitwert des Mitsystems, der M i t l e i t w e r t $\underline{Y}_m$, und an der Stelle $s_g = 2 - s$ der Leitwert des Gegensystems, der G e g e n l e i t w e r t $\underline{Y}_g$, entnommen werden. Das zeigt das Bild 2.31. Ebenso wie in die Stromortskurve kann man auch in die Leitwertortskurve die L e i s t u n g s - und die M o m e n t e n - G e r a d e einzeichnen. Mit entsprechenden Maßstabsfaktoren können dann Leistungen, Verluste und Momente für das Mit- und das Gegensystem in Abhängigkeit vom Schlupf entnommen werden. In der Praxis sind solche „Handrechnungen" jedoch nicht mehr üblich. Wie die Stromortskurve hat auch die Leitwertortskurve ihre Bedeutung in der Berechnung von elektrischen Maschinen verloren. Da man sich aber mit ihrer Hilfe die Betriebszustände einer Maschine sehr gut veranschaulichen kann, sollen einige besondere Eigenschaften der Leitwertortskurve von Wechselstrom-Asynchronmaschinen dargelegt werden.

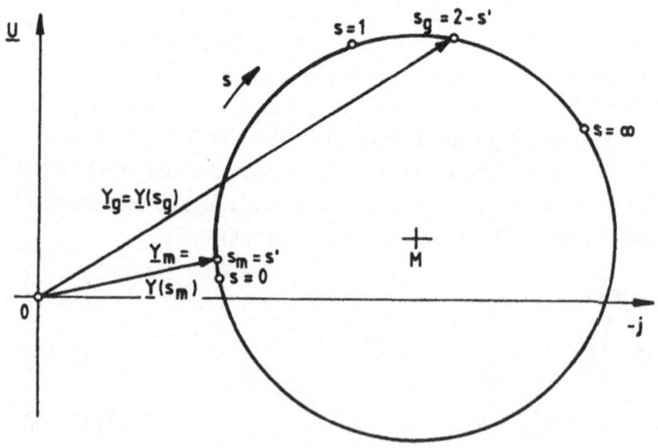

Bild 2.31
Leitwertortskurve $\underline{Y}(s)$

Bei den Schlupfwerten $s = s_m = s_g = 1$, d. h. im Stillstand, und $s = s_m = s_g = \infty$ sind Mit- und Gegenleitwert gleich groß. Durch diese beiden Punkte und durch den Mittelpunkt M der Ortskurve läßt sich ein Hilfskreis zeichnen. Dieser Hilfskreis ist die Ortskurve des mittleren Leitwertes, des sogenannten S u m m e n l e i t w e r t e s $\underline{Y}_S$.

$$\underline{Y}_S = \frac{\underline{Y}_m + \underline{Y}_g}{2} \tag{2.71}$$

Er dient dazu, auf sehr einfache Weise zu jedem M i t s c h l u p f s_m den zugehörigen G e g e n s c h l u p f s_g zu finden. Bevor das beschrieben wird, wollen wir uns das Kreisdiagramm näher ansehen:

Daß der Mittelpunkt M der Leitwertortskurve auf dem Hilfskreis liegen muß, geht aus dem Fall im Bild 2.32 hervor, bei dem sich s_m und s_g unmittelbar gegenüber liegen.

Es läßt sich leicht nachweisen, daß auch die Ortskurve des Summenleitwertes ein Kreis ist.

Mit $\quad s_m = 1 - \dfrac{n}{n_s} = 1 - r$ und $s_g = 1 + \dfrac{n}{n_s} = 1 + r$

wird $\quad \underline{Y}_m = \dfrac{\underline{A} + j(1-r)\underline{B}}{\underline{C} + j(1-r)\underline{D}} = \dfrac{\underline{A}^* - r\underline{B}}{\underline{C}^* - r\underline{D}}$ und $\underline{Y}_g = \dfrac{\underline{A}^* + r\underline{B}}{\underline{C}^* + r\underline{D}}$.

Damit kann man für den Summenleitwert schreiben

$$\underline{Y}_S = \frac{1}{2}\left(\frac{\underline{A}^* - r\underline{B}}{\underline{C}^* - r\underline{D}} + \frac{\underline{A}^* + r\underline{B}}{\underline{C}^* + r\underline{D}}\right) = \frac{\underline{A}^*\underline{C}^* - r^2\underline{B}\underline{D}}{\underline{C}^{*2} - r^2\underline{D}^2}.$$

Da $r = f(s)$ ist, ist auch $\underline{Y}_S(s)$ ein Kreis.

Schließlich ist noch zu zeigen, daß der Hilfskreis tatsächlich die Gerade zwischen den Punkten s_m und s_g in zwei gleiche Teile teilt, daß also die Gleichung (2.71) richtig ist.

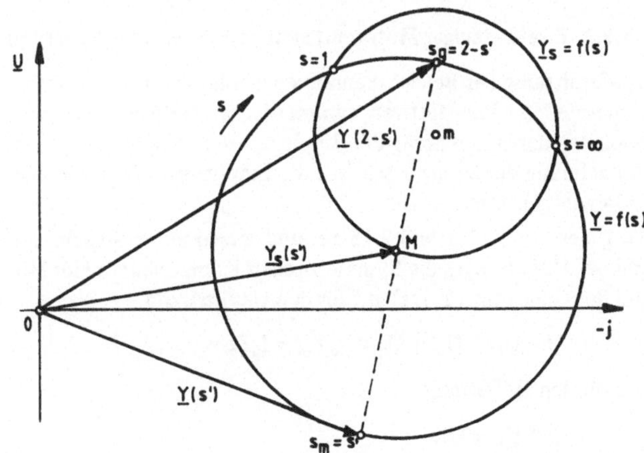

Bild 2.32
Leitwertortskurve $\underline{Y}(s)$ und Ortskurve des Summenleitwertes $\underline{Y}_S(s)$

Dazu wird diese Gleichung umgeformt:

$$\underline{Y}_m + \underline{Y}_g = 2\underline{Y}_S \quad \text{oder} \quad \underline{Y}_g - \underline{Y}_S = \underline{Y}_S - \underline{Y}_m$$

Nach Bild 2.33 besteht die Gerade $\overline{s_m s_g}$ aus den beiden Teilen

$$\underline{H}_m = \underline{Y}_S - \underline{Y}_m \quad \text{und} \quad \underline{H}_g = \underline{Y}_g - \underline{Y}_S.$$

Da der Umfangswinkel über dem Durchmesser $\overline{MF}$ ein rechter Winkel ist, teilt die Gerade $\overline{MG}$ die Sehne $\overline{s_m s_g}$ in die gleichen Teile H_m und H_g.

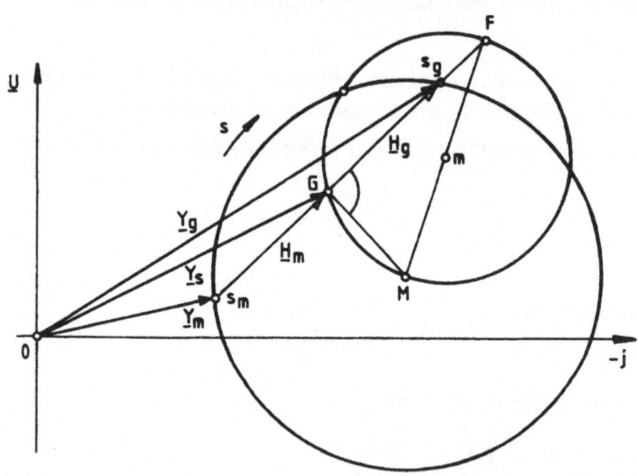

Bild 2.33
Konstruktion zum Nachweis $H_m = H_g$ und zur Ermittlung des Gegenschlupfes s_g

Um den zum Mitschlupf s_m gehörenden Gegenschlupf s_g zu finden, braucht man nur vom Punkt F, der der Schnittpunkt der verlängerten Geraden $\overline{Mm}$ mit dem Hilfskreis ist, eine Gerade durch den Punkt s_m zu ziehen. Der zweite Schnittpunkt mit der Leitwertortskurve ist der gesuchte Punkt s_g.

2.5.1.2 Zweisträngiger Motor mit symmetrischer oder quasisymmetrischer Wicklung

Die Ermittlung der Betriebskennlinien erfolgt in zwei Schritten. Zunächst werden die Leitwerte $\underline{Y}(s)$ einer fiktiven, symmetrischen Mehrphasenmaschine, die gleiche Strangdaten wie der Hauptstrang der Einphasenmaschine besitzt, berechnet. Dann erfolgt die Umrechnung der Mehrphasen- auf die Einphasenwerte nach einem Verfahren, das Krondl 1934 angegeben hat.

Wir gehen vom Schaltbild 2.18 aus und setzen in die Spannungsgleichungen des Haupt- und des Hilfsstranges die Symmetrischen Komponenten ein. Mit der Netzspannung U und der Gleichung (2.62a) gilt für den Hauptstrang

$$\underline{U} = \underline{U}_U = \underline{U}_m + \underline{U}_g = \underline{I}_m\underline{Z}_m + \underline{I}_g\underline{Z}_g \tag{2.72}$$

und für den Hilfsstrang

$$\underline{U} = \underline{U}_Z + \underline{U}_r. \tag{2.73}$$

Im allgemeinen ist das Übersetzungsverhältnis zwischen den beiden Strängen ü ≠ 1. Daher sind die Größen des Hilfsstranges auf den Hauptstrang umzurechnen. Mit der Gleichung (2.62b) ergibt sich

$$\underline{U}_Z = \frac{j}{ü}(\underline{I}_m\underline{Z}_m - \underline{I}_g\underline{Z}_g). \tag{2.74}$$

Entsprechend kann man mit Gleichung (2.61b) für die Spannung am Reihenwiderstand

$$\underline{U}_r = \frac{\underline{U}_r'}{ü} = \frac{\underline{I}_Z'\underline{Z}_r'}{ü} = \frac{j}{ü}(\underline{I}_m - \underline{I}_g)\underline{Z}_r' \tag{2.75}$$

schreiben. Die Gleichungen (2.74) und (2.75) in die Spannungsgleichung des Hilfsstranges eingesetzt, ergeben eine zweite Gleichung für die Netzspannung

$$\underline{U} = \frac{j}{ü}[\underline{I}_m(\underline{Z}_m + \underline{Z}_r') - \underline{I}_g(\underline{Z}_g + \underline{Z}_r')]. \tag{2.76}$$

Aus den Gleichungen (2.72) und (2.76) lassen sich nun die Gleichungen für den mit- und gegenlaufenden Strom entwickeln.

$$\underline{I}_m = \underline{U}\,\frac{\underline{Z}_r' + \underline{Z}_g(1 - jü)}{\Delta} \quad \text{und} \quad \underline{I}_g = \underline{U}\,\frac{\underline{Z}_r' + \underline{Z}_m(1 + jü)}{\Delta}$$

mit dem Nenner

$$\Delta = 2\underline{Z}_m\underline{Z}_g + \underline{Z}_r'(\underline{Z}_m + \underline{Z}_g)$$

Da die Ströme proportional den Leitwerten sind, werden die Widerstände durch die Leitwerte ersetzt. Das soll als Beispiel für den Mitstrom durchgeführt werden, wobei die Netzspannung U wiederum die Bezugsgröße ist.

$$\underline{I}_m = U \cdot \frac{\dfrac{1}{\underline{Y}_r'} + \dfrac{1 - jü}{\underline{Y}_g}}{\dfrac{2}{\underline{Y}_m\underline{Y}_g} + \dfrac{1}{\underline{Y}_r'\underline{Y}_m} + \dfrac{1}{\underline{Y}_r'\underline{Y}_g}} = U \cdot \frac{\underline{Y}_g + \underline{Y}_r'(1 - jü)}{\underline{Y}_r'\underline{Y}_g} \cdot \frac{\underline{Y}_m\underline{Y}_g\underline{Y}_r'}{2\underline{Y}_r' + \underline{Y}_m + \underline{Y}_g}$$

Damit erhält man für den M i t s t r o m

$$\underline{I}_m = U \cdot \underline{Y}_m\,\frac{\underline{Y}_g + \underline{Y}_r'(1 - jü)}{2\underline{Y}_r' + \underline{Y}_m + \underline{Y}_g} = U \cdot \underline{Y}_m \cdot \frac{\underline{B}}{2\underline{A}} = \underline{U}_m\underline{Y}_m \tag{2.77a}$$

mit $U_m = \underline{U}\,\dfrac{\underline{B}}{2\underline{A}}$

und entsprechend für den G e g e n s t r o m

$$\underline{I}_g = U \cdot \underline{Y}_g\,\frac{\underline{Y}_m + \underline{Y}_r'(1 + jü)}{2\underline{Y}_r' + \underline{Y}_m + \underline{Y}_g} = U \cdot \underline{Y}_g \cdot \frac{\underline{C}}{2\underline{A}} = \underline{U}_g\underline{Y}_g \tag{2.77b}$$

mit $\underline{U}_g = U \frac{\underline{C}}{2\underline{A}}$.

Den Hilfszeigern

$$\underline{A} = \frac{\underline{Y}_m + \underline{Y}_g}{2} + \underline{Y}'_r = \underline{Y}_S + \underline{Y}'_r$$

$$\underline{B} = \underline{Y}_g + \underline{Y}'_r(1 - jü) \tag{2.78}$$

$$\underline{C} = \underline{Y}_m + \underline{Y}'_r(1 + jü)$$

kommt im folgenden eine besondere Bedeutung zu. Zwischen ihnen besteht der Zusammenhang

$$\underline{B} + \underline{C} = 2\underline{A} \tag{2.79}$$

Das Bild 2.34 zeigt die Konstruktion der Hilfszeiger für den Reihenleitwertes $\underline{Y}'_r$ eines Kondensators zusammen mit einem Wirkwiderstand. Die Spitze des Zeigers $\underline{Y}'_r$ wird in den Ursprung des Koordinatensystems gelegt. An seinem Fußpunkt A werden in der gezeigten Weise die beiden Zeiger $jü\underline{Y}'_r$ und $-jü\underline{Y}'_r$ angebracht, deren Fußpunkte mit B und C bezeichnet sind. A, B und C sind gleichzeitig die Fußpunkte der Hilfszeiger $\underline{A}$, $\underline{B}$ und $\underline{C}$, deren Spitzen mit den Spitzen von Mit-, Gegen- und Summen-Leitwert zusammenfallen. Somit gibt das Zeigerdiagramm im Bild 2.34 die Gleichungen (2.78) und (2.79) wieder. Es diente früher dazu, auf grafischem Wege Mit- und Gegenstrom entsprechend den Gleichungen (2.77) zu ermitteln, und erleichterte damit ganz wesentlich die Motoren-Berechnung.

Sind die Symmetrischen Stromkomponenten bekannt, berechnet man mit Hilfe der Gleichungen (2.61) die Strangströme I_U und I_Z sowie den dem Netz entnommenen Strom

$$\underline{I} = \underline{I}_U + \underline{I}_Z = \underline{I}_m(1 + jü) + \underline{I}_g(1 - jü) \tag{2.80}$$

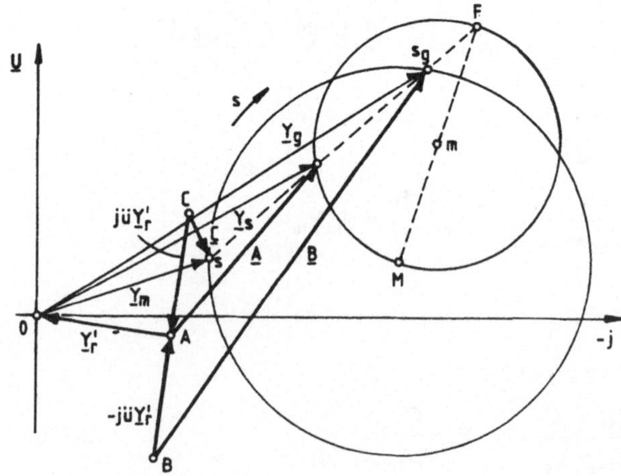

Bild 2.34
Konstruktion der Hilfszeiger $\underline{A}$, $\underline{B}$, $\underline{C}$

Das mechanische Moment ergibt sich aus dem der fiktiven mit- und gegenlaufenden Mehrphasenmaschine, die in den folgenden Gleichungen durch den Index M gekennzeichnet werden. Ihre Drehfeldleistung, die man auch als Luftspalt- oder innere Leistung bezeichnet, ist

$$P_{\delta M} = \mathrm{Re}\,[\underline{P}_{\delta M}] = m_1\,\mathrm{Re}\,[\underline{U}_{iM}\underline{I}^*_{1M}] = m_1\,\mathrm{Re}\,[\underline{Z}_h\underline{I}_{1M}\underline{I}^*_{1M}],$$

wobei $\underline{Z}_h$ die Impedanz der Parallelschaltung der Hauptreaktanz X_h mit den Läuferwiderständen R_2'/s und $X_{\sigma 2}'$ und $\underline{I}^*_{1M}$ der konjugiert komplexe Ständerstrom ist. Beim Schlupf s ist

$$P_{\delta M}(s) = m_1\,|\underline{I}_{1M}(s)|^2 \cdot \mathrm{Re}\,[\underline{Z}_h(s)] \quad \text{mit} \quad \underline{I}_{1M}(s) = U \cdot \underline{Y}(s).$$

Entsprechend gilt für einen Wechselstrommotor, und zwar für die Leistung des Mitfeldes

$$P_{\delta m} = m_1\,|\underline{I}_m|^2\,\mathrm{Re}\,[\underline{Z}_{hm}] \tag{2.81}$$

mit $$\underline{I}_m = \underline{U}_m\underline{Y}_m = U \cdot \underline{Y}_m \cdot \frac{\underline{B}}{2\underline{A}}$$

Da $\underline{Z}_{hm}$ mit $\underline{Z}_h(s)$ und $\underline{Y}_m$ mit $\underline{Y}(s)$ identisch ist, ist

$$P_{\delta m} = P_{\delta M(s)}\left|\frac{\underline{B}}{2\underline{A}}\right|^2 \tag{2.82}$$

und damit das mitlaufende Drehmoment

$$M_m = M_M(s) \cdot \left(\frac{B}{2A}\right)^2 \tag{2.83}$$

Eine analoge Gleichung beschreibt das gegenlaufende Drehmoment M_g. Mit den Abkürzungen

$$k_m = \left(\frac{B}{2A}\right)^2 \quad \text{und} \quad k_g = \left(\frac{C}{2A}\right)^2 \tag{2.84}$$

lautet die Gleichung für das resultierende Drehmoment eines Wechselstrom-Asynchronmotors

$$M = M_m - M_g = M_M(s) \cdot k_m - M_M(2-s) \cdot k_g \tag{2.85}$$

Das an der Welle nutzbare Moment ergibt sich daraus nach Abzug des den Reibungsverlusten entsprechenden Momentes. Neben der Momenten-Bildung durch Strombelags- und Feldwellen gleicher Drehrichtung darf die Wirkung der jeweils entgegengesetzt drehenden Wellen nicht außer Acht gelassen werden. Es erzeugen nämlich auch das Mitfeld zusammen mit dem Gegenstrombelag und das Gegenfeld zusammen mit dem Mitstrombelag je ein Moment. Da während eines Umlaufs das Feld und der entgegengesetzt rotierende Strombelag zweimal in Phase und zweimal in Gegenphase sind, schwankt dieses Pendelmoment, dessen Mittelwert gleich Null ist, mit doppelter Netzfrequenz (siehe auch Abschnitt 2.3.2). Seine Amplitude beträgt

$$M_p = \frac{m_1}{\omega_s} |\underline{U}_{ig}\underline{I}_m - \underline{U}_{im}\underline{I}_g|$$

mit der synchronen Kreisfrequenz $\omega_s = 2\pi n_s$. Im allgemeinen nimmt man einen geringen Fehler bei der Berechnung dieses Momentes in Kauf, zumal man dann auf der sicheren Seite liegt, wenn man $U_{im} \approx U_m$ und $U_{ig} \approx U_g$, d. h. die induzierten Spannungen etwa gleich den Klemmenspannungen setzt. Mit den Gleichungen (2.77) wird damit

$$\hat{M}_p \approx \frac{m_1}{\omega_s} |\underline{Y}_m - \underline{Y}_g| \cdot \underline{U}_m\underline{U}_g = \frac{m_1}{\omega_s} |\underline{Y}_m - \underline{Y}_g| \cdot \frac{BC}{4A^2} \cdot U^2. \tag{2.86}$$

Schließlich sind noch die Stromwärme-Verluste zu ermitteln:

$$P_{Cu} = P_{CuM}(s)k_m + P_{CuM}(2-s)k_g \tag{2.87}$$

Die Kennlinien-Berechnung von Wechselstrom-Asynchronmotoren ist, wie man sieht, sehr aufwendig. Man hat zunächst die Momente, Verluste und Leitwerte des fiktiven Mehrphasenmotors jeweils für die Schlupfwerte s und 2 − s sowie die Hilfsgrößen $\underline{A}$, $\underline{B}$ und $\underline{C}$ zu berechnen, um dann mit den Gleichungen (2.84) bis (2.87) die Werte des Einphasenmotors zu ermitteln. Da es sich außerdem großenteils um komplexe Rechnungen handelt, erfolgte die Berechnung vor der Einführung von Digitalrechnern so weit wie möglich grafisch, zum Beispiel mit Hilfe der Konstruktion nach Bild 2.34. Ein weiteres Beispiel für die Erleichterung der Rechnung durch ein grafisches Verfahren ist die Ermittlung der Spannung am Reihenwiderstand:

$$\underline{U}_r = \underline{I}_Z\underline{Z}_r = \frac{\underline{I}'_Z}{ü} \cdot \underline{Z}'_r = j\,\frac{\underline{I}_m - \underline{I}_g}{ü\underline{Y}'_r}$$

Mit den Gleichungen (2.77) für $\underline{I}_m$ und $\underline{I}_g$ wird daraus

$$\underline{U}_r = U\,\frac{j}{ü\underline{Y}'_r}\,\frac{\underline{Y}_m[\underline{Y}_g + \underline{Y}'_r(1 - jü)] - \underline{Y}_g[\underline{Y}_m + \underline{Y}'_r(1 + jü)]}{2\underline{A}}$$

Nach einigen Umformungen erhält man

$$\underline{U}_r = U\,\frac{\underline{Y}_m\left(1 + \frac{j}{ü}\right) + \underline{Y}_g\left(1 - \frac{j}{ü}\right)}{2\underline{A}}. \tag{2.88}$$

Dies ist die Gleichung für die Berechnung mit einem Computer. Für eine grafische Ermittlung schreiben wir sie in etwas geänderter Form:

$$\underline{U}_r = U\,\frac{\frac{\underline{Y}_m + \underline{Y}_g}{2} + \frac{j}{ü}\,\frac{\underline{Y}_m - \underline{Y}_g}{2}}{\underline{A}} = U\,\frac{\underline{Y}_S + \frac{j}{ü}\frac{\underline{D}}{2}}{\underline{A}} = U\,\frac{\underline{Y}_\Sigma}{\underline{A}} \tag{2.88a}$$

Im Bild 2.35 ist die entsprechende grafische Konstruktion dargestellt. Da der Hilfskreis

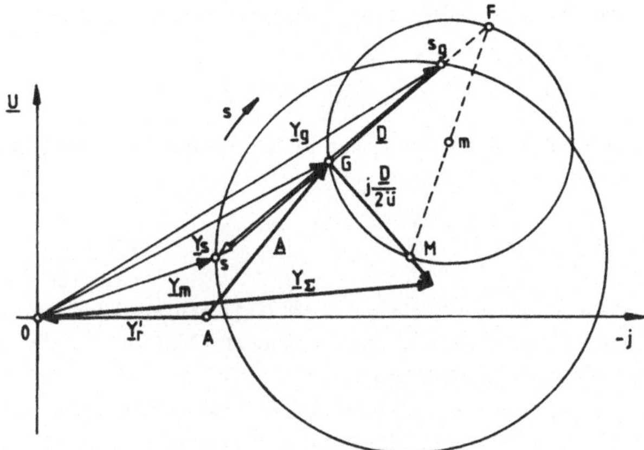

Bild 2.35
Konstruktion zur Ermittlung der Spannung am Reihenwiderstand

den Zeiger $\underline{D}$ halbiert, ist eine Gerade durch G und M mit der Länge D/(2ü) zu zeichnen, um den Zeiger $\underline{Y}_\Sigma$, den Zähler der Gleichung (2.88a), zu erhalten.

Ein weiteres Beispiel für eine grafische Berechnung betrifft den symmetrischen Betrieb, für den das Zeigerdiagramm im Bild 2.36 gezeichnet ist. Bei diesem Betriebszustand existiert weder ein Gegenfeld noch ein Gegenstrom, d. h. der Hilfszeiger $\underline{C}$ ist verschwunden, der Punkt C liegt auf der Leitwertortskurve. Der Abstand des Punktes C von der Ortskurve ist somit ein Maß für die Güte der Symmetrierung und kann in Rechnungen als Kontrollwert verwendet werden.

Auf sehr einfache Weise lassen sich für einen Motor, dessen Hauptstrang-Daten, und damit die Leitwertortskurve, gegeben sind, die für den symmetrischen Betrieb notwendige Reihenimpedanz und die Hilfsstrang-Daten bestimmen. Der Punkt A liegt nämlich auf dem Thales-Kreis über dem Zeiger des Mitleitwertes $\underline{Y}_m$, woraus sich zwei Berechnungsmöglichkeiten ergeben:

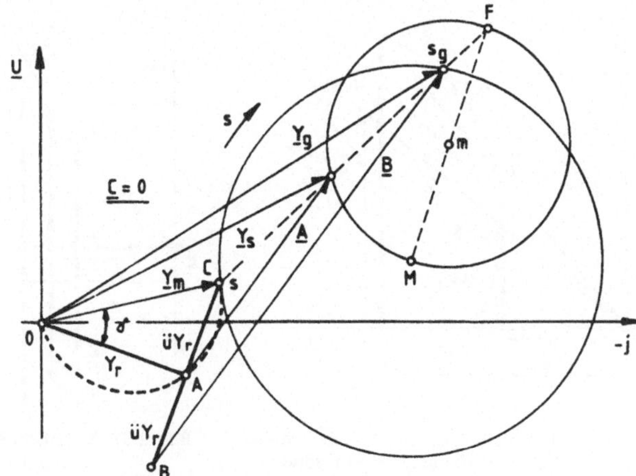

Bild 2.36
Zeigerdiagramm für den symmetrischen Betrieb

Ist das Übersetzungsverhältnis ü bekannt, benötigt man als Reihenimpedanz

$$Z_r = \frac{1}{ü^2 Y_r'} = \frac{1}{ü^2} \cdot \frac{\sqrt{1 + ü^2}}{\overline{OC}} . \tag{2.89}$$

Liegt der Reihenleitwert $\underline{Y}_r'$ vor, erhält man die Daten des Hilfsstranges mit Hilfe des Übersetzungsverhältnisses

$$ü = \tan \gamma = \frac{\overline{AC}}{\overline{OA}} . \tag{2.90}$$

Außer den hier beschriebenen, recht einfachen Verfahren benutzte man früher sehr raffinierte Konstruktionen, um unter anderem Motor-Entwürfe für bestimmte Betriebsanforderungen zu optimieren.

Anhand der Leitwertortskurve wollen wir noch einige grundsätzliche Überlegungen zur Auslegung von Kondensatormotoren anstellen:

Wie dem Bild 2.37 zu entnehmen ist, ist für einen symmetrischen Betrieb im Anzugspunkt ein größerer Kondensator erforderlich als im Nennpunkt. Daher schaltet man, wie im Abschnitt 2.2.3.1 erwähnt, während des Anlaufs einen Anlaufkondensator parallel zum dauernd eingeschalteten Betriebskondensator, wenn ein hohes Anzugsmoment gewünscht wird. Eine vollkommene Symmetrierung in beiden Punkten ist allerdings nicht zu erreichen, da sich die jeweils notwendigen Übersetzungsverhältnisse unterscheiden. Werden für beide Betriebspunkte höchstmögliche Anforderungen gestellt, muß man daher ein mittleres Übersetzungsverhältnis $ü_{mittel}$ wählen.

Da Kondensatoren nicht mit beliebigen Kapazitätswerten, sondern nur in bestimmten Auswahlgrößen hergestellt werden, ist es bei s y m m e t r i s c h e n W i c k l u n g e n oft nicht möglich, den Punkt C genügend nahe an den Kreis zu legen. Wie aus dem Bild 2.38 hervorgeht, läßt sich der Punkt C nur entlang der gestrichelt gezeichneten 45°-Geraden durch Variation der Kapazität verschieben. Nach dem Bild 2.39 ist dage-

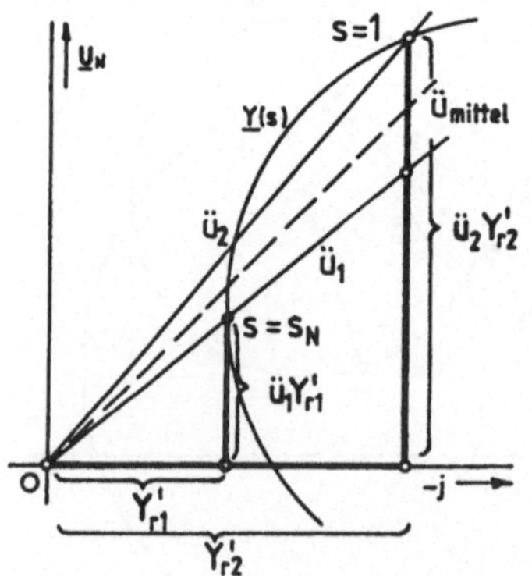

Bild 2.37 Symmetrischer Betrieb bei Nennbetrieb ($s = s_N$) und bei Stillstand ($s = 1$)

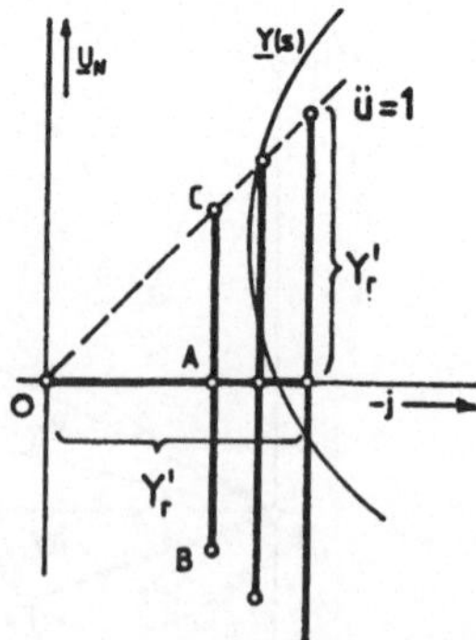

Bild 2.38 Variation der Kapazität bei einer symmetrischen Wicklung

gen bei einer quasisymmetrischen Wicklung mit Hilfe einer Änderung des Übersetzungsverhältnisses ü und des Kondensators eine fast beliebige Einstellung des Punktes C möglich. Aus diesem Grunde werden Wechselstrom-Asynchronmotoren meistens mit quasisymmetrischen Wicklungen ausgeführt. Wenn ein Motor in beiden Drehrichtungen betrieben werden und dabei das gleiche Betriebsverhalten aufweisen soll, zieht man eine symmetrische Wicklung vor. Bei einer quasisymmetrischen Wicklung ist, um das Gleiche zu erreichen, ein aufwendigerer Schalter erforderlich (siehe Abschnitt 2.5.3.2).

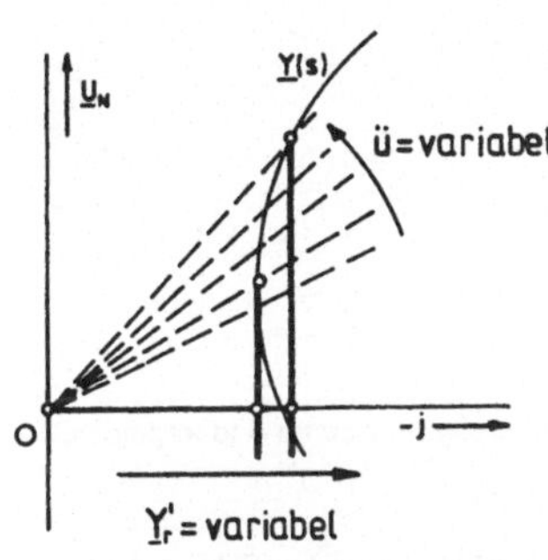

Bild 2.39 Variation der Kapazität und des Übersetzungsverhältnisses bei einer quasisymmetrischen Wicklung

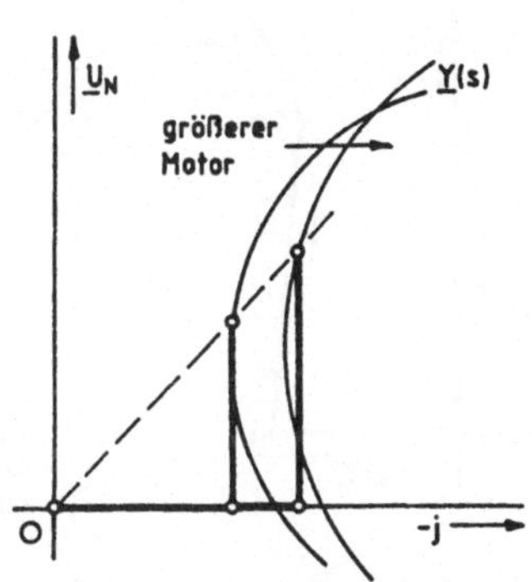

Bild 2.40 Änderung des Reihenleitwertes bei wachsender Motorleistung

Selbstverständlich benötigt ein größerer Motor einen größeren Kondensator (Bild 2.40). Die folgende Tabelle enthält Anhaltswerte für Betriebskondensatoren in Abhängigkeit von der an der Welle abgegebenen Leistung P_2 bei typischen Wirkungsgraden η. Es ist zwischen zwei- und höherpoligen Motoren zu unterscheiden. Der Vollständigkeit wegen sind zusätzlich die Werte für dreisträngige Wicklungen angegeben.

P_2/W	η	$C_B/\mu F$			
		$m_1 = 2$		$m_1 = 3$	
		$p = 1$	$p > 1$	$p = 1$	$p > 1$
50	0,50	2	2	10	14
100	0,57	3	4	12	16
200	0,61	5	6	16	22
500	0,68	12	14	35	45
1000	0,72	18	25	80	100
1500	0,74	25	35	140	160

Wir wollen uns jetzt die Verhältnisse bei Widerstandshilfsstrang-Motoren ansehen. Der Zeiger des Leitwertes für den Wirkwiderstand zeigt in Richtung des Netzspannungszeigers (Bild 2.41), seine Spitze liegt wieder im Koordinatenursprung O.

Daher liegen die drei Punkte A, B und C unterhalb der Abszisse. Da die Schlupfpunkte auf der Leitwertortskurve für den Motorbetrieb stets oberhalb der Abszisse liegen, kann ein derartiger Motor grundsätzlich nicht symmetriert werden, was nach den im Abschnitt 2.3.3.1 genannten Bedingungen selbstverständlich ist. Aus dem Bild 2.41 wird deutlich, daß der Hilfsstrang nach erfolgtem Hochlauf abgeschaltet werden muß: Der Hilfszeiger $\underline{C}$ wird kleiner, wenn bei abgeschaltetem Hilfsstrang der Punkt C in den Ursprung fällt.

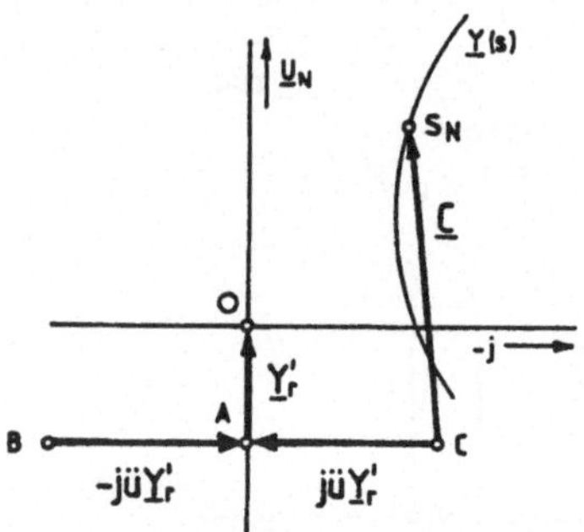

Bild 2.41
Diagramm der Hilfszeiger für einen Widerstandshilfsstrang-Motor

Die folgenden Bilder zeigen O r t s k u r v e n ausgeführter Motoren. Im Bild 2.42 ist die Leitwertortskurve einer sechspoligen 45 W-Maschine, die im Ständer eine quasisymmetrische Wicklung besitzt, dargestellt. Sie ist magnetisch schwach gesättigt, was an der Kreisform der Kurve deutlich wird. Ein Beispiel für die Ortskurve einer hochgesättigten

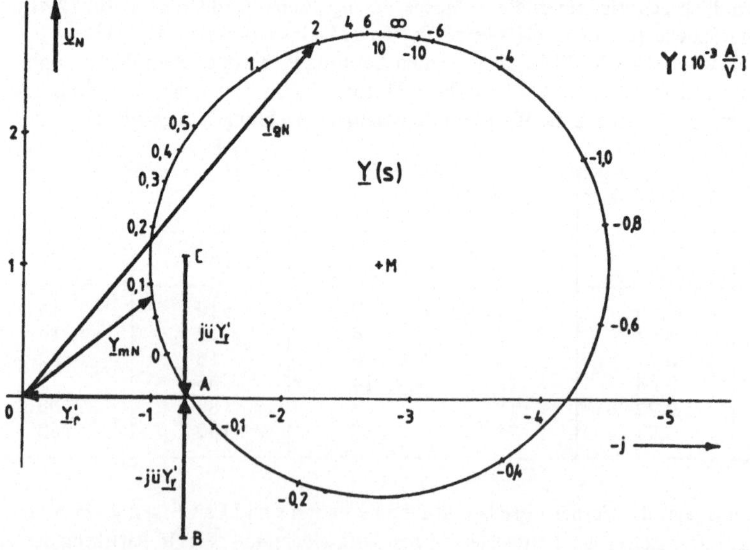

Bild 2.42 Leitwertortskurve eines ungesättigten 45 W-Motors (C = 3 μF, ü = 0,86)

Maschine ist im Bild 2.43 wiedergegeben. Hierbei handelt es sich um einen zweipoligen 75 W-Motor, ebenfalls mit quasisymmetrischer Wicklung. In beide Ortskurven ist das Zeigerdiagramm des Reihenleitwertes eingezeichnet, um insbesondere die Lage des Punktes C im Vergleich zur Ortskurve zu verdeutlichen. Im Bild 2.42 für den sechspoligen Motor sind außerdem die Leitwertzeiger für den Nennpunkt, der etwa bei dem Schlupf $s_N = 0{,}075$ liegt, zu finden.

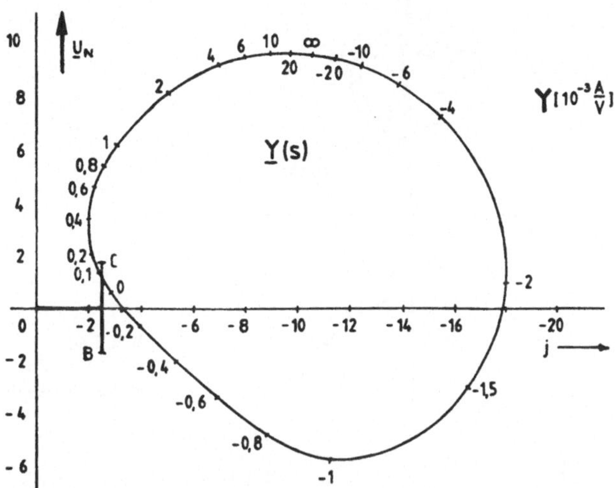

Bild 2.43 Leitwertortskurve eines gesättigten 75 W-Motors ($C = 4\,\mu F$, $ü = 0{,}71$)

Die folgenden Bilder zeigen Ortskurven der fiktiven und tatsächlichen Ströme und Spannungen der sechspoligen Maschine. Die Ortskurven der *Mitspannung* U_m und der *Gegenspannung* U_g gibt das Bild 2.44 wieder, die *symmetrischen Komponenten der Ströme* I_m und I_g das Bild 2.45; die *Strangströme* I_U und I_Z sowie der *dem Netz entnommene Strom* sind im Bild 2.46 dargestellt. Bei allen diesen Kurven handelt es sich um *bizirkulare Quartiken*, die bei dieser ungesättigten Maschine aus ineinander verschlungenen Kreisen bestehen. Die Ortskurven von Mit- und Gegenspannung sind deckungsgleich. Je nach Motorauslegung ist die Lage der Teilkreise und ihre Größe zueinander verschieden. Beim Netzstrom fallen beide Kurventeile zusammen. Die komplizierte Form der Kurven macht deutlich, warum bei der Berechnung von Wechselstrom-Asynchronmotoren die Leitwertortskurve und nicht die Stromortskurve verwendet wurde. In allen Abbildungen sind wiederum die *Zeigerdiagramme für den Nennbetrieb* eingezeichnet. Aus dem Bild 2.46 ist ersichtlich, daß bei Kondensatormotoren der Leistungsfaktor in weiten Bereichen nahe bei Eins liegt, daß also nahezu kein Blindleistungsaustausch zwischen Netz und Motor stattfindet.

Bei *Motoren mit höherer Sättigung* werden die Ortskurven aller Größen ähnlich der des Bildes 2.43 „plattgedrückt“ und nehmen eine nierenförmige Gestalt an.

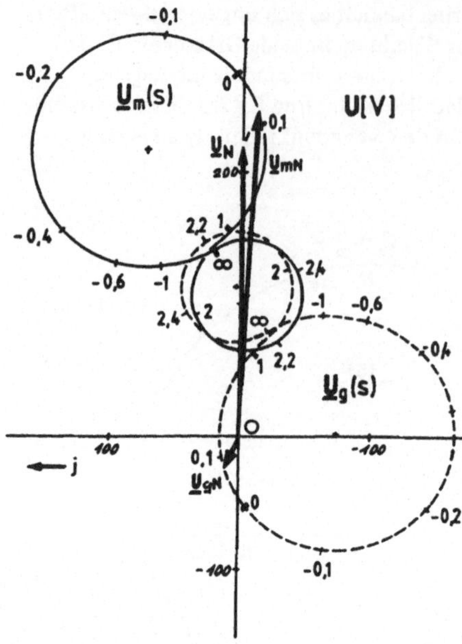

Bild 2.44
Ortskurven der Symmetrischen Spannungskomponenten des 45 W-Motors

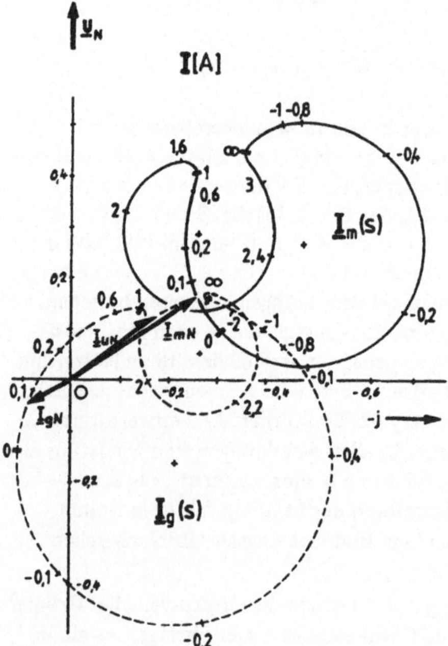

Bild 2.45
Ortskurven der Symmetrischen Stromkomponenten des 45 W-Motors

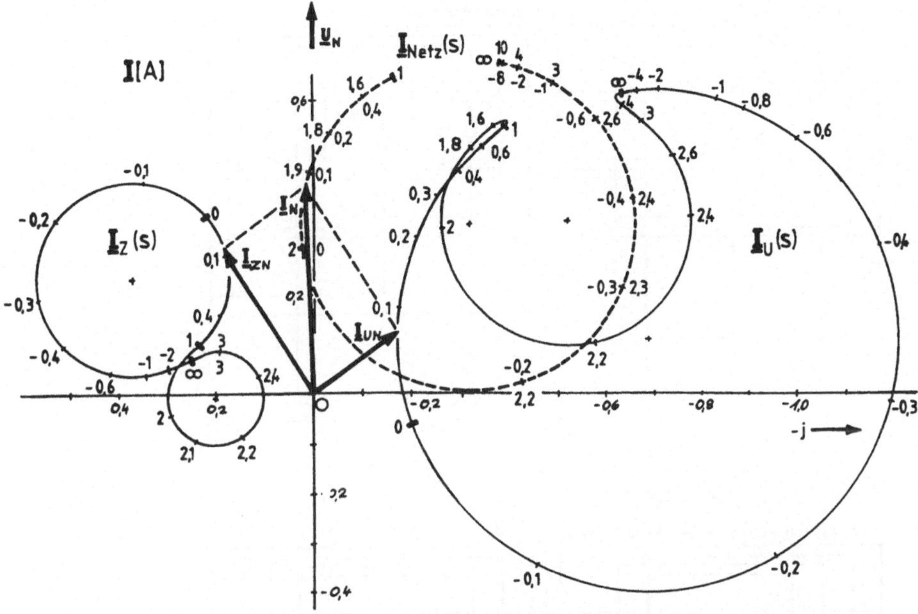

Bild 2.46 Ortskurven der Strangströme und des Netzstromes des 45 W-Motors

Außerdem ändert sich das Größenverhältnis der Teilkurven zueinander. Auch die Ortskurve des Netzstromes besteht dann aus zwei Teilen und gleicht einer Mondsichel.

2.5.1.3 Zweisträngiger Motor mit unsymmetrischer Wicklung

Im Bild 2.47 sind typische Wickelschemen zweipoliger, zweisträngiger Wechselstrommotoren dargestellt, im oberen Teil eine symmetrische oder quasisymmetrische Wicklung und darunter eine unsymmetrische Wicklung, deren Hauptstrang 2/3 der Nuten und deren Hilfsstrang 1/3 der Nuten belegt (siehe auch Bild 2.14). Bei der 2/3–1/3-Wicklung beträgt der Versatz beider Wicklungen ebenfalls 90°, wie aus dem Bild hervorgeht. Die Berechnung eines Motors mit einer solchen Wicklung erfordert nur eine geringfügige Änderung der im vorhergehenden Abschnitt abgeleiteten Gleichungen. Die Spannung an der Hilfswicklung ist für eine unsymmetrische Wicklung mit $Z'_{\sigma Z} \neq Z_{\sigma U}$ nach der Gleichung (2.63)

$$\underline{U}_Z = \frac{\underline{I}'_Z}{ü} \cdot (\underline{Z}'_{\sigma Z} - \underline{Z}_{\sigma U}) + \frac{j}{ü} \cdot (\underline{I}_m \underline{Z}_m - \underline{I}_g \underline{Z}_g).$$

Dies statt der Gleichung (2.74) in die Gleichung (2.73) eingesetzt, ergibt mit Gleichung (2.75) jetzt als zweite Spannungsgleichung anstelle der Gleichung (2.76)

$$\underline{U} = \frac{j}{ü} [\underline{I}_m(\underline{Z}_m + \underline{Z}'_r + \underline{Z}'_{\sigma Z} - \underline{Z}_{\sigma U}) - \underline{I}_g(\underline{Z}_g + \underline{Z}'_r + \underline{Z}'_{\sigma Z} - \underline{Z}_{\sigma U})]. \tag{2.91}$$

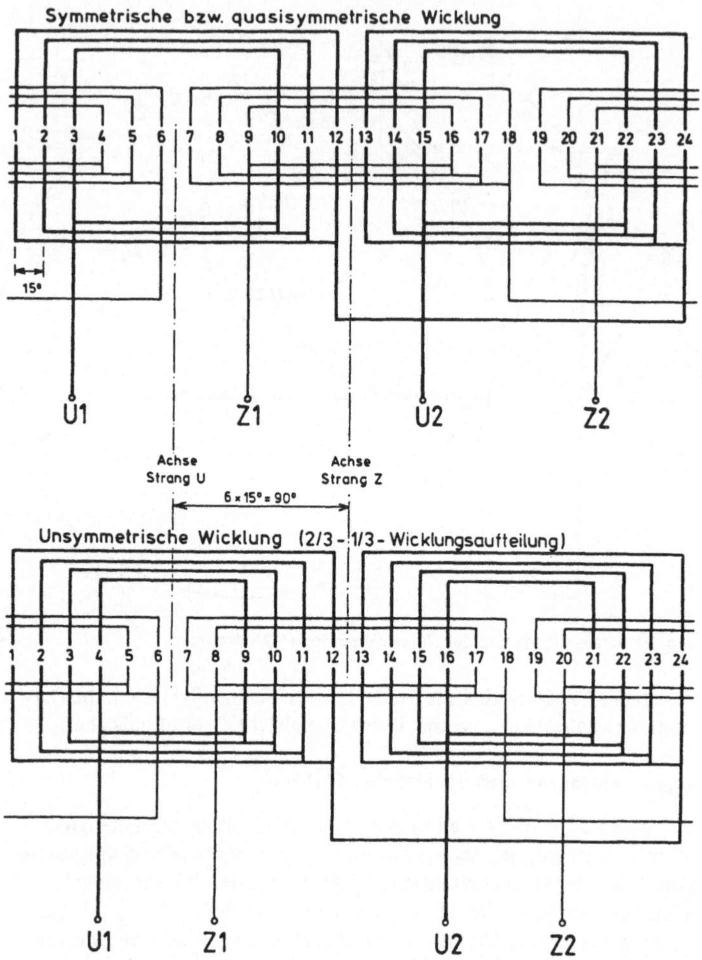

Bild 2.47 Wickelschemen zweipoliger, zweisträngiger Wechselstrom-Asynchronmotoren

Vergleicht man die beiden Gleichungen (2.76) und (2.91) miteinander, stellt man fest, daß man eine unsymmetrische Wicklung wie eine quasisymmetrische behandeln kann, deren Hilfswicklung zusätzlich mit einer fiktiven Impedanz $\underline{Z}_{\sigma Z} - \underline{Z}_{\sigma U}/ü^2$ in Reihe geschaltet ist. Damit ergibt sich für den gesamten Reihenleitwert, der sich im allgemeinen Fall neben dem zusätzlichen fiktiven Anteil infolge Wicklungsunsymmetrie aus ohmschen, induktiven und kapazitiven Anteilen zusammensetzen kann,

$$\underline{Y}'_r = \frac{1}{ü^2} \frac{1}{(R_r + R_Z - R_U/ü^2) + j(\omega L_r - 1/(\omega C_r) + X_{\sigma Z} - X_{\sigma U}/ü^2)} . \tag{2.92}$$

Für die Berechnung des Momentes kann wieder die Gleichung (2.85) verwendet werden. Die Stromwärme-Verluste erhöhen sich um die Verluste im fiktiven Zusatzwiderstand, so daß an die Stelle der Gleichung (2.87) folgender Ausdruck tritt:

$$P_{Cu} = P_{CuM}(s) \cdot k_m + P_{CuM}(2-s) \cdot k_g + I_Z^2(R_Z + R_r - R_U/\ddot{u}^2) \tag{2.93}$$

2.5.1.4 Dreisträngiger Motor mit symmetrischer Wicklung

Beispielhaft soll auch hier wieder die Sternschaltung betrachtet werden, wobei wir vom Schaltbild 2.21 ausgehen. Daraus lassen sich die folgenden Gleichungen ablesen:

$$\underline{I}_U + \underline{I}_V + \underline{I}_W = 0 \tag{2.94}$$

$$\underline{U} = \underline{U}_U - \underline{U}_V \tag{2.95}$$

$$\underline{U}_U = \underline{U}_W + \underline{I}_W \underline{Z}_r \tag{2.96}$$

Die Einführung der Symmetrischen Komponenten ergibt mit $w_U = w_V = w_Z$ und $q_U = q_W = q_Z$ sowie mit den Gleichungen (2.52c) und (2.94) für den Nullstrom

$$\underline{I}_0 = \frac{1}{3}(\underline{I}_U + \underline{I}_V + \underline{I}_W) = 0.$$

Damit ist auch die Nullspannung $\underline{U}_0$ gleich Null, so daß sich die Gleichungen (2.56) vereinfachen zu

$$\underline{U}_U = \underline{U}_m + \underline{U}_g, \tag{2.97}$$

$$\underline{U}_V = \underline{a}^2\underline{U}_m + \underline{a}\underline{U}_g, \tag{2.98}$$

$$\underline{U}_W = \underline{a}\underline{U}_m + \underline{a}^2\underline{U}_g. \tag{2.99}$$

Setzt man die Gleichungen (2.97) und (2.98) in die Gleichung (2.95) ein, erhält man für die Netzspannung

$$\underline{U} = \underline{U}_m + \underline{U}_g - \underline{a}^2\underline{U}_m - \underline{a}\underline{U}_g,$$

oder, wenn die Spannungen durch die Ströme und Impedanzen ersetzt werden,

$$\underline{U} = \underline{I}_m\underline{Z}_m(1-\underline{a}^2) + \underline{I}_g\underline{Z}_g(1-\underline{a}). \tag{2.100}$$

Die Strangspannung U_W der Gleichung (2.99) in die Spannungsgleichung (2.96) eingesetzt, wobei noch der Strom I_W durch seine Symmetrischen Komponenten ausgedrückt wird, ergibt für die Strangspannung U_U:

$$\underline{U}_U = \underline{a}\underline{U}_m + \underline{a}^2\underline{U}_g + (\underline{a}\underline{I}_m + \underline{a}^2\underline{I}_g)\underline{Z}_r$$

Durch Gleichsetzen mit (2.97) kann die Spannung U_U eliminiert werden:

$$\underline{I}_m\underline{Z}_m + \underline{I}_g\underline{Z}_g = \underline{a}\underline{I}_m\underline{Z}_m + \underline{a}^2\underline{I}_g\underline{Z}_g + \underline{a}\underline{I}_m\underline{Z}_r + \underline{a}^2\underline{I}_g\underline{Z}_r$$

Diese Gleichung lösen wir schließlich noch nach dem Gegenstrom I_g auf, wobei zu beachten ist, daß $\underline{a}^3 = 1$ ist:

$$\underline{I}_g = -\underline{I}_m \frac{\underline{Z}_m}{\underline{Z}_g} \frac{1 - \underline{a}^2 + \underline{Z}_r \underline{Y}_m}{\underline{a}(1 - \underline{a} + \underline{Z}_r \underline{Y}_g)}$$

Damit ersetzen wir jetzt $\underline{I}_g$ in der Gleichung (2.100) und erhalten

$$\underline{U} = \underline{I}_m \underline{Z}_m \left[(1 - \underline{a}^2) - \frac{1 - \underline{a}}{\underline{a}} \cdot \frac{1 - \underline{a}^2 + \underline{Z}_r \underline{Y}_m}{1 - \underline{a} + \underline{Z}_r \underline{Y}_g} \right].$$

Berücksichtigt man, daß $-\frac{1 - \underline{a}}{\underline{a}} \cdot \frac{\underline{a}^2}{\underline{a}^2} = 1 - \underline{a}^2$ ist, läßt sich $1 - \underline{a}^2$ ausklammern

$$\underline{U} = \underline{I}_m \frac{1 - \underline{a}^2}{\underline{Y}_m} \cdot \frac{1 - \underline{a} + \underline{Z}_r \underline{Y}_g + 1 - \underline{a}^2 + \underline{Z}_r \underline{Y}_m}{1 - \underline{a} + \underline{Z}_r \underline{Y}_g}.$$

Zähler und Nenner werden mit $\underline{Y}_r$ multipliziert und die Gleichung nach dem Mitstrom $\underline{I}_m$ aufgelöst.

$$\underline{I}_m = U \frac{\underline{Y}_m}{1 - \underline{a}^2} \cdot \frac{\underline{Y}_g + \underline{Y}_r(1 - \underline{a})}{\underline{Y}_m + \underline{Y}_g + 3\underline{Y}_r} = U \frac{\underline{Y}_m}{1 - \underline{a}^2} \frac{\underline{B}}{2\underline{A}} = \underline{U}_m \underline{Y}_m \tag{2.101a}$$

Für den Gegenstrom lautet die entsprechende Gleichung

$$\underline{I}_g = U \frac{\underline{Y}_g}{1 - \underline{a}} \cdot \frac{\underline{Y}_m + \underline{Y}_r(1 - \underline{a}^2)}{\underline{Y}_m + \underline{Y}_g + 3\underline{Y}_r} = U \frac{\underline{Y}_g}{1 - \underline{a}} \frac{\underline{C}}{2\underline{A}} = \underline{U}_g \underline{Y}_g. \tag{2.101b}$$

Auch hier gilt $\underline{B} + \underline{C} = 2\underline{A}$. Diese Hilfszeiger wollen wir uns näher ansehen.

$$\underline{A} = \frac{\underline{Y}_m + \underline{Y}_g}{2} + \frac{3}{2} \underline{Y}_r = \underline{Y}_S + \frac{3}{2} \underline{Y}_r \tag{2.102a}$$

$$\underline{B} = \underline{Y}_g + \underline{Y}_r(1 - \underline{a})$$

Das Bild 2.48 zeigt die hier notwendigen Beziehungen im Einheitszeigerdiagramm.

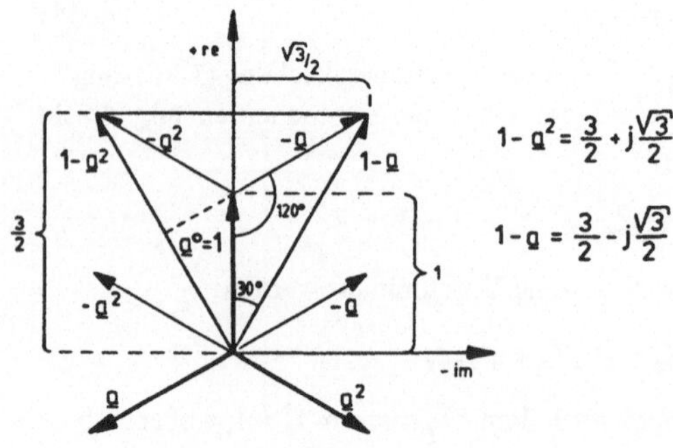

Bild 2.48
Einheitszeigerdiagramm

Daraus ergibt sich

$$\underline{B} = \underline{Y}_g + \frac{3}{2}\underline{Y}_r\left(1 - j\frac{1}{\sqrt{3}}\right), \tag{2.102b}$$

$$\underline{C} = \underline{Y}_m + \underline{Y}_r(1 - \underline{a}^2),$$

$$\underline{C} = \underline{Y}_m + \frac{3}{2}\underline{Y}_r\left(1 + j\frac{1}{\sqrt{3}}\right). \tag{2.102c}$$

Eine formale Ähnlichkeit mit den Gleichungen (2.78) für zweisträngige Maschinen wird deutlich, wenn man in den vorstehenden Gleichungen $3/2\ \underline{Y}_r \triangleq \underline{Y}_r'$ und $1/\sqrt{3} \triangleq ü$ setzt. Daraus folgt, daß sowohl die grafische Konstruktion der Leitwertortskurve als auch die Umrechnung von der Mehrphasenmaschine auf die Einphasenmaschine grundsätzlich übereinstimmen. In dem Bild 2.49 sind die L e i t w e r t o r t s k u r v e samt Hilfskreis und das Zeigerdiagramm der Hilfszeiger für eine Maschine in Sternschaltung dargestellt.

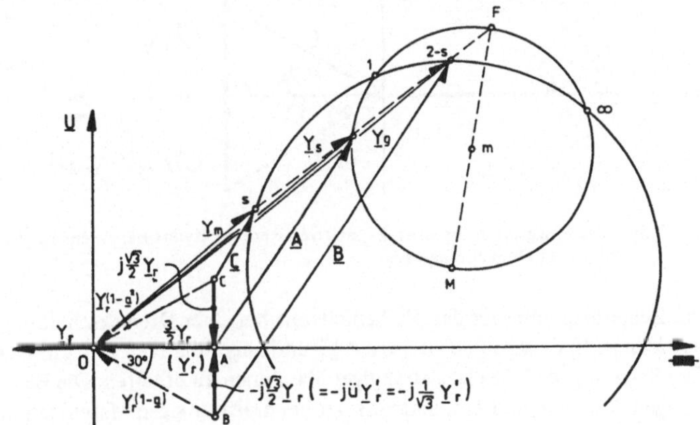

Bild 2.49 Leitwertortskurve eines dreisträngigen Wechselstrom-Asynchronmotors in Sternschaltung

Die Stromgleichungen für die D r e i e c k s c h a l t u n g , deren Herleitung in ähnlicher Weise erfolgt, lauten

$$\underline{I}_m = U\underline{Y}_m \frac{\underline{Y}_g + \dfrac{1}{1-\underline{a}^2}\underline{Y}_r}{\underline{Y}_m + \underline{Y}_g + \underline{Y}_r} = U\underline{Y}_m \frac{\underline{B}}{2\underline{A}},$$

$$\underline{I}_g = U\underline{Y}_g \frac{\underline{Y}_m + \dfrac{1}{1-\underline{a}}\underline{Y}_r}{\underline{Y}_m + \underline{Y}_g + \underline{Y}_r} = U\underline{Y}_g \frac{\underline{C}}{2\underline{A}}. \tag{2.103}$$

Mit den folgenden Beziehungen im Einheitszeigerdiagramm (2.48)

$$\frac{1}{1-\underline{a}^2}=\frac{1}{\frac{3}{2}+j\frac{\sqrt{3}}{2}}=\frac{1}{2}\left(1-j\frac{1}{\sqrt{3}}\right),\qquad \frac{1}{1-\underline{a}}=\frac{1}{\frac{3}{2}-j\frac{\sqrt{3}}{2}}=\frac{1}{2}\left(1+j\frac{1}{\sqrt{3}}\right)$$

erhält man die Gleichungen der Hilfszeiger

$$\underline{A}=\frac{\underline{Y}_m+\underline{Y}_g}{2}+\frac{\underline{Y}_r}{2}=\underline{Y}_S+\frac{\underline{Y}_r}{2},$$

$$\underline{B}=\underline{Y}_g+\frac{1}{1-\underline{a}^2}\underline{Y}_r=\underline{Y}_g+\frac{\underline{Y}_r}{2}\left(1-j\frac{1}{\sqrt{3}}\right), \tag{2.104}$$

$$\underline{C}=\underline{Y}_m+\frac{1}{1-\underline{a}}\underline{Y}_r=\underline{Y}_m+\frac{\underline{Y}_r}{2}\left(1+j\frac{1}{\sqrt{3}}\right).$$

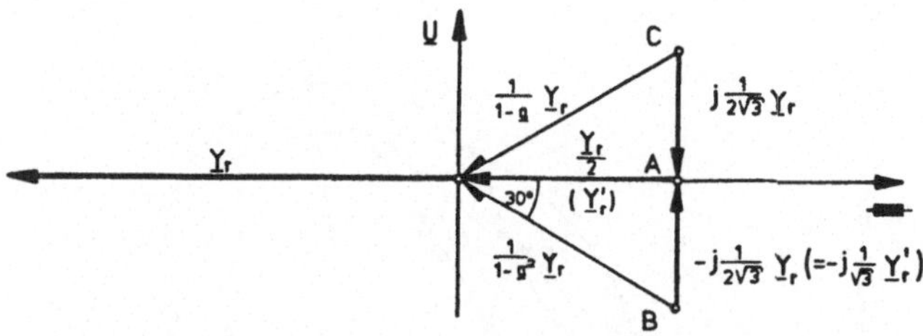

Bild 2.50 Zeigerdiagramm für einen kapazitiven Reihenleitwert bei einem Wechselstrom-Asynchronmotor in Dreieckschaltung

Das Zeigerdiagramm für den Reihenleitwert bei einer Dreieckschaltung ist im Bild 2.50 gezeichnet. In diesem Fall ist $\underline{Y}_r/2 \mathrel{\hat{=}} \underline{Y}_r'$ und ebenfalls $1/\sqrt{3} \mathrel{\hat{=}}$ ü zu setzen, um formal die Gleichungen (2.78) zweisträngiger Maschinen zu erhalten. Die Berechnung der Leistungen, Verluste und Momente erfolgt bei dreisträngigen Maschinen mit den Gleichungen, die bei den zweisträngigen hergeleitet wurden. Aufgrund der formalen Ähnlichkeit aller Gleichungen können alle in diesem Abschnitt 2.5.1 beschriebenen Motoren mit einem einzigen Rechenmaschinen-Programm berechnet werden, wobei nur an wenigen Stellen Verzweigungen für die Besonderheiten der einzelnen Ausführungen vorzusehen sind.

2.5.2 Asynchrone Oberfeldmomente

Das im vorhergehenden Abschnitt beschriebene Verfahren ist im allgemeinen zur Berechnung der Betriebsdaten für den Stillstand und für den Bereich oberhalb des Kippunktes bis zum Leerlauf ausreichend genau, nicht aber für den Hochlaufbereich zwischen Stillstand und Kippunkt. Wie schon erwähnt und wie es das Bild 2.51, das typische Betriebskennlinien eines Wechselstrom-Asynchronmotors wiedergibt, belegt, besitzen diese

Motoren oft Sättel im Hochlaufbereich der Drehzahl-Drehmomenten-Kennlinie. Diese werden durch Oberwellen des Luftspaltfeldes niederer Polzahl (3p, 5p, 7p) hervorgerufen. Derartige Sättel können bei falscher Auslegung eines Motors so ausgeprägt sein, daß sie den Hochlauf auf die Betriebsdrehzahl verhindern oder zumindest erschweren können. Daher ist es oft von Interesse, die Auswirkung der Oberwellen bei einer Motoren-Berechnung direkt zu erfassen. Die Berechnung der Oberwellenstreuung ist in diesem Fall unzureichend. Da ein Berechnungsprogramm, das die Oberfelder unmittelbar berücksichtigt, je nach der Anzahl der erfaßten Oberfelder erheblich mehr Rechenzeit beansprucht als ein Grundwellen-Programm, wird es nur im Bedarfsfall eingesetzt.

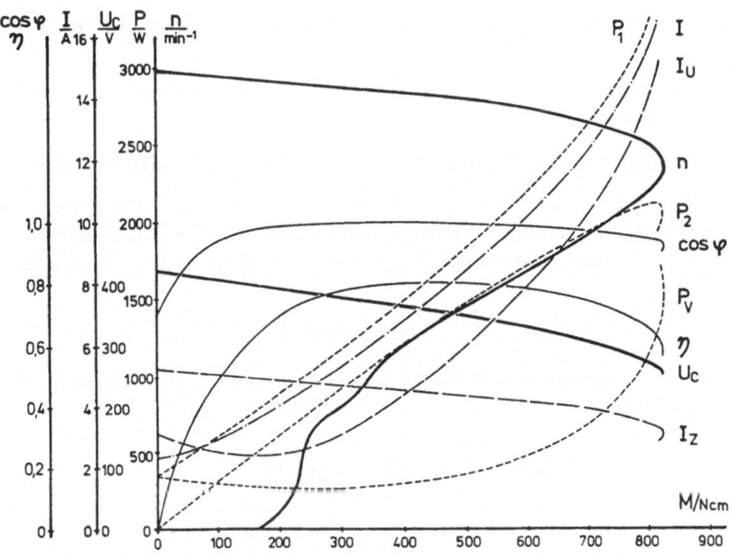

Bild 2.51 Betriebskennlinien eines zweisträngigen 1,5 kW-Motors
I Netzstrom, I_U Hauptstrangstrom, I_Z Hilfsstrangstrom, P_1 Aufgenommene Wirkleistung, P_2 Abgegebene Wirkleistung, P_V Verlustleistung, U_C Kondensatorspannung (Alle Größen außer der Drehzahl n sind im Bereich zwischen Leerlauf und Kippunkt dargestellt)

Ein mögliches Verfahren beschreibt Stepina [14]. Hierbei werden die wichtigsten Oberfelder, nämlich die Wicklungsfelder, die infolge der diskreten Verteilung der Ständerwicklungen in Nuten entstehen, berücksichtigt. Die einzelnen Felder eines Stranges erzeugen zusammen mit ihren rückwirkenden Läuferstrombelägen asynchrone Drehmomente, wirken also jeweils wie einsträngige Maschinen unterschiedlicher Polzahl. Man kann die Einzelfelder daher ebenso behandeln, wie wir das bereits im Abschnitt 2.4.1 bei der Herleitung der Symmetrischen Komponenten mit dem Grundfeld getan haben. Es sind lediglich die Wirkungen aller berücksichtigten Felder zu summieren. Aus dieser Vorstellung heraus ergibt sich unmittelbar der Ersatzstromkreis des Bildes 2.52. Es muß hier noch einmal ausdrücklich betont werden, daß eine Zerlegung oder Überlagerung von magnetischen Feldern und ihren Wirkungen nur bei linearen Verhältnissen, d.h. wenn keine magnetische Sättigung auftritt, zulässig ist. Da dies meistens nicht zutrifft, versucht man diesen Fehler dadurch aufzuheben, daß man mit einer abschnittsweise konstanten Hauptreaktanz X_h rechnet, die mit Hilfe des Sättigungsfaktors korrigiert wird.

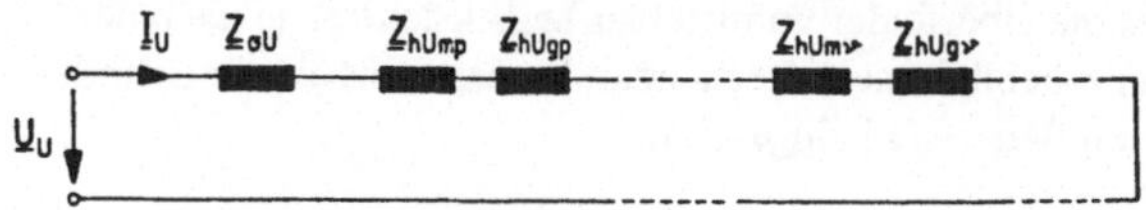

Bild 2.52 Schaltbild des Ersatzstromkreises bei direkter Berücksichtigung der Feldoberwellen

Die Spannungsgleichung für den Strang U, der zunächst allein an Spannung liegt, lautet entsprechend Bild 2.52

$$\underline{U}_U = \underline{I}_U(\underline{Z}_{\sigma U} + \underline{Z}_{hUmp} + \underline{Z}_{hUgp} + \ldots + \underline{Z}_{hUm\nu} + \underline{Z}_{hUg\nu} + \ldots).$$

Die Polpaarzahl ν einer Oberwelle gibt die Anzahl ihrer Perioden am Bohrungsumfang an. Mit $\nu = p$ ist daher die Grundwelle des Luftspaltfeldes gekennzeichnet. Es bietet sich an, die obige Gleichung in einer Summenform zu schreiben:

$$\underline{U}_U = \underline{I}_U\left(\underline{Z}_{\sigma U} + \sum_{\nu=p}^{\pm\infty} (\underline{Z}_{hUm\nu} + \underline{Z}_{hUg\nu}\right)$$

Auch hier führen wir wieder Einheitsimpedanzen, wie im Abschnitt 2.41 beschrieben, ein:

$$\underline{U}_U = \underline{I}_U\left(\underline{Z}_{\sigma U} + \sum_{\nu=p}^{\pm\infty} z'^2_{U\nu}(\underline{Z}'_{hm\nu} + \underline{Z}'_{hg\nu})\right) \tag{2.105}$$

mit der effektiv wirksamen Leiterzahl

$$z'_\nu = z \cdot \xi_\nu = 2p \sum_{k=1}^{q} z_{Nk} \cos \nu\alpha_k \tag{2.106}$$

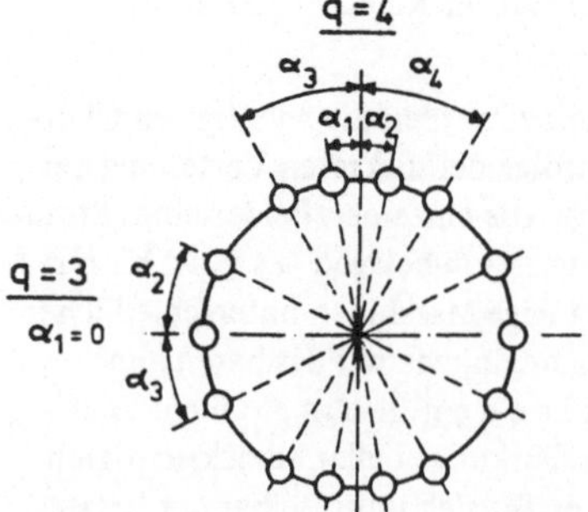

Bild 2.53
Zur Definition des Nutenwinkels α_k

Dabei ist z_{Nk} die Anzahl der Leiter in der Nut k. Das Bild 2.53 dient zur Definition des Nutenwinkels α_k und zeigt zwei Beispiele, eines für eine gerade Lochzahl und eines für eine ungerade Lochzahl. Die Gleichung (2.106) berücksichtigt auch eine ungleichmäßige Verteilung der Leiter eines Stranges auf die Nuten, was bei Wechselstrom-Asynchronmotoren hin und wieder zur Unterdrückung oder Verminderung von Feldoberwellen vorkommt. Eine Sehnung der Wicklung, die jedoch bei Kleinmaschinen aus Kostengründen kaum angewendet wird, wird ebenfalls durch (2.106) erfaßt.

Zur Berechnung der Impedanzen $\underline{Z}'_{hm\nu}$ und $\underline{Z}'_{hg\nu}$, die sich wiederum aus der Parallelschaltung der Hauptreaktanzen mit den zugehörigen Läuferwiderständen entsprechend der Ersatzschaltung des Bildes 2.26 ergeben, muß der Schlupf des Läufers gegenüber der ν-ten Feldwelle

$$s_\nu = \frac{n_{s\nu} - n}{n_{s\nu}} = 1 - (1 - s_p)\frac{\nu}{p} \tag{2.107}$$

bekannt sein. $n_{s\nu}$ ist die synchrone Drehzahl der ν-ten Feldwelle und s_p der Schlupf des Läufers gegenüber dem Grundfeld.

Ein Vergleich der Gleichung (2.105) mit den ersten drei Gliedern der Gleichung (2.38a) zeigt, in welch einfacher Weise man von den dort abgeleiteten Gleichungen auf die des Oberwellen-Ersatzschaltbildes schließen kann. Andererseits ist das nicht verwunderlich, da es sich hier ja nur um die Reihenschaltung mehrerer Motoren handelt. Analog zu den Gleichungen (2.36) und (2.37) wird von den mit- und gegenlaufenden Feldern des Stranges U im Strang V – bei $\alpha = 0$ – induziert:

$$\underline{U}_{iVUm\nu} = \underline{I}_U \sum_{\nu=p}^{\pm\infty} z'_{U\nu} z'_{V\nu} \underline{Z}'_{hm\nu} e^{-j\nu\beta}; \qquad \underline{U}_{iVUg\nu} = \underline{I}_U \sum_{\nu=p}^{\pm\infty} z'_{U\nu} z'_{V\nu} \underline{Z}'_{hg\nu} e^{j\nu\beta}$$

Im Exponenten der Zahl e ist statt der Polpaarzahl p der Grundwelle jetzt allgemein die Polpaarzahl ν der Einzelwellen zu setzen. Liegen alle Stränge an Spannung, ergeben sich, ausgehend von den Gleichungen (2.41) bis (2.43), folgende Gleichungen für die Strangspannungen:

$$\begin{aligned} \underline{U}_U = \underline{I}_U \underline{Z}_{\sigma U} &+ \sum_{\nu=p}^{\pm\infty} z'^2_{U\nu} \left(\underline{I}_U + \underline{I}_V \frac{z'_{V\nu}}{z'_{U\nu}} e^{j\nu\beta} + \underline{I}_W \frac{z'_{W\nu}}{z'_{U\nu}} e^{j\nu\gamma} \right) \underline{Z}'_{hm\nu} \\ &+ \sum_{\nu=p}^{\pm\infty} z'^2_{U\nu} \left(\underline{I}_U + \underline{I}_V \frac{z'_{V\nu}}{z'_{U\nu}} e^{-j\nu\beta} + \underline{I}_W \frac{z'_{W\nu}}{z'_{U\nu}} e^{-j\nu\gamma} \right) \underline{Z}'_{hg\nu} \end{aligned} \tag{2.108}$$

$$\begin{aligned} \underline{U}_V = \underline{I}_V \underline{Z}_{\sigma V} &+ \sum_{\nu=p}^{\pm\infty} z'_{U\nu} z'_{V\nu} e^{-j\nu\beta} \left(\underline{I}_U + \underline{I}_V \frac{z'_{V\nu}}{z'_{U\nu}} e^{j\nu\beta} + \underline{I}_W \frac{z'_{W\nu}}{z'_{U\nu}} e^{j\nu\gamma} \right) \underline{Z}'_{hm\nu} \\ &+ \sum_{\nu=p}^{\pm\infty} z'_{U\nu} z'_{V\nu} e^{j\nu\beta} \left(\underline{I}_U + \underline{I}_V \frac{z'_{V\nu}}{z'_{U\nu}} e^{-j\nu\beta} + \underline{I}_W \frac{z'_{W\nu}}{z'_{U\nu}} e^{-j\nu\gamma} \right) \underline{Z}'_{hg\nu} \end{aligned} \tag{2.109}$$

$$\underline{U}_W = \underline{I}_W \underline{Z}_{\sigma W} + \sum_{\nu=p}^{\pm\infty} z'_{U\nu} z'_{W\nu} e^{-j\nu\gamma} \left(\underline{I}_U + \underline{I}_V \frac{z'_{V\nu}}{z'_{U\nu}} e^{j\nu\beta} + \underline{I}_W \frac{z'_{W\nu}}{z'_{U\nu}} e^{j\nu\gamma} \right) \underline{Z}'_{hm\nu}$$

$$+ \sum_{\nu=p}^{\pm\infty} z'_{U\nu} z'_{W\nu} e^{j\nu\gamma} \left(\underline{I}_U + \underline{I}_V \frac{z'_{V\nu}}{z'_{U\nu}} e^{-j\nu\beta} + \underline{I}_W \frac{z'_{W\nu}}{z'_{U\nu}} e^{-j\nu\gamma} \right) \underline{Z}'_{hg\nu} \quad (2.110)$$

Führt man auch hier entsprechend den Gleichungen (2.46) die Gesamtimpedanzen $Z_{hm\nu}$ und $Z_{hg\nu}$ der mit- und gegenlaufenden Maschinen ein, stellen die Klammerausdrücke wieder Mit- und Gegenstrom dar.

$$\underline{I}_{m\nu} = \frac{1}{m_1} \left(\underline{I}_U + \underline{I}_V \frac{z'_{V\nu}}{z'_{U\nu}} e^{j\nu\beta} + \underline{I}_W \frac{z'_{W\nu}}{z'_{U\nu}} e^{j\nu\gamma} \right) \quad (2.111)$$

$$\underline{I}_{g\nu} = \frac{1}{m_1} \left(\underline{I}_U + \underline{I}_V \frac{z'_{V\nu}}{z'_{U\nu}} e^{-j\nu\beta} + \underline{I}_W \frac{z'_{W\nu}}{z'_{U\nu}} e^{-j\nu\gamma} \right)$$

Das Umrechnen auf den Strang U erübrigt sich. Mit den Gleichungen (2.111) vereinfachen sich die Gleichungen (2.108) bis (2.110) und es ergeben sich ähnliche Ausdrücke wie die Gleichungen (2.48) bis (2.50):

$$\underline{U}_U = \underline{I}_U \underline{Z}_{\sigma U} + \sum_{\nu=p}^{\pm\infty} (\underline{I}_{m\nu} \underline{Z}_{hm\nu} + \underline{I}_{g\nu} \underline{Z}_{hg\nu}) \quad (2.112)$$

$$\underline{U}_V = \underline{I}_V \underline{Z}_{\sigma V} + \sum_{\nu=p}^{\pm\infty} \frac{z'_{V\nu}}{z'_{U\nu}} (\underline{I}_{m\nu} \underline{Z}_{hm\nu} e^{-j\nu\beta} + \underline{I}_{g\nu} \underline{Z}_{hg\nu} e^{j\nu\beta}) \quad (2.113)$$

$$\underline{U}_W = \underline{I}_W \underline{Z}_{\sigma W} + \sum_{\nu=p}^{\pm\infty} \frac{z'_{W\nu}}{z'_{U\nu}} (\underline{I}_{m\nu} \underline{Z}_{hm\nu} e^{-j\nu\gamma} + \underline{I}_{g\nu} \underline{Z}_{hg\nu} e^{j\nu\gamma}) \quad (2.114)$$

Mit Hilfe der drei Gleichungen (2.108) bis (2.110) und den folgenden, zum Beispiel für die Sternschaltung des Bildes 2.21 geltenden Gleichungen

$$\underline{U}_N = \underline{U}_U - \underline{U}_V, \quad (2.115)$$

$$\underline{U}_U = \underline{U}_W - j\underline{I}_W X_C, \quad (2.116)$$

$$0 = \underline{I}_U + \underline{I}_V + \underline{I}_W, \quad (2.117)$$

können die Strangströme I_U, I_V und I_W berechnet werden. Die Gleichungen (2.111) dienen dann zur Ermittlung der Stromkomponenten $\underline{I}_m$ und $\underline{I}_g$. Damit können die Leistungen der mit- und gegenlaufenden Drehfelder entsprechend Gleichung (2.81) bestimmt werden:

$$P_{\delta m\nu} = m_1 \operatorname{Re} [\underline{Z}_{hm\nu}] \cdot I^2_{m\nu}, \qquad P_{\delta g\nu} = m_1 \operatorname{Re} [\underline{Z}_{hg\nu}] \cdot I^2_{g\nu}, \quad (2.118)$$

wobei mit Re der Realteil bezeichnet ist. Das innere Moment ergibt sich damit zu

$$M_\delta = \sum_{\nu=p}^{\kappa} \frac{P_{\delta m\nu} - P_{\delta g\nu}}{\omega_{s\nu}}, \quad (2.119)$$

wobei κ die größte berücksichtigte Polpaarzahl der Oberfelder ist. Mit der Winkelgeschwindigkeit des Grundfeldes ω_{sp} ist die abgegebene Leistung

$$P_2 = (1 - s_p)\omega_{sp}M_\delta . \tag{2.120}$$

Die aufgenommene Leistung, der Wirkungsgrad, der Leistungsfaktor, die Kondensatorspannung und weitere interessierende Werte werden mit den üblichen Gleichungen ermittelt. Selbstverständlich können mit diesem Verfahren auch zweisträngige Motoren berechnet werden, wenn die im Abschnitt 2.4.2 angegebenen Änderungen eingeführt werden. Das Bild 2.54 zeigt das Grundfeld-Drehmoment und die Drehmomente der Oberfelder mit der dreifachen und fünffachen Grundpolpaarzahl sowie das resultierende Drehmoment, wie sie mit dem beschriebenen Verfahren für eine zweisträngige Maschine berechnet wurden. Anzumerken ist noch, daß die Oberfelder gleicher Ordnungszahl

$$\nu' = \frac{\nu}{p} \tag{2.121}$$

bei zwei- und dreisträngigen Maschinen oft nicht die gleiche Drehrichtung besitzen, wie die folgende Tabelle zeigt.

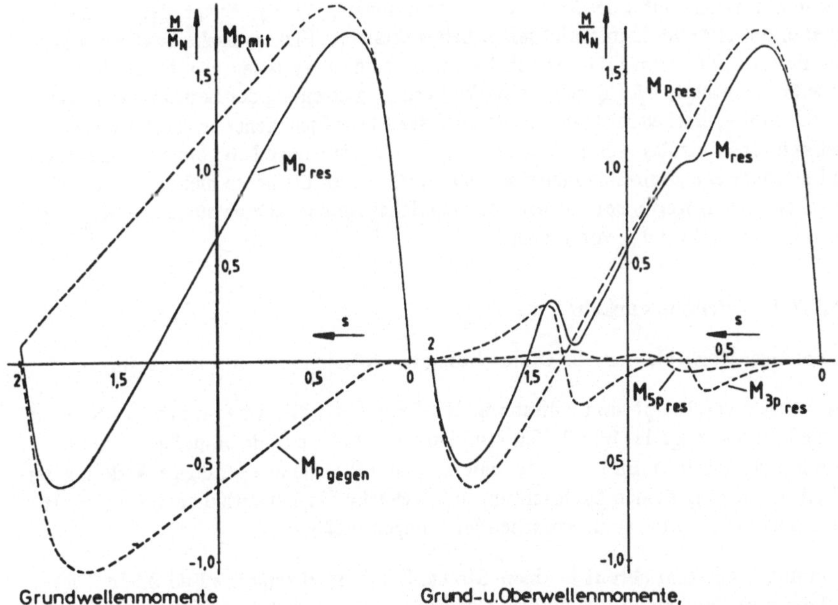

Bild 2.54 Grund- und Oberfeld-Drehmomente eines zweisträngigen Wechselstrom-Asynchronmotors

m = 3		m = 2	
mitlaufend	gegenlaufend	mitlaufend	gegenlaufend
ν = 1 7 13 usw.	ν = 5 11 17	ν = 1 5 9 usw.	ν = 3 7 11

2.5.3 Anpassung an Antriebsforderungen

2.5.3.1 Hochlauf

Anhand des Bildes 2.37 wurde schon darauf hingewiesen, daß zur Erhöhung des Anzugsmomentes manchmal ein Anlaufkondensator, verwendet wird, der etwa bei Erreichen des Kippmomentes abgeschaltet wird. Das gleiche gilt für den Hilfsstrang eines Widerstandshilfstrang-Motors. Das Abschalten erfolgt entweder zeit-, strom- oder drehzahlabhängig, wobei die beiden letzteren Verfahren am häufigsten angewendet werden. Als stromabhängige Schalter kommen Schütze oder auch elektronische Schaltungen in Frage. Sehr einfache Schütze verwendet man bei Widerstandshilfsstrang-Motoren. Unterschreitet der Strom einen Mindestwert, fällt der Anker, der den einen Schalterkontakt bildet, aufgrund seiner Schwerkraft ab. Elektronische Schaltungen, zum Beispiel mit einem Triac als Schaltelement, sind oft zu teuer. Das Abschalten des Anlaufkondensators wird durch die starke Fertigungsstreuung der Betriebsdaten von Kleinmotoren, erschwert. Andererseits muß das Abschalten sicher gewährleistet sein, weil sich sonst unzulässig hohe Verluste im Nennbetrieb einstellen. Am zuverlässigsten sind mechanische, drehzahlabhängige Fliehkraftschalter, die heute mehrere Millionen Spiele erreichen. Wegen der unvermeidlichen Schaltfunken ist eine ausreichende Funkentstörung vorzusehen.

2.5.3.2 Drehrichtungsumkehr

Es gibt zwei Möglichkeiten, die Drehrichtung von Kondensatormotoren zu ändern:

Vertauschen von Haupt- und Hilfsstrang. Ein Beispiel für die Steinmetz-Sternschaltung zeigt das Bild 2.55a. Zum Umschalten ist nur ein einpoliger Schalter erforderlich, wie er im Bild 2.56a für eine drei- und für eine zweisträngige Wicklung dargestellt ist. Wird in beiden Drehrichtungen das gleiche Betriebsverhalten gefordert, ist diese Schaltung nur bei symmetrischen Wicklungen möglich.

Änderung der Stromrichtung in einem Strang. Ein Beispiel zeigt das Bild 2.55b. Dieses Verfahren benötigt einen zweipoligen Umschalter, wie er im Bild 2.56b dargestellt ist. Das ist zwar aufwendiger, ist aber für alle Motoren unabhängig von der Wicklungsausführung geeignet, wenn bei Links- wie bei Rechtslauf gleiches Verhalten erwünscht ist.

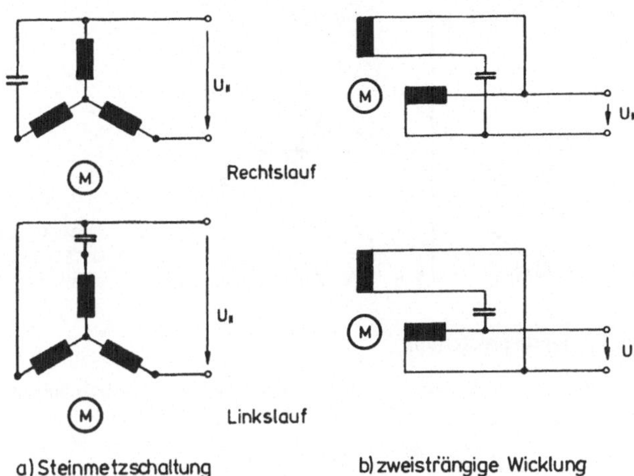

Bild 2.55 Schaltungen für unterschiedliche Drehrichtungen

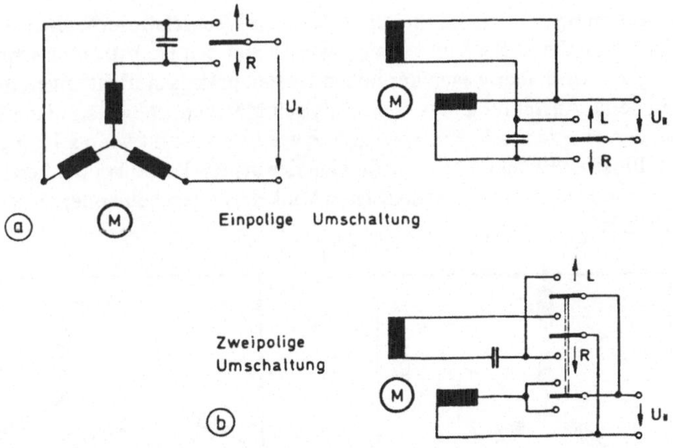

Bild 2.56 Schaltungen für Reversierbetrieb

Bei beiden Verfahren ist zu beachten, daß der Motor zuerst stillstehen muß, bevor die neue Drehrichtung eingeschaltet wird. Wie aus dem Bild 2.57 hervorgeht, läuft andernfalls der Motor, der bisher mit der Drehzahl n_1 rotierte, nach einem zu schnellen Umschaltvorgang unter Umständen in der alten Drehrichtung mit der Drehzahl n_2' statt n_2 weiter. Außerdem müssen beim Umschalten alle Stränge stromlos sein, da der Motor sonst einsträngig weiterläuft.

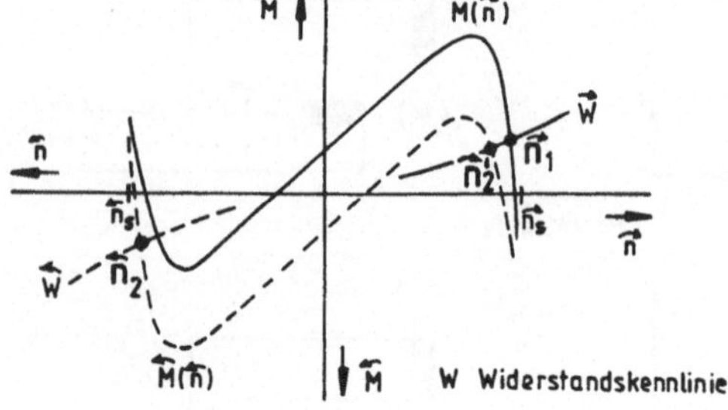

Bild 2.57
Zur Erläuterung der Umschaltprobleme

2.5.3.3 Drehzahlstellung

Es kommen alle für Asynchronmaschinen typischen Möglichkeiten, wie sie sich aus der Drehzahlgleichung

$$n = n_s(1 - s) = \frac{f_1}{p}(1 - s) \qquad (2.122)$$

(③ bei f_1, ① bei p, ② bei $(1 - s)$)

ergeben, in Frage.

1. Änderung der Polzahl. Bei dreisträngigen Wechselstrom-Asynchronmotoren wäre eine Dahlander-Schaltung, wie sie von den Drehstrommaschinen her bekannt ist, möglich, wird aber wegen der hohen Kosten praktisch nicht angewendet. Das Bild 2.58 zeigt eine Ausführung. Bei zweisträngigen Motoren ist eine ähnliche Umschaltung nur bei den ebenfalls sehr kostspieligen Zweischichtwicklungen möglich, weil bei Einschichtwicklungen nur für eine der beiden Polzahlen die Bedingung, daß Haupt- und Hilfsstrang um den elektrischen Winkel $\pi/2$ gegeneinander versetzt sein sollen, erfüllt ist.

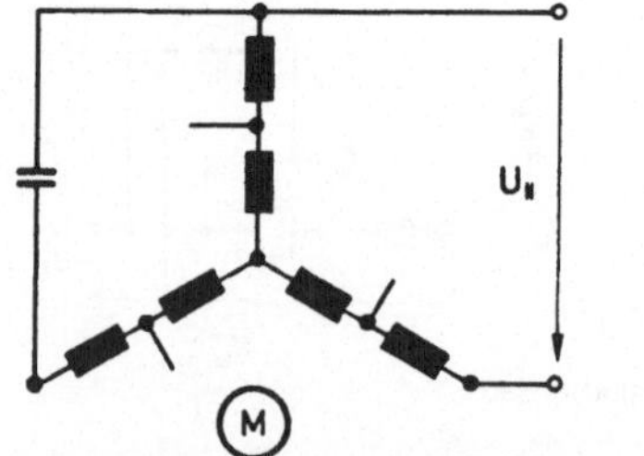

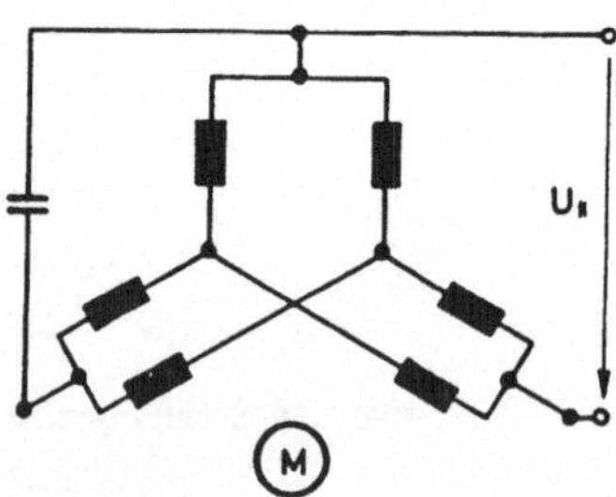

Bild 2.58 Polumschaltbare Wicklung nach Dahlander (Y/YY)

Da in beiden Fällen der Aufwand für den Schalter außerdem sehr hoch ist, sieht man meistens getrennte Ständerwicklungen für beide Polzahlen vor. Im Gegensatz zur Dahlanderschaltung, die nur ein Drehzahlverhältnis von 1 : 2 zuläßt, ist hier das Drehzahlverhältnis beliebig wählbar. Im Bild 2.59 ist die im Abschnitt 2.3.3.3 erwähnte Möglichkeit, nur einen Kondensator für beide Polzahlen zu verwenden, dargestellt.

Es ist noch auf ein besonderes Problem hinzuweisen. Wird bei einem Motor mit je einem Kondensator für jede der beiden Polzahlen von einer Wicklung auf die andere umgeschaltet und bleibt der Kondensator der nun nicht mehr benutzten Wicklung angeschlossen, kann es unter Umständen zu einer Selbsterregung kommen, die ein Bremsmoment zur Folge hat.

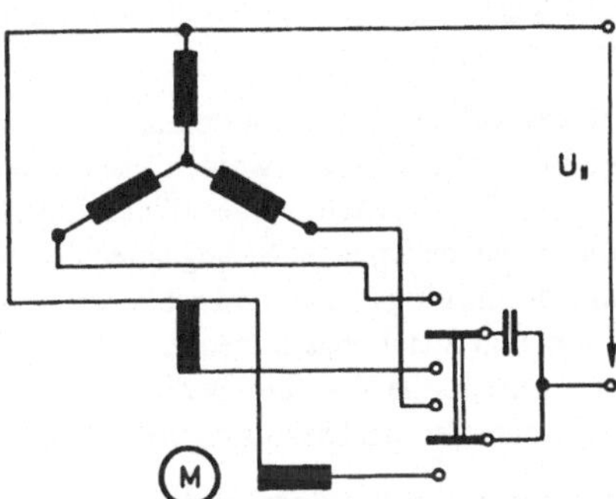

Bild 2.59
Polumschaltung mit Wicklungen unterschiedlicher Strangzahl; Verwendung nur eines Kondensators

2. Änderung des Schlupfes. Eine Möglichkeit bietet die Variation der Klemmenspannung. Das Drehmoment ändert sich zwar ungefähr proportional zum Quadrat der Spannung, die Kippdrehzahl und die Leerlaufdrehzahl bleiben aber näherungsweise konstant. Eine Variation der Spannung ergibt daher nur einen geringen Drehzahlunterschied. Manchmal benutzt man dieses Verfahren bei Lüfterantrieben, deren Lastmoment bei sinkender Drehzahl überproportional abnimmt. Dadurch ist es möglich, daß sich bei diesen Antrieben bei sehr niedriger Spannung unterhalb der Kippdrehzahl ein stabiler Betriebspunkt einstellt. Der angetriebene Lüfter sorgt dafür, daß die Motoren sich nicht unzulässig stark erwärmen. Um eine möglichst große Drehzahlspreizung zu erzielen, werden die Läufer hochohmig ausgeführt. Zur Spannungsänderung dienen Stelltransformatoren oder Vorwiderstände.

Eine Phasenanschnittsteuerung, wie sie bei Kommutatormotoren zur Spannungsänderung verwendet wird, findet man bei Wechselstrom-Asynchronmotoren seltener, weil durch die Spannungs-Oberschwingungen die ohnehin schon hohen Verluste noch vergrößert werden.

Die von Drehstrommotoren mit Schleifringläufern her bekannte Möglichkeit, den Schlupf mit Hilfe von zusätzlichen Läuferwiderständen zu verändern, gibt es bei Kleinmotoren nicht, weil Läufer mit Spulenwicklungen und Schleifringen zu teuer sind.

3. Änderung der Frequenz. Für die weitaus überwiegende Zahl der Anwendungsfälle ist die Drehzahländerung von kleinen Asynchronmotoren mit Hilfe von Frequenzumrichtern heute noch im Vergleich zur elektronischen Drehzahlstellung von Kommutatormotoren zu teuer. Eine zukünftige Lösung könnte die Pulsbreiten-Modulation sein, bei der die Spannung proportional zur Frequenz eingestellt wird, um eine in einem weiten Bereich optimale Ausnutzung des Motors zu erreichen.

2.5.3.4 Drehzahlregelung

Die Drehzahlregelung kann über die Ständer- oder die Läuferwicklung erfolgen:

Ständerwicklung. Ein Vorwiderstand wird durch einen Fliehkraftschalter ein- oder ausgeschaltet. Dieses Verfahren ist kostengünstig, verlangt jedoch eine Funkentstörung. Ein Frequenzumrichter, der mit Hilfe eines Drehzahlgebers gestellt wird, ist im allgemeinen zu aufwendig.

Läuferwicklung. Der Läufer erhält eine Spulenwicklung, die mittels eines Fliehkraftschalters FS kurzgeschlossen werden kann. Eine von zahlreichen Ausführungsmöglichkeiten zeigt die Prinzipschaltung des Bildes 2.60. Diese Schaltung umgeht das Problem von Anordnungen, bei denen jeder Strang einen eigenen Schalter erhält. Diese müssen nämlich unbedingt gleichzeitig öffnen und schließen, um unsymmetrische Zustände sowie schädliche Strom- und Spannungsspitzen zu vermeiden. Die Funkentstörung ist einfacher, weil keine galvanische Verbindung der Läuferwicklung mit dem speisenden Netz besteht. Aber auch hier handelt es sich um ein aufwendiges Verfahren.

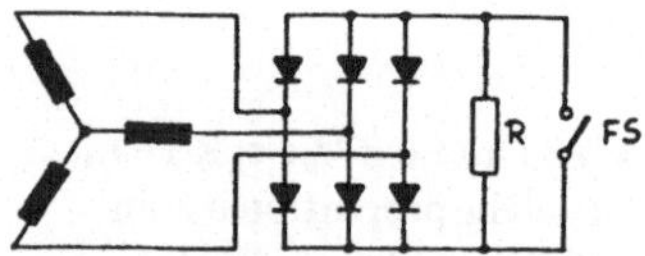

Bild 2.60
Drehzahlregelung im Läuferkreis

2.5.3.5 Spannungsumschaltung

Manchmal ist es erwünscht, einen Motor umschaltbar für zwei Spannungen zu bauen, um Lagerhaltungskosten für Motoren und Geräte zu sparen. Für eine 2 : 1 Spannungsumschaltung bieten sich mehrere Möglichkeiten an:

Reihen-Parallel-Umschaltung. Wie das Bild 2.61 zeigt, bestehen beide Wicklungsstränge jeweils aus zwei Teilen, die bei hoher Spannung in Reihe, bei niederer Spannung parallel geschaltet werden. Will man bei beiden Spannungen gleiches Betriebsverhalten erreichen, muß entsprechend der Gleichung (2.23) die Kapazität $C \sim 1/U_N^2$ geändert werden. In Reihe zu jeder der beiden Teilspulen des Hilfsstranges wird ein Kondensator mit der Kapazität C geschaltet, so daß die Gesamtkapazität jeweils die im Bild 2.61 angegebenen Werte annimmt. Es ist ein sehr aufwendiger Schalter erforderlich.

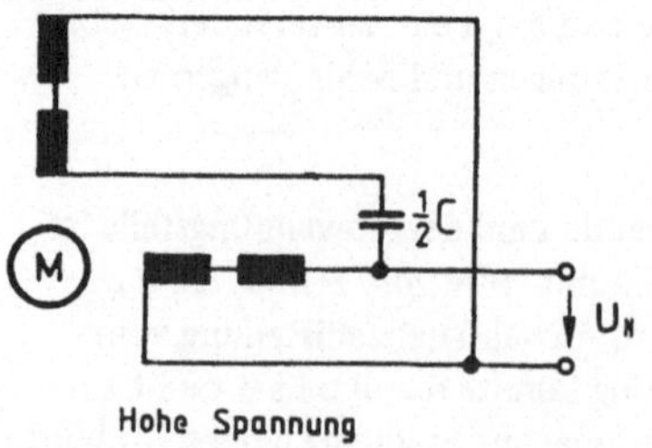

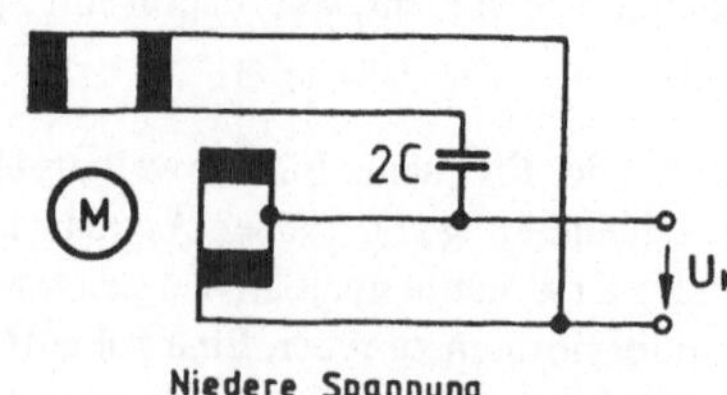

Bild 2.61 Schaltung zur Spannungsänderung

Bei einer etwas einfacheren Ausführung besteht nur der Hauptstrang aus zwei Teilen, die einmal parallel und einmal in Reihe geschaltet werden. Diese Lösung ist ungünstiger, weil der Hilfszweig für die höhere Spannung auszulegen ist und deshalb die Anpassung an die niedere Spannung schlecht ist.

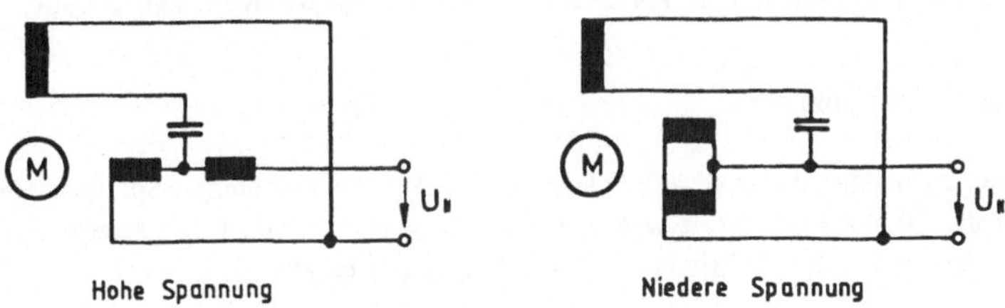

Bild 2.62 Spannungsänderung mit T-Schaltung

T-Schaltung. Sie ist, wie aus dem Bild 2.62 hervorgeht, ein Kompromiß zwischen den beiden ersten Möglichkeiten. Auch hier ist nur der Hauptstrang umschaltbar, der Hilfszweig jedoch für die untere Spannung dimensioniert. Die Betriebseigenschaften sind beim höheren Spannungswert nur wenig schlechter. Der Umschalter ist relativ einfach.

Stern-Dreieck-Umschaltung. Sie kommt kaum vor, weil das Spannungsverhältnis $\sqrt{3}$ stets für eine der beiden Wechselspannungen einen ungewöhnlichen Wert ergibt.

2.6 Motor mit konzentrierter Ständerwicklung

2.6.1 Motor mit zweisträngiger Ständerwicklung

In dem Bild 2.63 ist ein zweipoliger Motor mit ausgeprägten Polen und zweisträngiger Ständerwicklung dargestellt, wobei jeder Strang aus zwei Spulen besteht. Er ist sehr kostengünstig zu fertigen. Die Spulen werden auf die Pole aufgeschoben und das Polkreuz samt Wicklungen in den Ständer-Jochring eingedrückt. Durch Streustege zwischen den Polen versucht man, der Luftspalt-Feldkurve, die bei ausgeprägten Polen fast rechteckförmig ausgebildet ist, eine eher sinusförmige Gestalt zu geben. Trotzdem besitzt das Feld eine merkliche dritte Oberwelle, so daß die Momenten-Kennlinie dieser Moto-

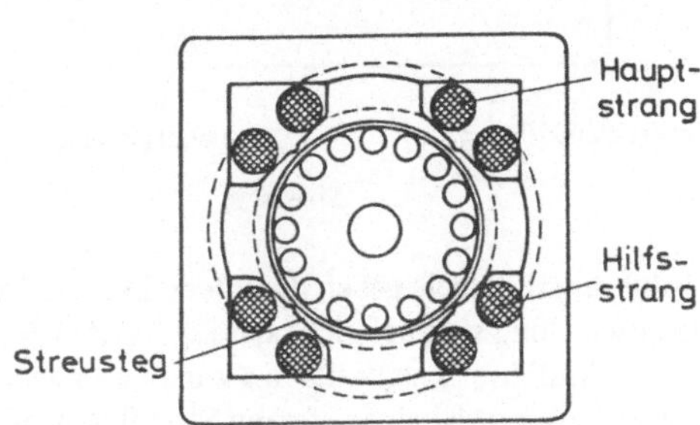

Bild 2.63
Wechselstrom-Asynchronmotor mit konzentrierter Ständerwicklung

ren stets einen deutlichen Sattel aufweist. Als Reihenwiderstand im Hilfszweig kann ein Kondensator oder ein ohmscher Widerstand dienen. Man kann den Hilfsstrang aber auch kurzschließen. Dann verhält sich dieser Motor wie der nachfolgend beschriebene Spaltpolmotor. Motoren mit ausgeprägten Polen haben nur eine geringe Bedeutung und werden ausschließlich für Leistungen von wenigen Watt gebaut.

2.6.2 Spaltpolmotor

Im Gegensatz zu den gerade beschriebenen Motoren erreichen Spaltpolmotoren sehr große Stückzahlen, da sie wegen ihres einfachen Aufbaus außerordentlich kostengünstig zu fertigen sind und ihre Robustheit unübertroffen ist.

2.6.2.1 Ausführungsarten

Der Spaltpolmotor besitzt zwei Ständerwicklungen. Der Hauptstrang besteht aus konzentrierten Spulen und liegt direkt am Netz. Die Hilfswicklung ist kurzgeschlossen und hat nur ein bis drei Windungen je Pol. Sie umschließt, wie es die Prinzipdarstellung im Bild 2.64 zeigt, jeweils einen Teil des Poles. Dies gab dem Motor den Namen. Die Hilfswicklung, im allgemeinen aus Kupfer gefertigt, besteht aus mehreren Millimeter starkem Draht oder Blechstreifen, die gebogen und verschweißt werden, oder aus Abschnitten von Rechteckrohren, die über die Polhörner geschoben werden. Der Läufer trägt stets eine Käfigwicklung. Meistens ist ein Lüfter vorzusehen, da die Stromwärme-Verluste, insbesondere in der Ständerkurzschlußwicklung, beträchtlich sind.

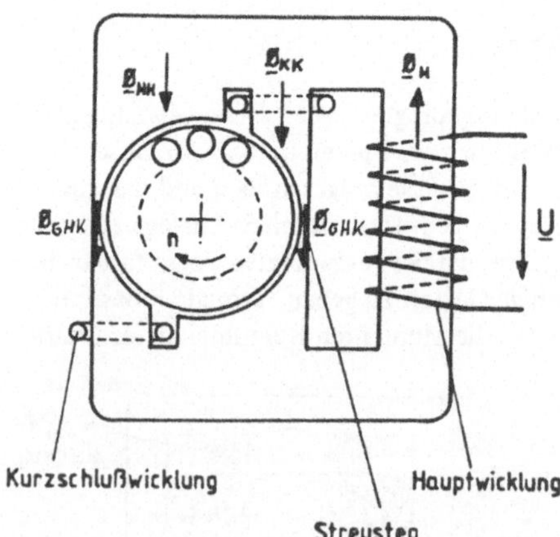

Bild 2.64
Prinzipdarstellung eines Spaltpolmotors

Ausführungsbeispiele geben die Bilder 2.65 bis 2.68 wieder. Grundsätzlich kann die Hauptwicklung symmetrisch oder asymmetrisch zum Läufer angeordnet sein. Die einfachste Ausführung stellt der asymmetrische Schnitt im Bild 2.65 dar. Ein solcher Motor weist einen starken Streufluß über den Außenraum auf, hat daher nur einen geringen Wirkungsgrad von etwa 10 bis 15% und wird in zweipoliger Ausführung nur für kleine Leistungen von etwa 5 bis 10 W gebaut. Motoren mit symmetrischem Schnitt sind etwas aufwendiger zu fertigen. Für mittlere Leistungen von etwa 10 bis 50 W verwendet man zweiteilige Ständerbleche, wie das Beispiel im Bild 2.66 zeigt. Da die Wicklungen von Eisen umschlossen sind und die Trennfuge zwischen Joch und Polen innerhalb des Jochringes liegt, ist die Streuung

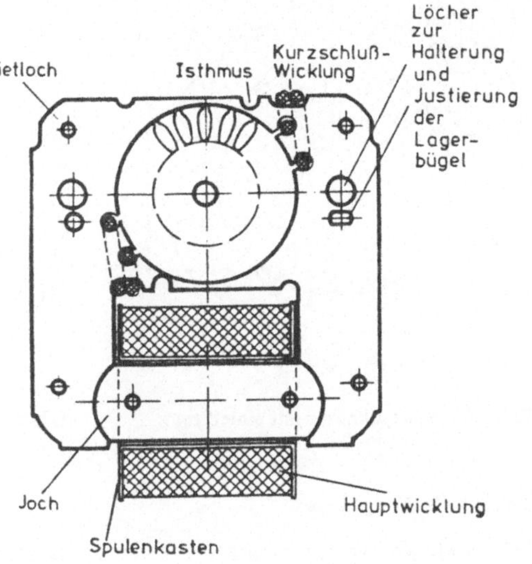

Bild 2.65
Spaltpolmotor mit asymmetrischem Schnitt

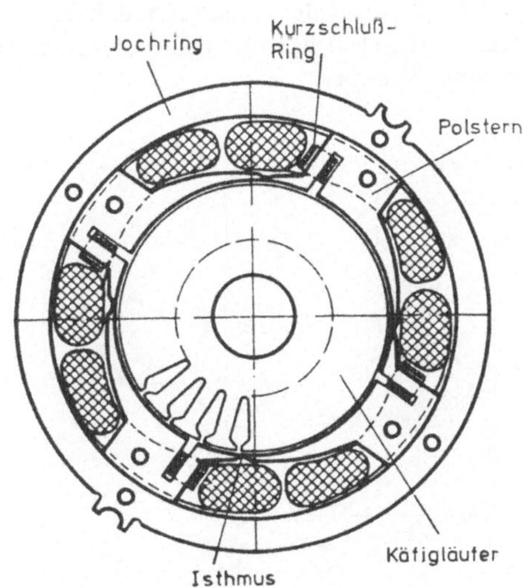

Bild 2.66
Spaltpolmotor mit symmetrischem Schnitt

geringer. Der Wirkungsgrad liegt hier bei etwa 15 bis 25%. Für Leistungen bis ungefähr 150 W setzt man **einteilige Ständerschnitte** ein, die keine Trennfuge besitzen. Um die Wicklung einbringen zu können, muß man Spalte zwischen den Polen vorsehen. Sie werden so schmal, wie möglich, ausgeführt (Bild 2.67) oder mit einem Streublech überbrückt (Bild 2.68).

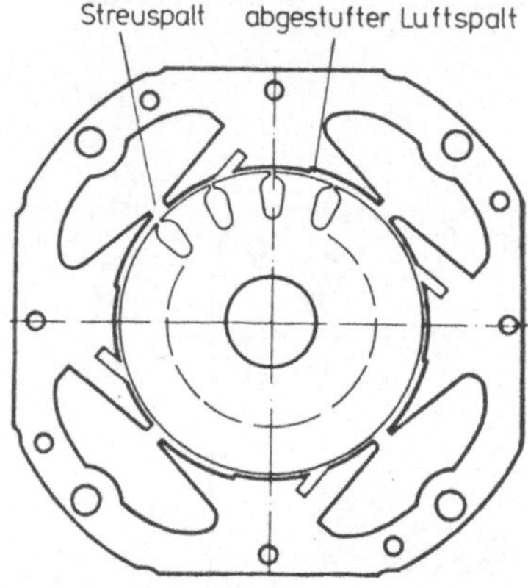

Bild 2.67 Spaltpolmotor mit einteiligem Ständerschnitt

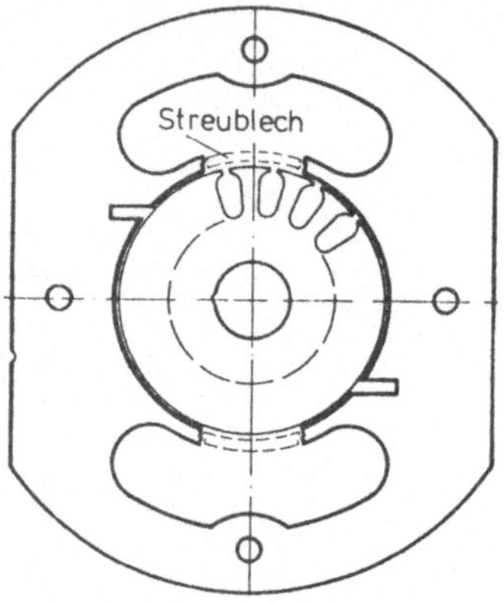

Bild 2.68 Spaltpomotor mit einteiligem Ständerschnitt

2.6.2.2 Wirkungsweise

Die Wirkungsweise von Spaltpolmotoren soll anhand der Prinzipdarstellung des Bildes 2.64 und der Zeigerdiagramme des Bildes 2.69 erläutert werden. Dabei wird vorausgesetzt, daß der Läufer stromlos ist, d. h. nicht auf das vom Ständer erregte Feld zurückwirkt, sondern lediglich zum Führen des magnetischen Flusses dient. Die Eisensättigung sei vernachlässigbar.

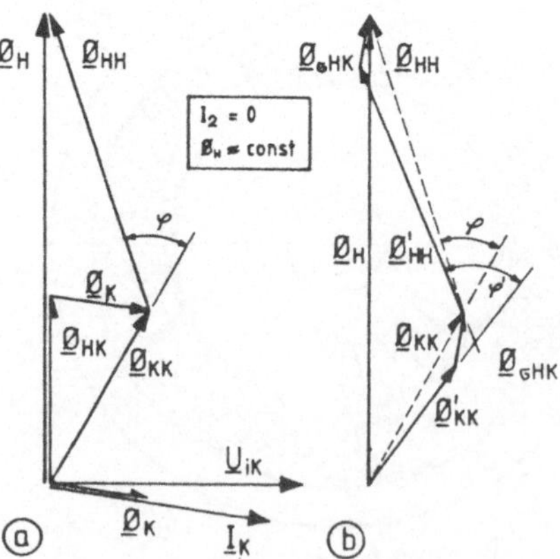

Bild 2.69 Zeigerdiagramm eines Spaltpolmotors (stark vereinfacht)

Das Wechselfeld der Hauptwicklung (Φ_H) durchsetzt teilweise auch die Kurzschlußwicklung des Ständers (Bild 2.69a). Dieser Fluß Φ_{HK} induziert dort die Spannung U_{iK}, die ihrerseits den Kurzschlußstrom I_K zur Folge hat. Dieser Strom erzeugt den Fluß Φ_K, der mit dem Anteil des Hauptflusses durch die Kurzschlußwicklung Φ_{HK} den resultierenden Fluß Φ_{KK} bildet. Dieser Fluß Φ_{KK} eilt gegenüber dem restlichen Hauptfluß Φ_{HH} um den Winkel φ zeitlich nach. Eine Phasenverschiebung von $\pi/2$ ist nicht zu erreichen, so daß Spaltpolmotoren stets ein stark elliptisches Drehfeld haben. Das Bild 2.69b zeigt, daß sich durch einen Fluß über die Streuwege $\Phi_{\sigma HK}$ die Phasenverschiebung vergrößern läßt ($\varphi \rightarrow \varphi'$), daß aber dabei die wirksamen Flüsse Φ_{HH} und Φ_{KK}, die mit der Läuferwicklung verkettet sind, kleiner werden. Die Ausbildung der Streustege, Streubleche oder Streuspalte beeinflußt ganz wesentlich die Eigenschaften eines Spaltpolmotors und ist daher sehr sorgfältig vorzunehmen. Man versieht häufig die Streustege mit „Isthmen", um den Streufluß $\Phi_{\sigma HK}$ möglichst genau einstellen zu können (Bilder 2.65 und 2.66). Neben diesem erwünschten, mit Haupt- und Kurzschlußwicklung verketteten Streufluß, gibt es natürlich noch die nur mit einer Wicklung verketteten Streuflüsse. Da das Hauptfeld (Φ_{HH}) dem Hilfsfeld (Φ_{kk}) voreilt, dreht sich ein Spaltpolmotor stets vom Hauptpol zum Hilfspol, d. h. zu dem von der Kurzschlußwicklung umfaßten Polteil, in der Prinzipdarstellung des Bildes 2.64 also im Uhrzeigersinn.

2.6.2.3 Betriebsverhalten

Ist auch der Aufbau der Spaltpolmotoren sehr einfach und ihre grundsätzliche Wirkungsweise leicht zu erklären, so ist doch ihre Berechnung ausgesprochen schwierig und zum Teil noch nicht zufriedenstellend gelungen. Dies liegt in erster Linie daran, daß der Verlauf des magnetischen Feldes innerhalb und außerhalb des Blechpaketes sehr kompliziert ist und sich mathematisch nur näherungsweise nachbilden läßt. Mit einem reinen Grundwellenverfahren ist es unmöglich, das Betriebsverhalten zu ermitteln; es muß zumindest auch die dritte Oberwelle des Luftspaltfeldes berücksichtigt werden. Es wird im folgenden nur das prinzipielle Vorgehen behandelt, ohne auf Einzelheiten einzugehen.

Da wir, wie bei der Herleitung der Grundgleichungen der Wechselstrom-Asynchronmaschinen, auch jetzt davon ausgehen wollen, daß der Läufer und damit das Mitfeld im Uhrzeigersinn rotieren, können uns die Gleichungen (2.108) bis (2.110) als Ausgangsgleichungen dienen. Es entfällt hier der Strang W, weil bei der Herleitung der Grundgleichungen angenommen wurde, daß sein Feld dem des Hauptstranges U vorauseilt, wie es bei Kondensatormotoren der Fall ist. Beim Spaltpolmotor eilt jedoch das Feld des Hauptstranges dem des Kurzschlußstranges voraus. Wir benutzen daher jetzt die Spannungsgleichung des Stranges V, der in Drehrichtung hinter dem Strang U liegt. Um Verwechslungen zu vermeiden, erhält in den Gleichungen des Spaltpolmotors die Hauptwicklung den Index H statt U und die Kurzschlußwicklung den Index K statt V. In den Gleichungen (2.108) bis (2.110) wurde die Verkettung des Streuflusses einer Wicklung mit den anderen Wicklungen, wie es bei Asynchronmaschinen sonst üblich und gerechtfertigt ist, vernachlässigt. Bei Spaltpolmotoren ist das nun nicht mehr zulässig, da man, wie im vorhergehenden Abschnitt erläutert wurde, über die Streuwege bewußt einen Streufluß $\Phi_{\sigma HK}$ erzwingt, der mit Haupt- und Hilfswicklung verkettet ist. Diese Streuflußverkettung wird durch die Gegenimpedanz

$$\underline{Z}_{\sigma HK} = jX_{\sigma HK} = jz'_H z'_K X'_{\sigma HK} \tag{2.123}$$

erfaßt, wobei z'_H und z'_K die effektiven Leiterzahlen der Haupt- und der Kurzschluß-Wicklung sind und $X_{\sigma HK}$ die Reaktanz eines Leiters ist. Es wird nur die Grundwelle dieses Streuflusses berücksichtigt. Damit wird aus der Gleichung (2.108)

$$\begin{aligned}\underline{U}_H = \underline{U}_N = \underline{I}_H \underline{Z}_{\sigma H} &+ \sum_{\nu=p}^{\pm\infty} z'^2_{H\nu}\left(\underline{I}_H + \underline{I}_K \frac{z'_{K\nu}}{z'_{H\nu}} e^{j\nu\beta}\right)\underline{Z}'_{hm\nu} \\ &+ \underline{I}_K \underline{Z}_{\sigma HK} + \sum_{\nu=p}^{\pm\infty} z'^2_{H\nu}\left(\underline{I}_H + \underline{I}_K \frac{z'_{K\nu}}{z'_{H\nu}} e^{-j\nu\beta}\right)\underline{Z}'_{hg\nu}.\end{aligned} \tag{2.124}$$

Der Gleichung (2.109) entspricht die folgende Gleichung (2.125) für die Kurzschluß-Hilfswicklung

$$\begin{aligned}\underline{U}_K = 0 = \underline{I}_K \underline{Z}_{\sigma K} &+ \sum_{\nu=p}^{\pm\infty} z'_{K\nu} z'_{H\nu} e^{-j\nu\beta}\left(\underline{I}_H + \underline{I}_K \frac{z'_{K\nu}}{z'_{H\nu}} e^{j\nu\beta}\right)\underline{Z}'_{hm\nu} \\ &+ \underline{I}_H \underline{Z}_{\sigma HK} + \sum_{\nu=p}^{\pm\infty} z'_{K\nu} z'_{H\nu} e^{j\nu\beta}\left(\underline{I}_H + \underline{I}_K \frac{z'_{K\nu}}{z'_{H\nu}} e^{-j\nu\beta}\right)\underline{Z}'_{hg\nu}.\end{aligned} \tag{2.125}$$

Mit den Mit- und Gegenimpedanzen $\underline{Z}_{hm\nu} = 2z'^2_{H\nu}\underline{Z}'_{hm\nu}$ und $\underline{Z}_{hg\nu} = 2z'^2_{H\nu}\underline{Z}'_{hg\nu}$ und den Ausdrücken für den Mit- und den Gegenstrom

$$\underline{I}_{m\nu} = \frac{1}{2}\left(\underline{I}_H + \underline{I}_K \frac{z'_{K\nu}}{z'_{H\nu}} e^{j\nu\beta}\right), \qquad \underline{I}_{g\nu} = \frac{1}{2}\left(\underline{I}_H + \underline{I}_K \frac{z'_{K\nu}}{z'_{H\nu}} e^{-j\nu\beta}\right) \tag{2.126}$$

lassen sich die Gleichungen (2.124) und (2.125) zu

$$\underline{U}_N = \underline{I}_H \underline{Z}_{\sigma H} + \underline{I}_K \underline{Z}_{\sigma HK} + \sum_{\nu=p}^{\pm\infty} (\underline{I}_{m\nu}\underline{Z}_{hm\nu} + \underline{I}_{g\nu}\underline{Z}_{hg\nu}) \tag{2.127}$$

und $$0 = \underline{I}_K \underline{Z}_{\sigma K} + \underline{I}_H \underline{Z}_{\sigma HK} + \sum_{\nu=p}^{\pm\infty} \frac{z'_{K\nu}}{z'_{H\nu}} (\underline{I}_{m\nu}\underline{Z}_{hm\nu} e^{-j\nu\beta} + \underline{I}_{g\nu}\underline{Z}_{hg\nu} e^{j\nu\beta}) \tag{2.128}$$

vereinfachen. Die Berechnung der Betriebsdaten erfolgt mit den Gleichungen für Motoren mit verteilter Ständerwicklung, d. h. mit den Gleichungen (2.119) und (2.120). Nachfolgend sind die Streureaktanzen angegeben:

$$\underline{Z}_{\sigma H} = R_H + jX_{\sigma H} \quad \text{mit} \quad X_{\sigma H} \sim w_H^2(\lambda_{Nut_H} + \lambda_{Steg} + \lambda_{Stirn_H}) \tag{2.129}$$

$$\underline{Z}_{\sigma K} = R_K + jX_{\sigma K} \quad \text{mit} \quad X_{\sigma K} \sim w_K^2(\lambda_{Nut_K} + \lambda_{Steg} + \lambda_{Stirn_K}) \tag{2.130}$$

λ_{Nut} ist die Leitwertziffer der Nut der Hauptwicklung bzw. der Kurzschluß-wicklung. Beide können mit den aus der Literatur bekannten Formeln berechnet werden, wobei der Raum, den die Hauptwicklung an den Polseiten einnimmt, wie eine Nut behandelt wird. λ_{Steg} ist die Leitwertziffer des Streusteges, deren Berechnung von der jeweiligen Ausführung des Streuweges abhängt, und λ_{Stirn} die Leitwertziffer der Stirnseiten; für w_H ist die Windungszahl aller in Reihe geschalteten Spulen der Hauptwicklung einzusetzen, für w_K die Windungszahl der Kurzschlußwindungen aller Pole.

Da es sich um konzentrierte Wicklungen handelt, ist der Wicklungsfaktor gleich dem Sehnungsfaktor, denn die Spulenweite ist kleiner als die Polteilung:

$$\xi_{H\nu} = \sin \frac{\nu \cdot b_H \cdot \pi}{p \cdot \tau_p \cdot 2} \qquad \xi_{K\nu} = \sin \frac{\nu \cdot b_K \cdot \pi}{p \cdot \tau_p \cdot 2} \tag{2.131}$$

Dabei sind b_H und b_K die geometrischen Breiten von Haupt- und Hilfspol. Zum Beispiel gilt entsprechend dem Bild 2.71a.

$$b_H = 3\alpha \cdot D_i, \qquad b_K = \alpha \cdot D_i \tag{2.132}$$

und für die Polteilung

$$\tau_p = \frac{\pi D_i}{2p}\,. \tag{2.133}$$

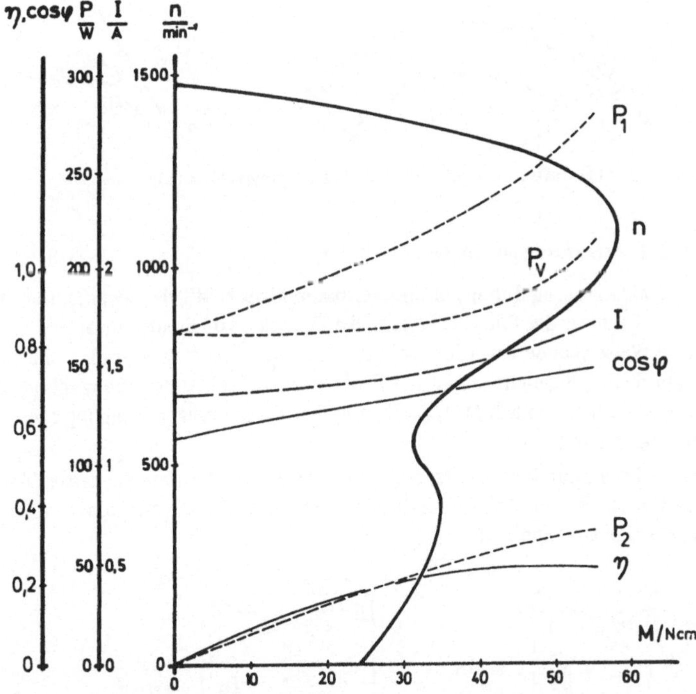

Bild 2.70 Betriebskennlinien eines 50 W-Spaltpolmotors
P_1 Aufgenommene Wirkleistung, P_2 Abgegebene Wirkleistung, P_V Verlustleistung
(Alle Größen außer der Drehzahl n sind im Bereich Leerlauf bis Kippunkt dargestellt)

Die Reaktanz der verketteten Streuung ist

$$X_{\sigma HK} \sim \frac{z_H z_K}{2p} (\lambda_{\sigma HK} + 2\lambda_{Steg}) \tag{2.134}$$

mit der Nutleitwertziffer $\lambda_{\sigma HK}$ für den verketteten Streufluß $\Phi_{\sigma HK}$, bei deren Berechnung man die beiden Wicklungen wie eine Zweischichtwicklung behandeln kann.

Das Bild 2.70 zeigt die typischen Betriebskennlinien eines Spaltpolmotors, hier eines Motors mit einer Nennleistung von 50 Watt. Die Drehzahl-Drehmomenten-Kennlinie zeigt die tiefe Einsattelung infolge der Feldoberwellen niederer Ordnungszahlen. Durch eine Luftspalterweiterung (Bild 2.71a) oder durch Sättigungsschlitze auf der der Kurzschlußwicklung gegenüberliegenden Polseite (Bild 2.71b) erreicht man eine näherungsweise symmetrische Feldkurve unter einem Pol und damit eine Verringerung der niederpoligen Oberfelder. Das Bild 2.71a gibt einen bewährten Auslegungshinweis für eine von zahlreichen Ausführungsmöglichkeiten.

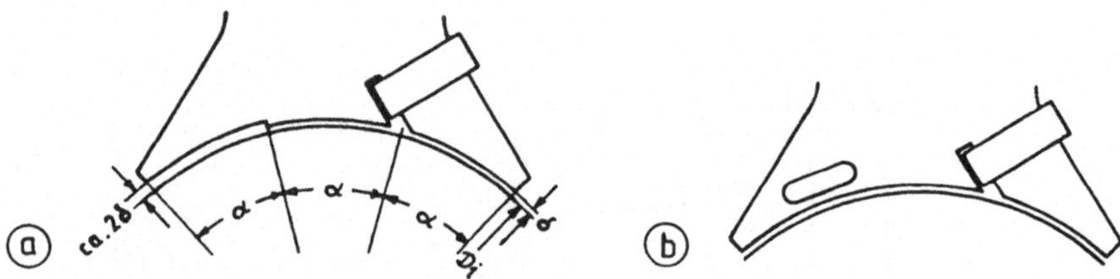

Bild 2.71 Abgestufter Luftspalt (a); Pol mit Sättigungsschlitz (b)

2.6.2.4 Anpassung an Antriebsforderungen

Drehzahländerung durch polumschaltbaren Motor. Mit der sogenannten Kreuzpolschaltung des Bildes 2.72 kann die Drehzahl von Spaltpolmotoren auf eine sehr einfache Weise geändert werden. Nur zwei der vier Pole tragen Spulen, die einmal gegensinnig und einmal gleichsinnig durchflutet werden. Neben der Drehzahl bei vierpoliger Erregung kann man je nach Motorauslegung bei gleichsinniger Erregung zwei unterschiedliche Drehzahlen erreichen:

Dämpft man durch eine entsprechende Gestaltung der Pole die dritte Oberwelle, zum Beispiel durch eine Abstufung des Luftspaltes, stellt sich eine einer zweipoligen Erregung zugehörige Drehzahl ein.

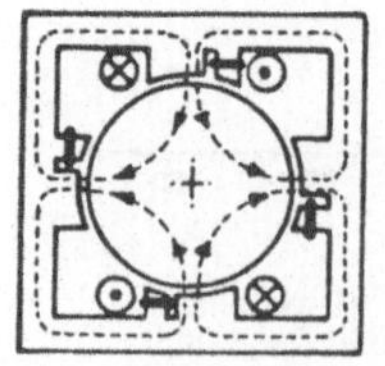

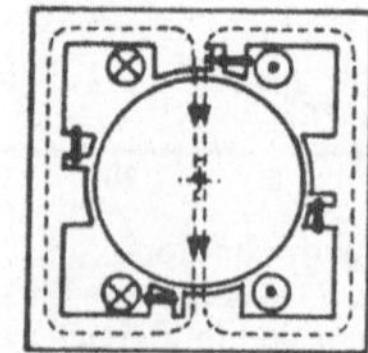

Bild 2.72
Kreuzpolschaltung

Stärkt man jedoch die dritte Oberwelle, zum Beispiel durch eine besonders schmale Polbreite und einen konstanten Luftspalt, dreht sich der Läufer mit der einer sechspoligen Erregung entsprechenden Drehzahl.

Spannungsumschaltung. Die Hauptwicklung besteht aus zwei Teilen, die einmal in Reihe und einmal parallel geschaltet werden.

Drehrichtungsumkehr. Es ist prinzipiell möglich, auf beiden Polseiten Hilfswicklungen anzuordnen, die über Schalter gemäß der gewünschten Drehrichtung kurzgeschlossen werden. Dazu sind jedoch sehr aufwendige Schalter notwendig, die zudem hohe Ströme schalten müssen. Daher verwendet man für reversierende Antriebe im allgemeinen zwei Spaltpolmotoren, die spiegelverkehrt zusammengebaut sind.

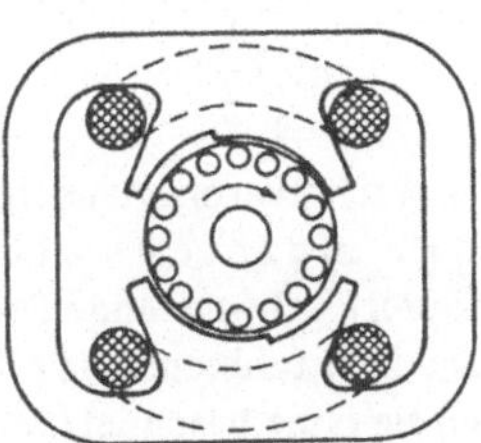

Bild 2.73
Motor mit einsträngiger Ständerwicklung

2.6.3 Motor mit einsträngiger Ständerwicklung

Legt man einen Motor mit nur einer Ständerwicklung und abgestuftem Luftspalt, jedoch ohne Kurzschluß-Hilfswicklung, an Spannung, entwickelt er ein geringes Moment (Bild 2.73). Die Wirkungsweise eines solchen Motors kann folgendermaßen erklärt werden: Der Unterschied der magnetischen Widerstände des breiten und des schmalen Luftspaltes hat eine geringe Phasenverschiebung der beiden Flüsse in diesen Bereichen und damit ein Drehfeld zur Folge, das sich vom breiten zum schmalen Luftspalt bewegt. Da das Anzugsmoment sehr gering ist und der Wirkungsgrad nur wenige Prozent beträgt, hat dieser Motor trotz des denkbar einfachsten Aufbaus keine größere Bedeutung erlangt.

3 Wechselstrom-Synchronmotor

3.0 Einleitung

Wechselstrom-Synchronmotoren, die oftmals als Einphasen-Synchronmotoren bezeichnet werden, werden als zeit- oder frequenzproportionale Antriebe in Uhren, Zählern, Zeitschaltern, in der Steuerungs-, Regelungs- und Meßtechnik, in Phono- und Datenverarbeitungs-Geräten, in Automaten usw. eingesetzt. Synchronmotoren mit Kreisdrehfeldern besitzen eine streng konstante, von der Belastung unabhängige Drehzahl, wenn sie mit konstanter Frequenz betrieben werden:

$$n_s = \frac{f}{p} \tag{3.1}$$

Wie Wechselstrom-Asynchronmotoren entwickeln Wechselstrom-Synchronmotoren jedoch meistens elliptische Drehfelder, die, wie im Abschnitt 2.3.2 erläutert, schwankende Drehzahlen zur Folge haben. Zum Antrieb von Geräten, die eine hohe Drehzahlkonstanz erfordern, wie zum Beispiel Tonband- oder Schallplatten-Geräte, sind sie ohne besondere Maßnahmen (elektronische Ansteuerung) nur bedingt geeignet, denn die niederfrequenten Drehzahländerungen erzeugen unangenehme Schwankungen der Tonhöhe.

Wie alle Synchronmaschinen schwingen auch die kleinen Motoren bei Belastungsänderungen und können bei Überlast außer Tritt fallen. Es müssen auch bei ihnen je nach Ausführung besondere Maßnahmen vorgesehen werden, damit der Läufer beim Start mit dem rotierenden Luftspaltfeld in Tritt fällt. Synchron-Kleinmotoren werden stets ohne Schleifringe und Erregerwicklung gebaut. Statt dessen besitzen sie entweder einen Reluktanz-, einen Hysterese- oder einen Permanentmagnet-Läufer. In dieser Reihenfolge sollen die Wechselstrom-Synchronmotoren nun behandelt werden.

3.1 Reluktanzmotor

3.1.1 Wirkungsweise

Synchronschenkelpolmaschinen erzeugen bekanntlich auch dann ein Moment, wenn die Erregung des Läufers verschwindet. Dieses Moment wird wegen des längs des Umfanges sich ändernden Luftspaltwiderstandes Reluktanz-Moment genannt. Der Läufer versucht sich aufgrund seiner magnetischen Anisotropie stets so einzustellen, daß die magnetische Energie im Luftspalt ein Minimum wird.

3.1.2 Ausführungsarten

Der Ständer gleicht dem eines Asynchronmotors und trägt bei einer Drehstrommaschine eine symmetrische, dreisträngige Wicklung. Als Wechselstrommotor mit einer Leistung bis zu mehreren 100 Watt besitzt er eine zweisträngige Wicklung, wobei die Hilfswicklung mit einem Kondensator in Reihe geschaltet ist. Bei kleineren Leistungen verwendet man Spaltpolmotoren-Ständer. Motoren mit einer Leistung von wenigen Watt bzw. im mW-Bereich besitzen eine Ringwicklung und Klauenpole, wobei ein Drehfeld mit Hilfe des Spaltpolprinzips hervorgerufen wird. Diese Ständerausführung findet man besonders häufig beim Hysterese- bzw. beim Magnet-Motor und ist daher dort beschrieben.

Hier wollen wir zunächst die größeren Motoren behandeln, die zum sicheren Anlaufen eine Käfigwicklung im Läufer besitzen. Sie laufen asynchron hoch und fallen in der Nähe der synchronen Drehzahl in Tritt, d. h. der Läufer dreht sich mit synchroner Drehzahl. Das Bild 3.1 zeigt die beiden üblichen Bauweisen in prinzipieller Darstellung, wobei die Ausführung sich natürlich nicht auf zweipolige Motoren beschränkt.

3.1.2.1 Läufer mit ausgefrästen Polen

Ein am Umfang gleichmäßig mit Nuten versehenes Blechpaket erhält entsprechend der Polzahl Ausfräsungen (Bild 3.1a). Üblicherweise wählt man Pole und Pollücken gleich groß und die Tiefe der Ausfräsungen etwa 10- bis 20mal größer als die Luftspaltbreite. Oft werden die Pollücken ebenso wie die Nuten mit Aluminium ausgegossen. Die Kurzschlußringe haben entlang dem gesamten Umfang den gleichen Querschnitt.

Bei gleicher aufgenommener Scheinleistung ist die an der Welle abgegebene Leistung knapp halb so groß wie diejenige eines baugleichen Asynchronmotors. Der wirksame Luftspalt dieser Motoren ist infolge der Pollücken größer, so daß ein höherer Magnetisierungsstrom erforderlich ist. Dadurch sinkt zum einen der Leistungsfaktor, zum anderen steigt der dem Netz entnommene Strom und damit die Verlustwärme, d. h. der Wirkungsgrad wird merklich geringer.

Es sei darauf hingewiesen, daß das Prinzip variabler Reluktanz des Luftspaltes oft für langsam laufende, kleine Motoren angewendet wird. Dazu versieht man Ständer und Läufer mit feinen Zahnkränzen. Diese Ausführung ist im Abschnitt 7 beschrieben, da sie bei Schrittmotoren eine der am häufigsten angewandten ist.

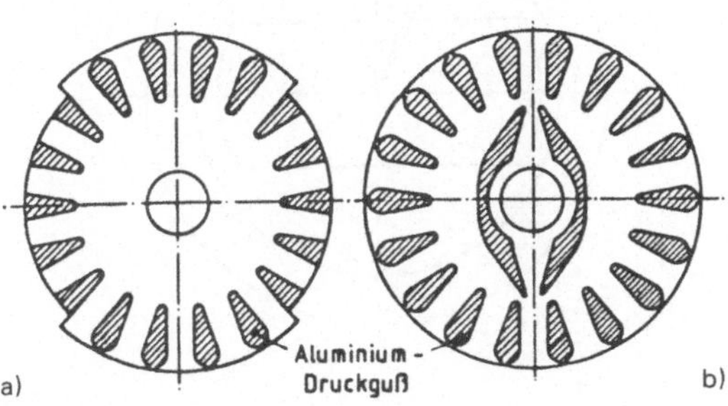

Bild 3.1
Aufbau des Läufers

3.1.2.2 Läufer mit Flußsperren

Der magnetische Fluß wird durch magnetisch schlecht leitende Sperren in bestimmte Richtungen gezwungen. Dieses kann man durch Aussparungen, die mit Aluminium ausgegossen werden, erreichen. Bild 3.1b zeigt eine zweipolige Ausführung.

Bei Läufern mit Flußsperren-Schnitt kann man auf ausgeprägte Pole verzichten, so daß der Luftspalt entlang dem Umfang konstant und genau so groß wie bei Asynchronmotoren gewählt werden kann. Da außerdem der Flußweg im Läufer durch die Sperren nicht wesentlich eingeengt wird und daher die magnetische Sättigung des Bleches etwa die gleiche ist wie bei Asynchronmotoren, ist die Leistung eines derartigen Reluktanzmotors fast ebenso groß wie die baugleicher Wechselstrom-Asynchronmotoren.

3.1.3 Stationäres Betriebsverhalten

3.1.3.1 Synchronbetrieb

Das Grundwellenverhalten des Motors bei synchronem Lauf kann man mit Hilfe des Zeigerdiagrammes einer unerregten Schenkelpolmaschine ermitteln. Da zur Felderzeugung dem speisenden Netz Blindleistung entnommen werden muß, ist der Motor untererregt: Der Zeiger des Ständerstromes $\underline{I}_1$ eilt daher dem der Ständerspannung $\underline{U}_1$ um einen Winkel kleiner $\pi/2$ nach. Wir gehen entsprechend Bild 3.2 von einer beliebigen Lage der Ständerdurchflutung gegenüber dem Läufer aus und kön-

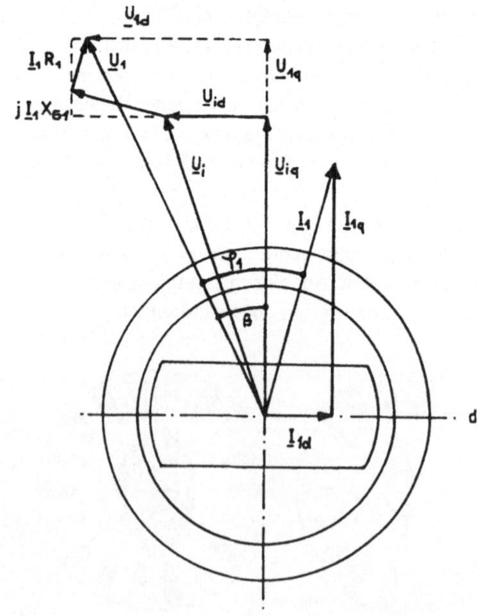

Bild 3.2
Zeigerdiagramm

nen uns den Ständerstrom $\underline{I}_1$ in zwei Komponenten zerlegt denken. Eine Komponente ($\underline{I}_{1d}$) liege in der Längs- oder Direkt-Achse des Läufers d (vgl. Bild 3.1), die andere ($\underline{I}_{1q}$) quer dazu. Sie induzieren in der Ständerwicklung die Spannungen

$$\underline{U}_{id} = j\underline{I}_{1q}X_{hq} \quad \text{und} \quad \underline{U}_{iq} = j\underline{I}_{1d}X_{hd}, \tag{3.2}$$

wobei X_{hd} die Hauptreaktanz der Längsachse und X_{hq} die der Querachse ist. Diese Spannungen bilden die im Ständer resultierend induzierte Spannung $\underline{U}_i$. Ergänzt man noch die Spannungen am Wirk- und Streublind-Widerstand des Ständers, erhält man die Strangspannung $\underline{U}_1$. Sie besteht ebenfalls aus zwei Komponenten, $\underline{U}_{1d}$ und $\underline{U}_{1q}$:

$$\begin{aligned} \underline{U}_{1d} &= \underline{I}_{1d}R_1 + j\underline{I}_{1q}X_{\sigma 1} + \underline{U}_{id} \\ \underline{U}_{1q} &= \underline{I}_{1q}R_1 + j\underline{I}_{1d}X_{\sigma 1} + \underline{U}_{iq} \end{aligned} \tag{3.3}$$

Die induzierten Spannungen werden durch die Gleichungen (3.2) ersetzt und die Streu- und Hauptreaktanzen zu

$$X_d = X_{\sigma 1} + X_{hd} \quad \text{bzw.} \quad X_q = X_{\sigma 1} + X_{hq} \tag{3.4}$$

zusammengefaßt. So erhält man für die Spannungskomponenten

$$\underline{U}_{1d} = \underline{I}_{1d}R_1 + j\underline{I}_{1q}X_q \quad \text{und} \quad \underline{U}_{1q} = \underline{I}_{1q}R_1 + j\underline{I}_{1d}X_d. \tag{3.5}$$

Andererseits gilt nach Bild 3.2 für diese Spannungskomponenten

$$\underline{U}_{1d} = \underline{U}_1 e^{j(\pi/2-\beta)} \sin\beta = j\underline{U}_1 e^{-j\beta} \sin\beta \quad \text{und} \quad \underline{U}_{1q} = \underline{U}_1 e^{-j\beta} \cos\beta. \tag{3.6}$$

Dadurch, daß die entsprechenden Gleichungen (3.5) und (3.6) gleichgesetzt werden, gewinnt man Ausdrücke für die Stromkomponenten $\underline{I}_{1d}$ und $\underline{I}_{1q}$:

$$\underline{I}_{1d} = \frac{jR_1\underline{U}_1 e^{-j\beta}\sin\beta - jX_q\underline{U}_1 e^{-j\beta}\cos\beta}{N}$$

$$\underline{I}_{1q} = \frac{R_1\underline{U}_1 e^{-j\beta}\cos\beta + X_d\underline{U}_1 e^{-j\beta}\sin\beta}{N}$$

mit dem Nenner $N = R_1^2 + X_dX_q$. Den Strom in der Ständerwicklung $\underline{I}_1 = \underline{I}_{1d} + \underline{I}_{1q}$ erhält man nach einfachen Umformungen zu

$$\underline{I}_1 = \frac{\underline{U}_1}{N}\left(R_1 - j\,\frac{X_d + X_q}{2} + j\,\frac{X_d - X_q}{2}\,e^{-j2\beta}\right) \tag{3.7}$$

Die allgemeine Gleichung für die in einer Maschine umgesetzte Wirkleistung lautet $P_1 = m \cdot \mathrm{Re}\,[\underline{U}_1\underline{I}_1^*]$. Mit $\underline{U}_1 = \underline{U}_{1d} + \underline{U}_{1q}$, wobei $\underline{U}_{1d}$ und $\underline{U}_{1q}$ in den Gleichungen (3.5) gegeben sind, und dem konjugiert komplexen Strom $\underline{I}_1^*$ ergibt sich für die Wirkleistung bei Synchronbetrieb

$$P_1 = mR_1I_1^2 + m \cdot \mathrm{Re}\,[j(X_d - X_q)\underline{I}_{1d}\underline{I}_{1q}^*]. \tag{3.8}$$

Der erste Term dieser Gleichung stellt die Stromwärmeverluste dar und soll nicht weiter untersucht werden, der zweite Term die hier interessierende innere Leistung. Das Produkt $j\underline{I}_{1d}\underline{I}^*_{1q}$ liefert, wenn die Spannung U_1 als Bezugsgröße rein reell ist, als Ergebnis

$$j\underline{I}_{1d}\underline{I}^*_{1q} = \frac{U_1^2}{N^2}[(X_d X_q - R_1^2)\sin\beta\cos\beta - R_1 X_d \sin^2\beta + R_1 X_q \cos^2\beta]. \tag{3.9}$$

Dies ist in den zweiten Term der Gleichung (3.8) einzusetzen und schließlich noch die Division mit der synchronen Winkelgeschwindigkeit $2\pi n_s$ durchzuführen, um das synchrone Drehmoment zu erhalten:

$$M_s = \frac{m}{2\pi n_s}\frac{U_1^2}{2}\frac{X_d - X_q}{(R_1^2 + X_d X_q)^2}[(X_d X_q - R_1^2)\sin 2\beta + R_1(X_d + X_q)\cos 2\beta - R_1(X_d - X_q)] \tag{3.10}$$

Das Bild 3.3a zeigt das synchrone Drehmoment in Abhängigkeit vom Lastwinkel β und vom Ständerwiderstand R_1. In dem dargestellten Beispiel hat der Ständerwiderstand die gleiche Größenordnung wie die Querreaktanz, während die Längsreaktanz ungefähr doppelt so groß ist.

3.1.3.2 Asynchroner Hochlauf

Das stationäre Betriebsverhalten von Reluktanzmotoren während des asynchronen Hochlaufs zu berechnen, ist erheblich aufwendiger und kann hier nur angedeutet werden. Die Ständerwicklung sei zunächst symmetrisch aufgebaut und an ein symmetrisches Spannungssystem angeschlossen. Das von der Ständerwicklung erregte Kreisdrehfeld läuft mit der Frequenz f_1 um. Der Läufer dreht sich mit $f_m = (1 - s)f_1$. Die Läuferwicklung denkt man sich durch eine Wicklung in der Längsachse und in eine

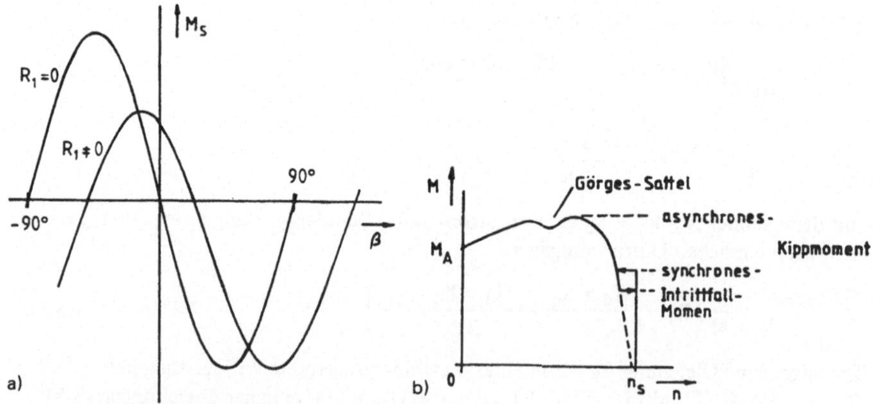

Bild 3.3 Drehmoment-Kurven eines Reluktanzmotors
a) Synchrones Drehmoment in Abhängigkeit vom Lastwinkel β und vom Ständerwiderstand R_1
b) Gesamte Drehzahl-Drehmomenten-Kurve

W i c k l u n g i n d e r Q u e r a c h s e ersetzt. Das Ständerfeld hat in diesen beiden Wicklungen Wechselströme mit der Frequenz sf_1 zur Folge. Aufgrund der unterschiedlichen Luftspalte in der Längs- und in der Querrichtung sind sie jedoch von unterschiedlicher Größe. Die dadurch entstehenden Läuferwechselfelder lassen sich, wie wir es schon von der Asynchronmaschine her kennen (Abschnitt 2.2.1), jeweils ersatzweise durch ein mit sf_1 in Läuferdrehrichtung, d. h. m i t d r e h e n d e s L ä u f e r f e l d und in ein mit sf_1 entgegen der Läuferdrehrichtung, d. h. g e g e n d r e h e n d e s L ä u f e r f e l d darstellen. Das Mitfeld läuft in Bezug auf die ruhende Ständerwicklung mit der Frequenz $f_m + sf_1 = f_1$ um und ruft im Ständer einen Mitstrom hervor, der dieselbe Frequenz wie der ursprüngliche, erregende Ständerstrom hat. Das Läufer-Gegenfeld dreht sich in Bezug auf die Ständerwicklung mit der Frequenz $-f_m + sf_1 = f_1(2s - 1)$ und erzeugt in der Ständerwicklung einen G e g e n s t r o m mit der Frequenz $f_1(2s-1)$.

Wird der Reluktanzmotor – zum Beispiel als Wechselstrom-Kondensatormotor – an einem unsymmetrischen Spannungssystem betrieben, so wird neben dem mit f_1 mitdrehenden Ständerfeld ein zweites, mit f_1 g e g e n d r e h e n d e s S t ä n d e r f e l d wirksam. Dieses zweite Feld hat in der Längs- und in der Querwicklung des Läufers Wechselströme bzw. Wechselfelder der Frequenz $f_m + f_1 = f_1(2 - s)$ zur Folge, da ja Ständerdrehfeld und Läufer entgegengesetzte Drehrichtungen haben. Diese beiden Wechselfelder lassen sich nun auch in ein mit $f_1(2 - s)$ mitdrehendes und in ein mit $f_1(2 - s)$ gegendrehendes Feld zerlegen. Bezüglich des Ständers laufen die Felder mit $f_m + f_1(2 - s) = f_1(3 - 2s)$ in Mitrichtung und mit $- f_m + f_1(2 - s) = f_1$ in Gegenrichtung um und erzeugen Stromwellen der gleichen Frequenzen und Richtungen.

Die n i c h t n e t z f r e q u e n t e n S t ä n d e r s t r ö m e rufen ihrerseits wiederum Felder und Läuferströme hervor. Die letzteren können vernachlässigt werden. Die beschriebenen vier Ständer- und vier Läuferströme bilden den Gesamtstrombelag. Multipliziert man ihn mit dem Luftspaltleitwert, den man wie üblich durch eine nach dem zweiten Glied abgebrochene Potenzreihe darstellt, erhält man das Gesamtfeld. Das Produkt von Luftspaltinduktion, Strombelag und Läuferabmessungen führt auf eine Drehmomentengleichung mit drei Termen. Der erste Term ist das asynchrone Moment des Mitstromes der Frequenz f_1, dem ein Moment des Stromes der Frequenz $f_1(2s - 1)$ überlagert ist. Bei $s = 0{,}5$ verschwindet der letztere Anteil, wodurch der sog. G ö r g e s - S a t t e l zustande kommt (Bild 3.3b).

Der zweite Term wird vom Gegenstrom der Frequenz $f_1(2 - s)$ hervorgerufen, überlagert vom Moment des Stromes $f_1(3 - 2s)$ (Görges-Sattel bei $s = 1{,}5$). Der dritte Term ist schließlich das R e l u k t a n z m o m e n t , herrührend von der Läuferunsymmetrie.

Neben diesen für einen bestimmten Schlupf zeitlich konstanten Momenten treten wie beim Wechselstrom-Asynchronmotor auch hier P e n d e l m o m e n t e dadurch auf, daß gegeneinander umlaufende Strombeläge und Felder zeitlich schwankende Momente bilden. Außer dem vom Asynchronmotor her bekannten mit doppelter Netzfrequenz schwingenden Moment gibt es weitere Momente mit den Frequenzen $s2f_1$, $2f_1(1 - s)$ und $2f_1(2 - s)$.

Nachdem ein Reluktanzmotor asynchron angelaufen ist, soll er oberhalb der asynchronen Kippdrehzahl in den synchronen Lauf übergehen. Um ein sicheres I n t r i t t f a l - l e n zu gewährleisten, muß die asynchrone Momentenkurve möglichst steil sein.

Andererseits darf dadurch das Anzugsmoment nicht zu gering werden. Die Symmetrierung des Wechselstrommotors und die Wahl des Läuferwiderstandes muß daher sehr sorgfältig erfolgen. Um ein möglichst hohes synchrones Kippmoment zu erzielen, muß entsprechend der Gleichung (3.10) die Längsreaktanz X_d möglichst groß und die Querreaktanz X_q möglichst klein sein. Ein Läufer mit Flußsperrenschnitt erfüllt diese Forderungen wesentlich besser als ein Läufer mit ausgefrästen Polen, da beim ersteren der Querfluß durch die Sperren stark behindert wird.

3.2 Hysteresemotor

3.2.1 Ausführungsarten

Die Ständer der Motoren für höhere Drehzahlen sind entweder wie die von Kondensator- oder wie die von Spaltpolmotoren aufgebaut. Motoren für niedere Drehzahlen besitzen einen Ständer nach dem Klauenpolprinzip. Im Bild 3.4 ist der typische Aufbau dargestellt: Blechstücke, die innerhalb (oder bei Außenläufern außerhalb) einer Ringspule wie die Finger zweier Hände ineinandergreifen, bilden abwechselnd Nord- und Südpole. Die „Handflächen" umfassen die Ringspule und bilden damit den magnetischen Rückschluß. Auf diese Weise entsteht im Luftspalt bei Anschluß der Ringspule an ein Wechselstrom-Netz ein vielpoliges Wechselfeld. Das Spaltpolprinzip dient auch hier dazu, ein Drehfeld zu erzeugen. Im Bild 3.5 sind vier am Umfang aufeinanderfolgende Pole gezeichnet. Auf einen Hauptpol folgt stets ein Hilfspol gleicher Magnetisierung. Kurzschlußringe, die konzentrisch zur Ringspule liegen, sind mit den Haupt- und Hilfspolen magnetisch unterschiedlich verkettet.

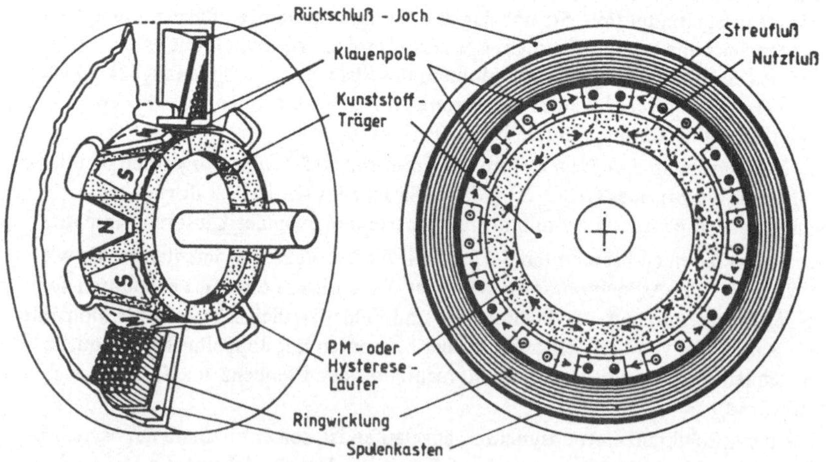

Bild 3.4 Aufbau

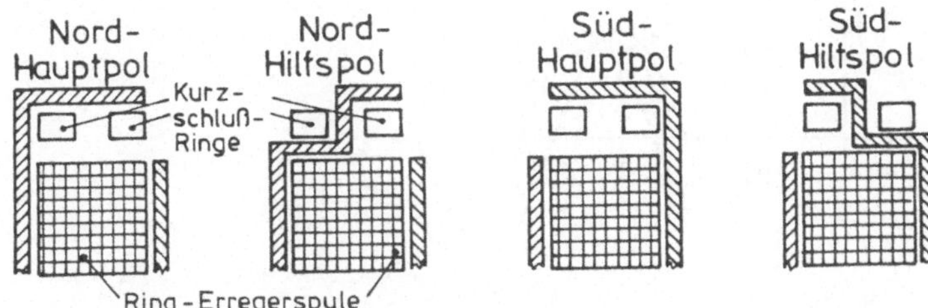

Bild 3.5 Darstellung des Spaltpolprinzips

So bildet sich eine Phasenverschiebung zwischen Haupt- und Hilfsflüssen, die allerdings nur ein stark elliptisches Drehfeld bewirkt.

Der Läufer trägt einen Ring aus hysteretischem Material, einem Werkstoff mit breiter Hystereseschleife. Die Koerzitivfeldstärke ist jedoch bewußt nicht so groß wie bei permanentmagnetischen Werkstoffen gewählt, damit das Ständerfeld das Material ummagnetisieren kann. Die Ringe erhalten oftmals der Polzahl entsprechende Fenster, um durch Reluktanzwirkung einen sicheren Synchronlauf zu gewährleisten.

Neben Motoren mit Innenläufern gibt es häufig solche mit Außenläufern.

3.2.2 Wirkungsweise und Betriebsverhalten

Die grundsätzliche Wirkungsweise soll zunächst anhand eines idealen Hysteresemotors (Bild 3.6) erläutert werden. Die Ständerwicklung erzeuge eine sinusförmige Drehdurchflutung. Das Luftspaltfeld durchsetze den Hysterese-Ring rein radial und verursache keinerlei Wirbelströme.

Dreht sich der Läufer asynchron zur Ständerdurchflutung, durchläuft der magnetische Zustand jedes Ringelementes die gesamte Hysterese-Schleife. Wie in dem Bild 3.7 gezeigt, kann man die zur Feldstärke im Hysterese-Ring gehörende Felddichte über die Hysterese-Schleife auf bekannte Weise zum Beispiel grafisch ermitteln. Es

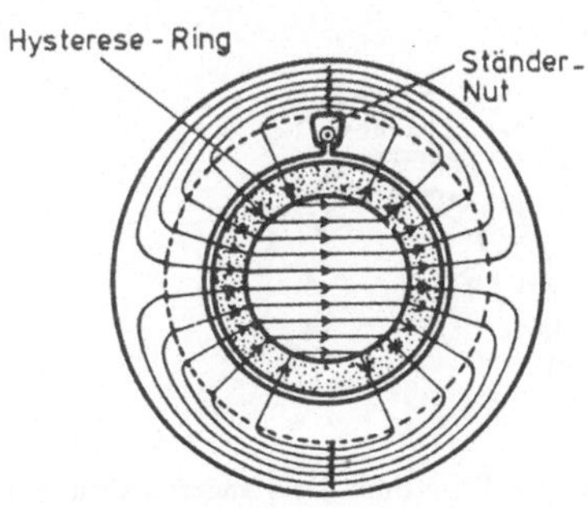

Bild 3.6
Idealer Hysteresemotor

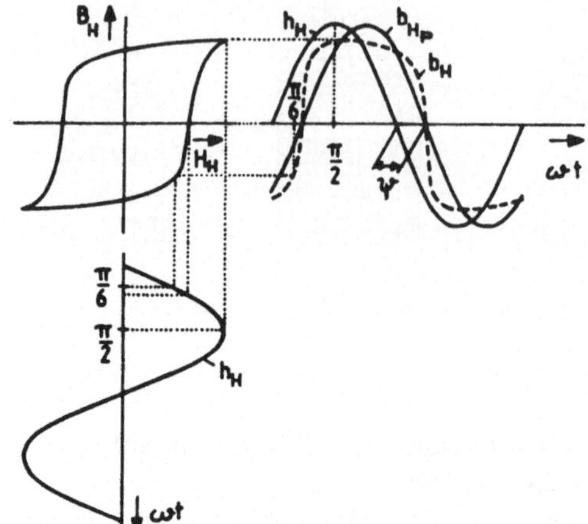

Bild 3.7
Ermittlung der magnetischen Induktion im Hysteresering

ergibt sich ein von der Sinusform abweichender Induktionsverlauf. Uns interessiert hier nur das G r u n d w e l l e n v e r h a l t e n. Man sieht, daß die Grundwelle der Induktion $b_{Hp}(\omega t)$ gegenüber der Feldstärkewelle $h_H(\omega t)$ um den Winkel ψ nacheilt. Dieser Winkel wächst mit der Breite der Hysterese-Schleife. Da die Induktionswellen im Luftspalt und im Hysterese-Ring phasengleich verlaufen, ergibt sich zwangsläufig dadurch eine P h a s e n v e r s c h i e b u n g ψ zwischen den Feldstärken im Luftspalt und im Hysterese-Ring. Vernachlässigt man die magnetische Spannung entlang der Eisenwege, erhält man aufgrund des Durchflutungsgesetzes die Ständerdurchflutung Θ_1 aus der Summe der magnetischen Spannungen im Luftspalt $H_L \cdot \delta$ und im Hysterese-Ring $H_H d_H$, wie es das Bild 3.8 zeigt. Die Phasenverschiebung der Ständerdurchflutung gegenüber der Induktion im Luftspalt bzw. im Ring sei ϵ, wobei ϵ kleiner als ψ ist. Andererseits ergibt sich die Ständerdurchflutung aus dem Integral des Ständerstrombelages a_1.

$$\Theta_1 = \int a_1 R dx \tag{3.11}$$

Die Phasenverschiebung des Strombelages gegenüber dem Luftspaltfeld beträgt daher $\pi/2 + \epsilon$.

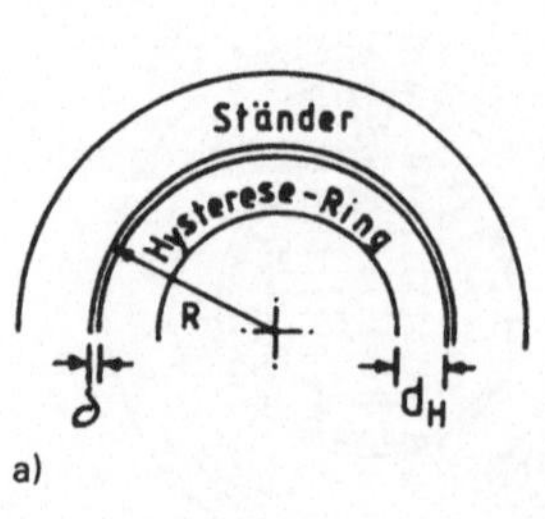

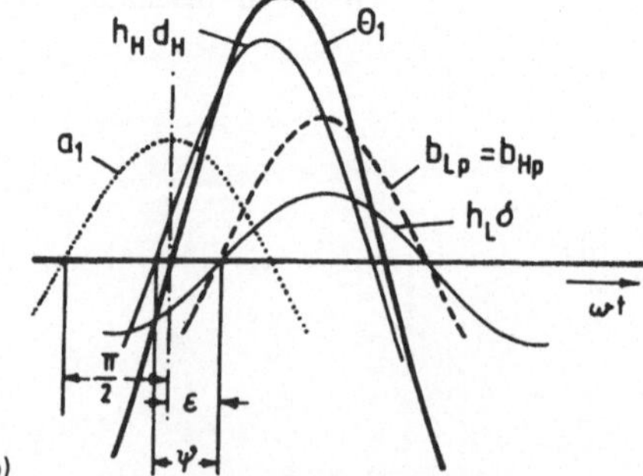

Bild 3.8 Ermittlung der Ständerdurchflutung

Das Drehmoment berechnet sich beim Hysteresemotor wie üblich aus der Summe der tangential im Luftspalt wirkenden Kräfte, d. h. aus dem Integral des Produktes von Ständerstrombelag und Luftspaltinduktion.

$$M = \int_0^{2\pi} a_1 b_{Lp} \ell R dx \tag{3.12}$$

Wie die Skizze in Bild 3.9 verdeutlicht, ergibt das Produkt $a_1 b_{Lp}$ einen von Null verschiedenen Mittelwert $(a_1 b_{Lp})_m$, wenn ϵ ungleich Null ist. Entsprechend Gleichung (3.12) entwickelt der Hysterese-Motor ein Drehmoment. Es wächst mit dem Hysterese-Winkel ψ.

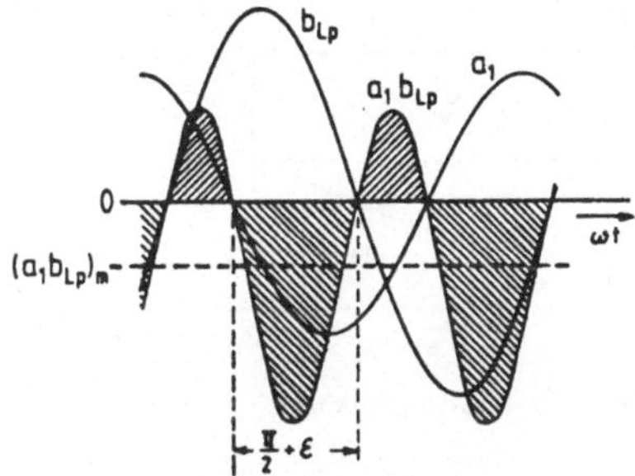

Bild 3.9
Zeitlicher Verlauf und Mittelwert des Drehmomentes

Im Läufer eines idealen Hysteresemotors fließen keine Ströme, die eine Rückwirkung auf die Ständerströme ausüben könnten, denn die Phasenverschiebung des Ständerstrombelages gegenüber dem Luftspaltfeld geschieht allein durch die Wirkung des Hysterese-Materials. Der von der Ständerwicklung dem Netz entnommene Strom ist deshalb unabhängig von Belastung und Drehzahl. So sind auch Feldstärke, Felddichte und damit der Hysterese-Winkel konstant. Dies gilt dann ebenso für die Phasenverschiebung zwischen Ständer-Strom und -Spannung, letztlich also für die aufgenommene Leistung P_1 sowie für die Ständerverluste P_{V1}, die sich aus den Strom- und den Eisen-Wärmeverlusten zusammensetzen:

$$P_{V1} = P_{Cu1} + P_{Fe1} = \text{const} \tag{3.13}$$

Die dem Läufer zugeführte Luftspaltleistung ist damit

$$P_\delta = P_1 - P_{V1} = \text{const.} \tag{3.14}$$

Im Läufer erwärmt sich der Hysterese-Ring durch die Ummagnetisierung, die mit der Frequenz des Läufers gegenüber dem Drehfeld erfolgt. Die Hysterese-Verluste sind proportional der Fläche der Hysterese-Schleife, die bei jeder Ummagnetisierung umfahren wird und proportional der Ummagnetisierungsfrequenz, dem Produkt des Schlupfes s und der Drehfeldfrequenz f. Sie können nach der bekannten Gleichung

$$P_H = sf\sigma_H B_H^2 V \tag{3.15}$$

mit der Verlustziffer σ_H und dem Ringvolumen V berechnet werden. Andererseits sind aber wie beim Asynchronmotor die Läuferverluste

$$P_{V2} = P_H = sP_\delta \tag{3.16}$$

oder mit der vorhergehenden Gleichung

$$P_\delta = \frac{s}{s} f \sigma_H B_H^2 V = \text{const} \tag{3.17}$$

Im Bild 3.10 ist die Leistungsbilanz eines idealen Hysterese-Motors dargestellt. Da die Hysterese-Verluste mit zunehmender Drehzahl linear sinken, steigt die an der Welle abgegebene Leistung P_2 linear an. Weil die Luftspaltleistung konstant ist, muß auch das Hysterese-Moment M_H konstant sein (Bild 3.11).

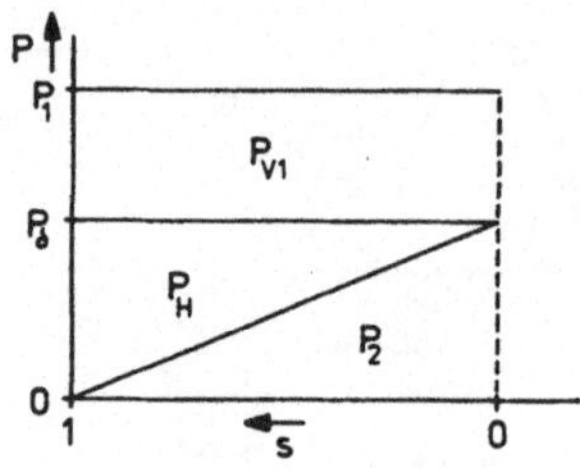

Bild 3.10 Leistungsbilanz

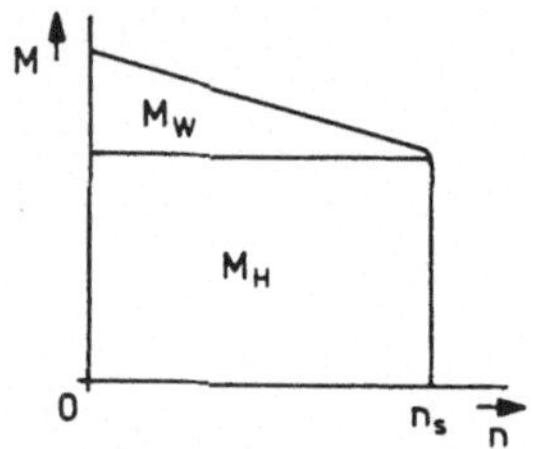

Bild 3.11 Drehmoment-Kurve des idealen Motors

In einem realen Hysterese-Läufer dürfen die im Hysterese-Ring und gegebenenfalls die im Ring-Träger entstehenden Wirbelstrom-Wärmeverluste nicht vernachlässigt werden. Sie werden mit der bekannten Gleichung

$$P_W = (sf)^2 \cdot \sigma_W \cdot B_H^2 \cdot V \tag{3.18}$$

berechnet, wobei σ_W die materialabhängige Wirbelstromverlustziffer ist. Da für das diesen Verlusten entsprechende Wirbelstrom-Moment die Gleichung

$$M_W = \frac{P_W}{2\pi \cdot s \cdot n_s} \tag{3.19}$$

gilt, ergibt sich mit der synchronen Drehzahl $n_s = f/p$ (p = Polzahl)

$$M_W = \frac{sf\sigma_W B_H^2 Vp}{2\pi}. \tag{3.20}$$

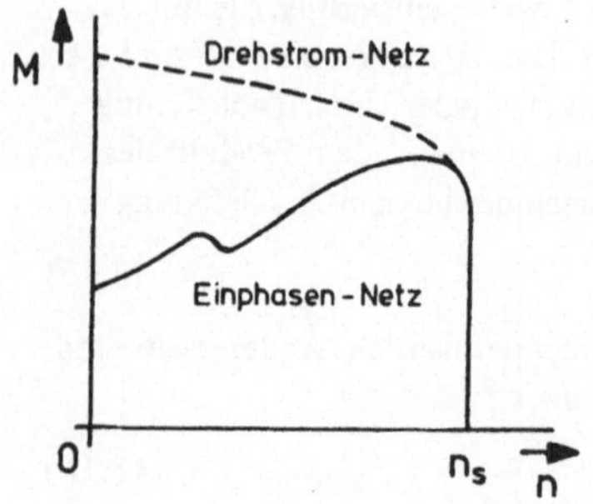

Bild 3.12
Drehmoment-Kurve des realen Motors

Das Wirbelstrommoment nimmt im idealen Fall linear mit abnehmendem Schlupf bzw. mit zunehmender Drehzahl ab (Bild 3.11).

In einem realen Hysteresemotor ist der Feldverlauf nicht so ideal, wie anfangs angenommen. Insbesondere treten in Klauenpolmotoren merkliche Streuflüsse auf (Bild 3.4). Ihre ausgeprägten Ständerpole haben einen großen Oberwellengehalt des Magnetfeldes zur Folge, da vor allem die Wellen niederer Ordnungszahl beträchtlich sind. Gegenläufige Felder und Sättigungserscheinungen machen sich bemerkbar. Der tatsächliche Momentenverlauf weicht daher beträchtlich von der idealen Kennlinie ab, und zwar nicht nur qualitativ sondern auch quantitativ, was im Bild 3.12, verglichen mit Bild 3.11, nicht zum Ausdruck kommt.

3.3 Magnetläufermotor

3.3.1 Ausführungsarten

Synchronmotoren mit Permanentmagnetläufern kleiner Leistung sind ähnlich wie die Klauenpolmotoren, die im Abschnitt 3.2.1 beschrieben wurden, aufgebaut. Deshalb werden manchmal Synchronmotoren angeboten, in die je nach Anforderung Magnet- oder Hysterese-Läufer eingesetzt werden können. Der Vorteil von Magnetläufermotoren besteht darin, daß sie ein 20- bis 30mal größeres Moment als Hysterese-Motoren entwickeln. Sie sind allerdings teurer. Ihr wesentlicher Nachteil ist, daß sie nicht so ohne weiteres anlaufen. Zum Intrittfallen nutzt man das Aufschaukeln des Läufers, der nach dem Einschalten der Ständerwicklung zu schwingen beginnt. Motor und Last sollten daher nicht starr gekuppelt werden. Das Schwingen und das Einfallen in eine bestimmte Drehrichtung wird durch unsymmetrische Formung oder Anordnung der Klauenpole unterstützt. Zusätzlich kann eine Rücklaufsperre eine Drehung in falscher Richtung verhindern. Motoren geringerer Leistung besitzen meistens Läufer mit Ferrit-Magnet-Ringen, die bei kleiner Polzahl radial magnetisiert sind. Bei größerer Polzahl ist der Läufermagnet axial magnetisiert und mit einem Klauenpolkranz ausgestattet, wie ihn Bild 3.13 zeigt.

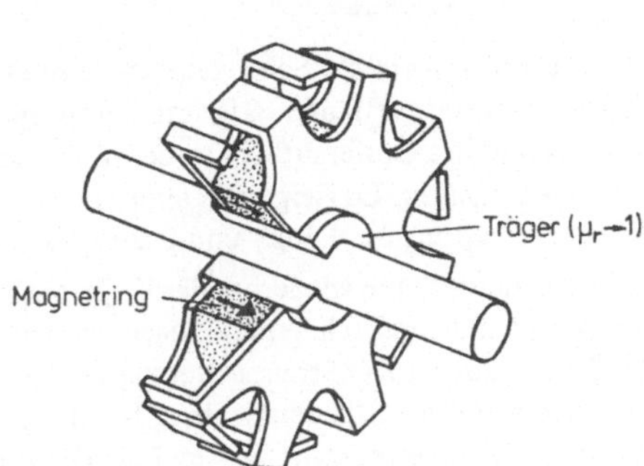

Bild 3.13
Läufermagnet mit Klauenpolkranz für hohe Polzahl

Für Synchronmotoren größerer Leistung, die sich im Ständer nicht von Asynchronmotoren mit verteilter Wicklung unterscheiden, werden Läufer in zahlreichen Ausführungen gebaut. Drei Beispiele für vierpolige Motoren sind im Bild 3.14 dargestellt, in den Bildern a und b Läufer mit Ferrit- oder Selten-Erde-Magneten und in Bild c ein Läufer mit AlNiCo-Magneten. Um selbständig anlaufen zu können, erhalten diese Motoren Kurzschlußwicklungen, wie sie von Asynchronmotoren bekannt sind.

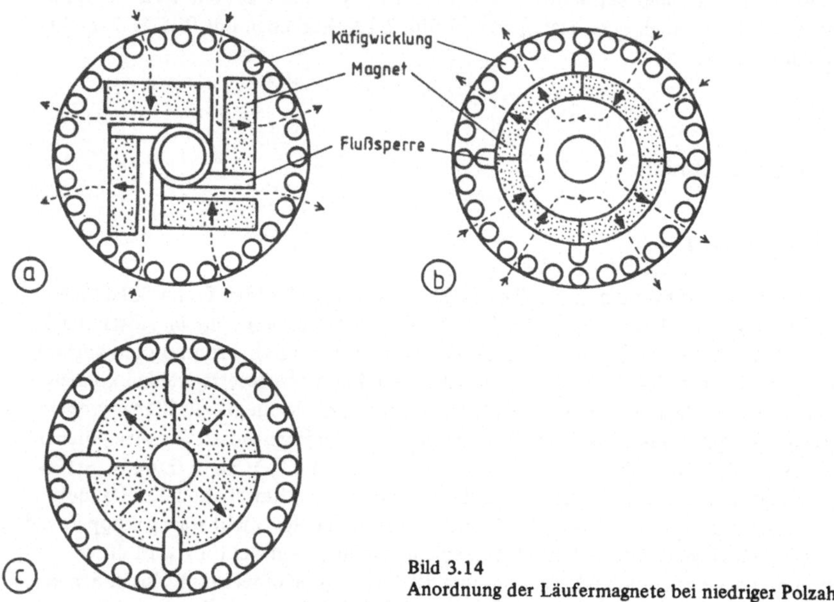

Bild 3.14
Anordnung der Läufermagnete bei niedriger Polzahl

3.3.2 Stationäres Betriebsverhalten

3.3.2.1 Synchronbetrieb

Wie die elektrisch erregte Schenkelpolsynchronmaschine hat auch die Synchronmaschine mit Permanentmagnetläufer aufgrund der magnetischen Vorzugsrichtung des Magnetmaterials und des Läuferaufbaus in der Längs- und in der Querachse verschiedene Eigenschaften. Im Zeigerdiagramm müssen deshalb die Zeiger ebenfalls in Komponenten in Richtung der Längs- und Querachse zerlegt werden.

Es soll an dieser Stelle wiederum das Zeigerdiagramm des elektrisch erregten Schenkelpolmotors zum Vergleich herangezogen werden. Die Vorgehensweise wird anhand von Bild 3.15 erläutert. Die Strangspannung U_1, der Leistungsfaktor $\cos\varphi_1$ sowie der ohmsche Widerstand der Ständerwicklung R_1, der Streublindwiderstand $X_{\sigma 1}$ der Ständerwicklung, die Längsreaktanz X_{hd} und die Querreaktanz X_{hq} seien bekannt. Ausgehend von $\underline{U}_1$ kann die induzierte Spannung $\underline{U}_i$ mittels der Gleichung

$$\underline{U}_i = \underline{U}_1 - R_1\underline{I}_1 - jX_{\sigma 1}\underline{I}_1 \tag{3.21}$$

bestimmt werden.

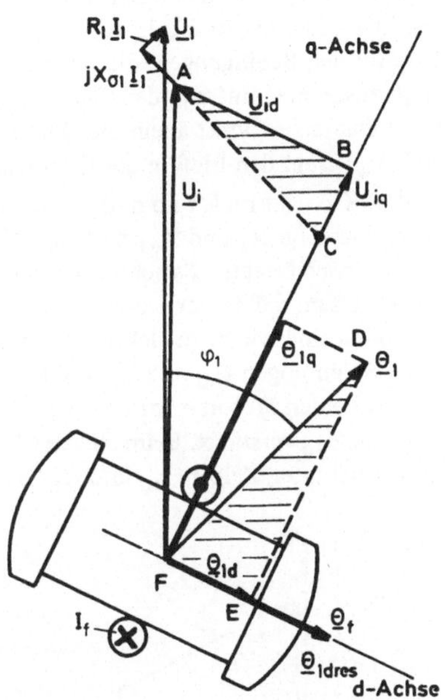

Bild 3.15
Zeigerdiagramm des elektrisch erregten Synchronmotors

Zur F e s t l e g u n g d e r d- u n d d e r q - A c h s e bedient man sich folgender Hilfskonstruktion: In Bild 3.15 erkennt man, daß die Dreiecke ABC und DEF ähnlich sind. Folglich ergeben sich, da die Strecke $\overline{AB} \triangleq X_{hq} \cdot I_{1q} = U_{id}$ ist, für die beiden anderen Seiten des Dreiecks die Zusammenhänge:

$$\overline{BC} = X_{hq}I_{1d} \quad \text{und} \quad \overline{AC} = X_{hq}I_1. \tag{3.22), (3.23}$$

Zur Bestimmung von $\underline{U}_{id}$ und $\underline{U}_{iq}$ aus $\underline{U}_i$ verlängert man den Zeiger $jX_{\sigma 1} \cdot \underline{I}_1$ über A hinaus um den Betrag $X_{hq} \cdot I_1$. Damit ist der Hilfspunkt C bekannt. $\overline{CF}$ legt die Richtung der Querachse und damit die Richtung von $\underline{U}_{iq}$ fest. Längs- und Querachse bilden einen räumlichen Winkel von 90°. Aus $\underline{I}_1$ kann durch Projektion auf die Längs- und Querachse $\underline{I}_{1d}$ und $\underline{I}_{1q}$ bestimmt werden.

Die resultierende Durchflutung in der Längsachse $\underline{\Theta}_{1dres}$ ist die Summe der Längskomponente $\underline{\Theta}_{1d}$ der Ständerdurchflutung und der Durchflutung der Felderregerwicklung des Läufers $\underline{\Theta}_f$. $\underline{\Theta}_{1dres}$ erregt den Hauptfluß in der Längsachse Φ_{hd}; Φ_{hd} induziert in der Ständerwicklung die Querkomponente $\underline{U}_{iq}$. In der Querachse wirkt allein die Querkomponente $\underline{\Theta}_{1q}$ der Ständerdurchflutung. $\underline{\Theta}_{1q}$ erregt den Hauptfluß in der Querachse Φ_{hq}; Φ_{hq} induziert in der Ständerwicklung $\underline{U}_{id}$.

Beim Synchronmotor mit Permanentmagnetläufer wird die vom Erregerstrom I_f durchflossene Erregerwicklung durch einen Permanentmagneten ersetzt. In der Längsachse wird jetzt nicht mehr die Erregerdurchflutung Θ_f durch Θ_{1d} verstärkt oder geschwächt, sondern der Magnet durch Θ_{1d} auf- bzw. abmagnetisiert. Der Dauermagnetläufer ist durch die Magnetinduktion B_M bzw. den Magnetfluß $\Phi_M = B_M \cdot A_M$ und die magnetische Feldstärke H_M bzw. die Durchflutung $\Theta_M = H_M \cdot h_M$, also durch einen Punkt der Magnetkennlinie beschrieben. h_M ist die Magnetlänge in Magnetisierungsrichtung. Θ_M wirkt unter idealen Bedingungen, die wir hier voraussetzen wollen, in der Längsachse und erregt zusammen mit Θ_{1d} den Hauptfluß $\Phi_M = \Phi_{hd}$. Φ_{hd} induziert die Spannung U_{iq}. In der Querachse wirkt allein die Querkomponente des Ständerstromes I_{1q} magnetisierend. I_{1q} erregt den Fluß in der Querachse $\Phi_{hq} \cdot \Phi_{hq}$ induziert U_{id}.

Bei der Konstruktion des Zeigerdiagramms werden für U_1, I_1 und $\cos\varphi_1$ sowie für R_1 und $X_{\sigma 1}$ dieselben Werte angenommen wie beim Zeigerdiagramm des elektrisch erregten Synchronmotors. Kennlinie und Geometrie des Magneten seien so beschaffen, daß in der Längs- und in der Querachse dieselben Flüsse Φ_{hd} und Φ_{hq} vorhanden sind wie beim elektrisch erregten Synchronmotor. Folglich werden auch dieselben Spannungen U_{id} und U_{iq} induziert. Es ergibt sich das Zeigerdiagramm in Bild 3.16. In beiden Motoren wird das bei Leerlauf vorhandene Magnetfeld durch die Wirkung von Θ_{1d} verstärkt. Beim elektrisch erregten Motor äußert sich dies durch die gleichgerichteten Zeiger Θ_{1d} und Θ_f (Bild 3.15).

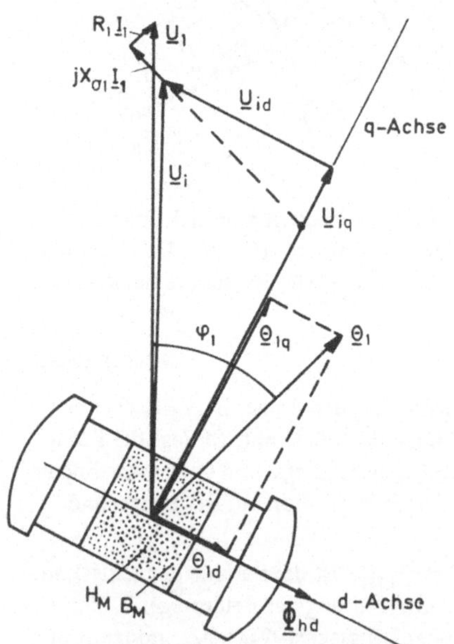

Bild 3.16
Zeigerdiagramm des Synchronmotors mit Permanentmagneterregung

Beim Synchronmotor mit Permanentmagnetläufer lassen sich die Verhältnisse mit Hilfe von Bild 3.17 klären. Die Durchflutung Θ_{1d} soll von einer „Hilfswicklung" im Ständer herrühren, die vom Strom I_{1d} durchflossen ist und deren magnetische Achse in der d-Achse des Synchronmotors liege. Die Hilfswicklung sei so durchflutet, daß der Durchflutungszeiger nach rechts zeigt. In Bild 3.17 ist der Synchronmotor mit einer solchen Hilfswicklung dargestellt. In der nachfolgenden Betrachtung ist der Bedarf an magnetischer Spannung im Eisen durch eine Vergrößerung des Luftspaltes berücksichtigt.

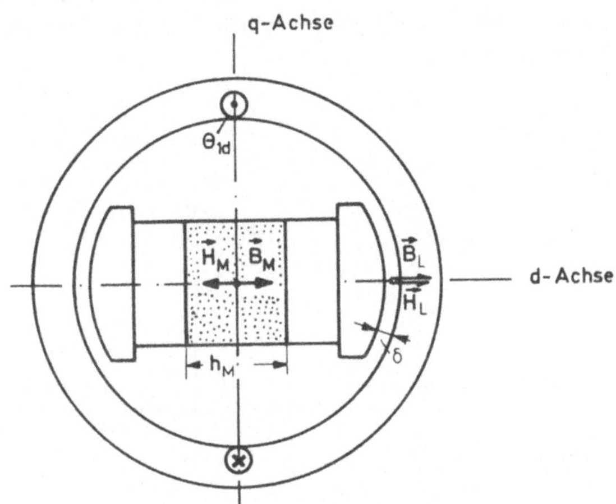

Bild 3.17
Zusammenwirken von Ständerdurchflutung und Permanentmagnet bei untererregtem Synchronmotor

Ist der Ständerstrom I_{1d} gleich Null, erhält man den Arbeitspunkt des Dauermagneten wie beim Permanentmagnetmotor (Abschnitt 5.3.1) mittels der Gleichungen (5.3) bis (5.6). Die grafische Ermittlung des Arbeitspunktes erfolgt ebenfalls wie in Abschnitt 5.3.1 durch Schnitt der Magnetkennlinie und der Luftspaltgeraden (Bild 3.18). $\Phi_{M0} = B_{M0} \cdot A_M$ ist der Läuferfluß, wenn $I_{1d} = 0$ ist. Die im Luftspalt erforderliche Spannung V_{L0} ist gleich der Spannung im Magneten $V_{M0} = H_{M0}h_M$.
Wird der Ständerstrom I_{1d} wirksam, ergibt die Anwendung des Durchflutungsgesetzes (Bild 3.17)

$$-H_M h_M + 2H_L \cdot \delta = \Theta_{1d} \quad \text{bzw.} \quad -V_M + V_L = \Theta_{1d}$$

und damit die notwendige magnetische Spannung für den Luftspalt in der Längsachse:

$$V_L = V_M + \Theta_{1d} \tag{3.24}$$

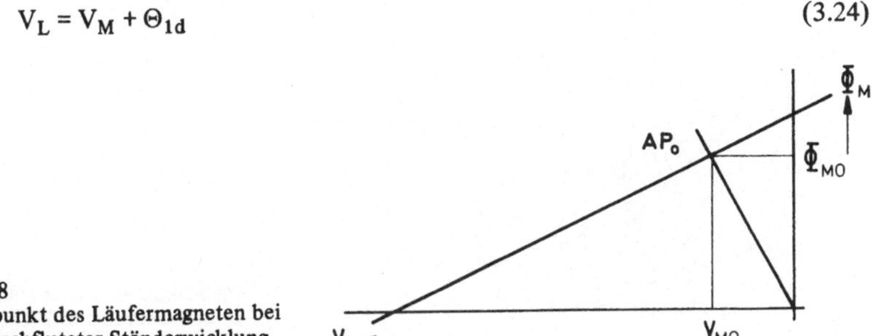

Bild 3.18
Arbeitspunkt des Läufermagneten bei nicht durchfluteter Ständerwicklung

Der grafische Zusammenhang ist in Bild 3.19 dargestellt. Der Läuferfluß ist $\Phi_M = B_M \cdot A_M = \Phi_{hd}$, die magnetische Spannung des Läufermagneten V_M. Es stellt sich also der Arbeitspunkt AP_1 auf der Magnetkennlinie ein. Die Längskomponente der Ständerdurchflutung Θ_{1d} unterstützt den Magneten: Er wird aufmagnetisiert. Das Magnetfeld in der Längsachse ist größer als bei $I_{1d} = 0$, wenn auch aufgrund der flach verlaufenden Magnetkennlinie nur geringfügig.

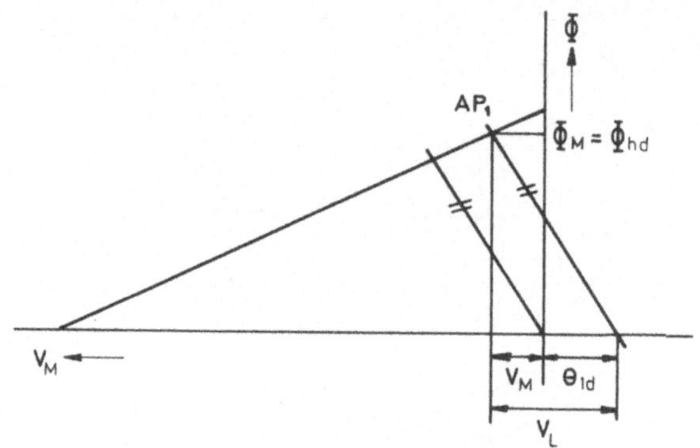

Bild 3.19
Arbeitspunkt bei Aufmagnetisierung des Läufermagneten

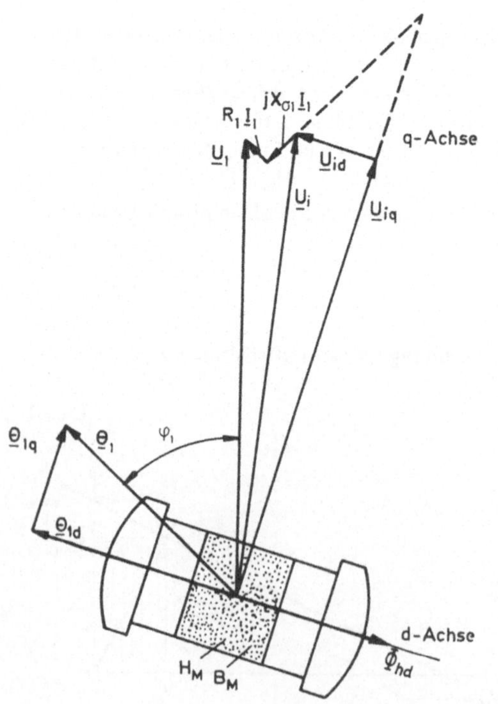

Bild 3.20
Zeigerdiagramm des übererregten Synchronmotors mit Permanentmagneteterregung

Die elektrisch erregte Synchronmaschine kann durch Vergrößern von Θ_f vom untererregten in den übererregten Betriebszustand überführt werden: Durch Vergrößern von Θ_f wird U_{iq} bzw. U_i größer. Um die Spannungsdifferenz zwischen $\underline{U}_1$ und $\underline{U}_i$ ausgleichen zu können, muß sich die Richtung des Ständerstromes $\underline{I}_1$ ändern. Dagegen muß beim Synchronmotor mit Permanentmagnetläufer von vornherein durch entsprechende Auslegung festgelegt werden, ob der Motor über- oder untererregt betrieben werden soll. Da der Hauptfluß in der Längsachse nicht nachgestellt werden kann, kann ein permanentmagneterregter Synchronmotor nur dann übererregt betrieben werden (eine konstante Ständerspannung U_1 vorausgesetzt), wenn gegenüber dem untererregten Synchronmotor die Windungszahl im Ständer erhöht wird.

Allgemein gilt für die in der Querachse induzierte Spannung

$$U_{iq} = \sqrt{2}\pi w_1 \xi_1 f \Phi_{hd} \tag{3.25}$$

mit w_1 als Windungszahl eines Stranges und ξ_1 als Wicklungsfaktor. Beim elektrisch erregten Synchronmotor wird U_{iq} mit Hilfe von Φ_{hd}, beim permanentmagneterregten Synchronmotor mit Hilfe von w_1 vergrößert.

In Bild 3.20 ist das Zeigerdiagramm eines übererregten Synchronmotors dargestellt. Der Ständerstrom $\underline{I}_1$ liegt jetzt im 1. Quadranten. Der Hauptfluß Φ_{hd} hat seine Richtung beibehalten, die Durchflutung Θ_{1d} hat ihre Richtung umgekehrt. Mit Hilfe von Bild 3.21 kann der neue Arbeitspunkt auf der Magnetkennlinie bestimmt werden. Die Anwendung des Durchflutungsgesetzes ergibt

$$-H_M h_M + H_L 2\delta = -\Theta_{1d} \quad \text{bzw.} \quad -V_M + V_L = -\Theta_{1d}. \tag{3.26}$$

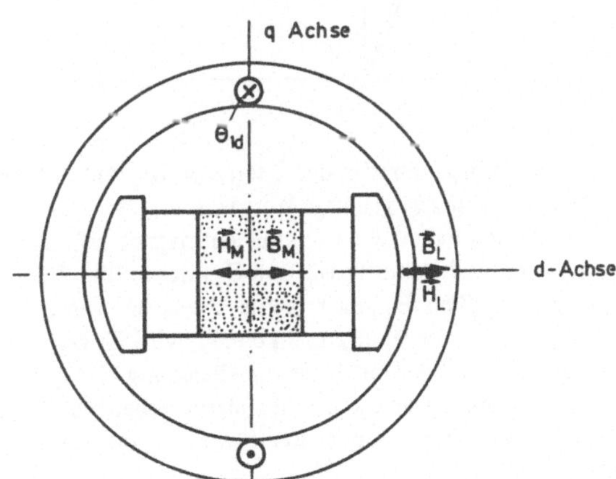

Bild 3.21
Zusammenwirken von Ständerdurchflutung und Permanentmagnet bei übererregtem Synchronmotor

Bild 3.22 zeigt, daß sich der Hauptfluß Θ_{hd} verringert hat. Durch die Wirkung von Θ_{1d} wird der Magnet abmagnetisiert.

Bei der Konstruktion des Zeigerdiagramms (Bild 3.23) geht man vom Arbeitspunkt auf der Magnetkennlinie aus. Aus Bild 3.19 bzw. 3.22 können dessen Koordinaten Φ_{hd} und V_M, sowie die benötigte Luftspaltspannung V_L abgelesen werden. Mit Hilfe von Φ_{hd}

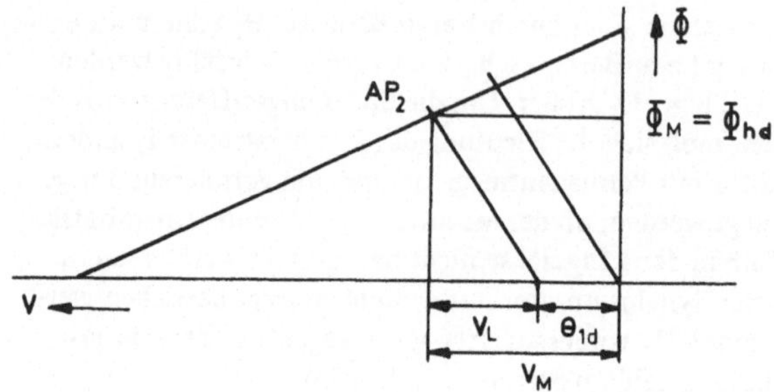

Bild 3.22
Arbeitspunkt bei Abmagnetisierung des Läufermagneten

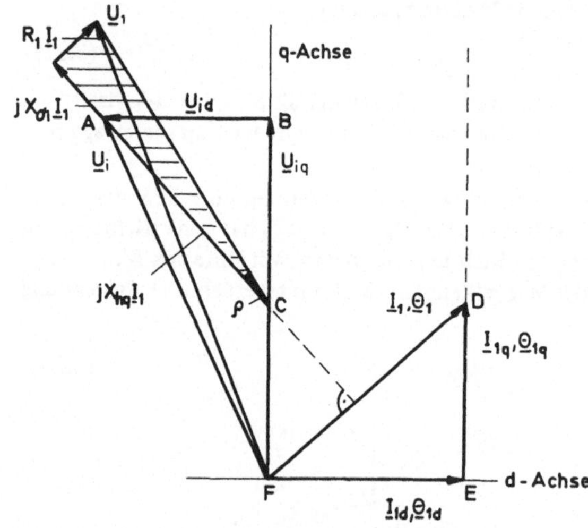

Bild 3.23
Konstruktion des Zeigerdiagrammes mit Hilfe von I_{1d} und U_{iq}

kann die Polradspannung in der Querachse U_{iq} und mittels V_M und V_L der zum vorgegebenen Arbeitspunkt gehörige Wert von Θ_{1d} berechnet werden. Das Zeigerdiagramm soll hier für den Fall, daß der Permanentmagnet aufmagnetisiert wird, konstruiert werden. Es ergibt sich dann für U_{iq} und Θ_{1d} der in Bild 3.16 dargestellte Zusammenhang: U_{iq} zeigt nach oben, Θ_{1d} nach rechts. Die Größe von Θ_{1q} ist nicht bekannt. Um das Zeigerdiagramm vervollständigen zu können, wird für Θ_{1q} zunächst ein beliebiger Wert angenommen, während der mit Hilfe von Gleichung (3.24) ermittelte Wert von Θ_{1d} beibehalten werden muß, da sich sonst ein anderer Arbeitspunkt auf der Magnetkennlinie einstellt. Mit dem aus Θ_{1q} ermittelten Strom I_{1q} kann die induzierte Spannung in der Längsachse

$$U_{id} = I_{1q} X_{qh} \tag{3.27}$$

und die gesamte induzierte Spannung

$$\underline{U}_i = \underline{U}_{id} + \underline{U}_{iq} \tag{3.28}$$

ermittelt werden. Aus Gleichung (3.21) folgt die zu dem willkürlich angenommenen

Wert von Θ_{1q} gehörige Ständerspannung U_1. Stimmt die so ermittelte Ständerspannung U_1 nicht mit der Netzspannung überein, so muß für Θ_{1q} ein neuer Wert gewählt und die Konstruktion so oft wiederholt werden, bis Ständerspannung und Netzspannung übereinstimmen.

Aus dem Zeigerdiagramm lassen sich die beiden Zusammenhänge ablesen:

1. Die Dreiecke ABC und DEF sind ähnlich
2. Der Winkel

$$\rho = \arctan \frac{R_1}{X_{\sigma 1} + X_{hq}} \tag{3.29}$$

ist für alle Lastfälle konstant.

Wird der Läufermagnet durch Θ_{1d} abmagnetisiert, so bleibt die Richtung von U_{iq} erhalten, I_{1d} zeigt nun aber nach links.

3.3.2.2 Asynchroner Hochlauf

In Bild 3.24 ist eine Synchronvollpolmaschine mit Ständerwicklung, Käfigwicklung und Permanentmagnet dargestellt. x_1 ist das ständerfeste Koordinatensystem, x_2 das läuferfeste Koordinatensystem, R der Läuferradius, ℓ die Paketlänge und δ die Luftspaltbreite. Der Zusammenhang zwischen ständer- und läuferfestem Koordinatensystem ist gegeben durch die Gleichung

$$x_1 = x_2 + \omega_{mech} \cdot t - \frac{\beta}{p} \tag{3.30}$$

mit dem Lastwinkel β und der Winkelgeschwindigkeit des Läufers

$$\omega_{mech} = \frac{\omega_1}{p} \cdot (1 - s). \tag{3.31}$$

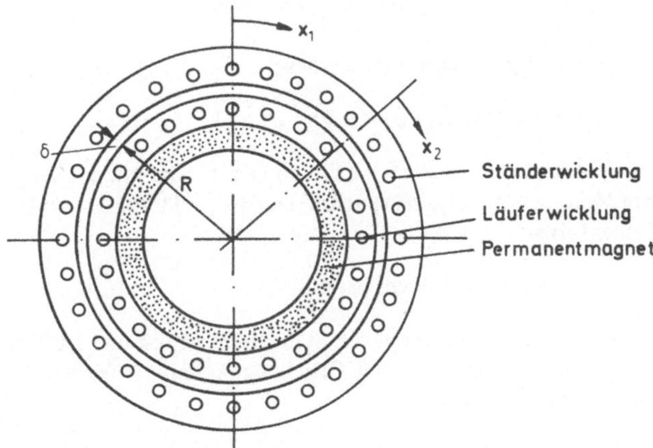

Bild 3.24 Synchronvollpolmaschine mit Permanentmagnet und Käfigwicklung im Läufer

Der vom Ständerstrom herrührende Strombelag sei räumlich cosinusförmig verteilt und laufe mit ω_1 um. Die Ständerstrombelagswelle lautet also:

$$A_1(x_1, t) = \hat{A}_1 \cos(px_1 - \omega_1 t - \varphi_1) \tag{3.32}$$

Das vom Permanentmagneten erregte Luftspaltfeld sei ebenfalls räumlich cosinusförmig verteilt, so daß im läuferfesten Koordinatensystem

$$B_M(x_2, t) = \hat{B}_M \cos(px_2) \tag{3.33}$$

gilt. In der Käfigwicklung sei schließlich der Strombelag

$$A_2(x_2, t) = \hat{A}_2 \cos(px_2 - s\omega_1 t - \varphi_2) \tag{3.34}$$

vorhanden.

Zunächst soll der Drehmomentenanteil berechnet werden, der vom Ständerstrombelag und vom Permanentmagneten herrührt. Aus Gl. (3.33) folgt für das Magnetfeld des Dauermagneten in ständerfesten Koordinaten

$$B_M(x_1, t) = \hat{B}_M \cos(px_1 - \omega_1(1 - s)t + \beta) \tag{3.35}$$

Das Drehmoment kann mit Hilfe von Gl. (3.36) berechnet werden:

$$m = \ell R^2 \int_0^{2\pi} B_M(x_1, t) A_1(x_1, t)\, dx_1 \tag{3.36}$$

Werden Gl. (3.32) und Gl. (3.35) eingesetzt, so folgt

$$m = \ell R^2 \int \hat{B}_M \cos(px_1 - \omega_1(1 - s)t + \beta) \hat{A}_1 \cos(px_1 - \omega_1 t - \varphi_1)\, dx_1.$$

Mit Hilfe der trigonometrischen Umformung

$$\cos\alpha \cos\gamma = \frac{1}{2}[\cos(\alpha - \gamma) + \cos(\alpha + \gamma)]$$

kann das Integral ausgewertet werden:

$$m = \ell R^2 \hat{B}_M \hat{A}_1 \pi \cos(s\omega_1 t + \varphi_1 + \beta) \tag{3.37}$$

Es ergibt sich also ein *Pendelmoment*, das mit $\cos\omega t$ pulsiert. Bei stillstehendem Motor ist $\omega = \omega_1$, bei synchronlaufendem Motor ist $\omega = 0$ und für das synchrone Moment folgt

$$m = \ell R^2 \hat{B}_M \hat{A}_1 \pi \cos(\varphi_1 + \beta) \tag{3.38}$$

Durch das Zusammenwirken von Ständerstrombelag und Läuferstrombelag ergibt sich ebenfalls ein Drehmoment. Die Gleichung für den Läuferstrombelag lautet im ständerfesten Koordinatensystem

$$A_2(x_1, t) = \hat{A}_2 \cos(px_1 - \omega_1 t - \varphi_2 + \beta) \tag{3.39}$$

Die magnetische Spannung erhält man durch Integration des Strombelages

$$V_2(x_1, t) = R \int \hat{A}_2 \cos(px_1 - \omega_1 t - \varphi_2 + \beta) dx_1$$
$$= R \frac{\hat{A}_2}{p} \sin(px_1 - \omega_1 t - \varphi_2 + \beta) \tag{3.40}$$

und daraus die magnetische Induktion im Luftspalt durch Multiplikation der magnetischen Spannung mit μ_0/δ

$$B_2(x_1, t) = \frac{\mu_0}{\delta} \cdot V_2(x_1, t)$$
$$= \frac{\mu_0}{\delta} \cdot \frac{R\hat{A}_2}{p} \sin(px_1 - \omega_1 t - \varphi_2 + \beta)$$
$$= \hat{B}_2 \sin(px_1 - \omega_1 t - \varphi_2 + \beta) \tag{3.41}$$

Für die Berechnung des a s y n c h r o n e n D r e h m o m e n t e s kann wieder Gl. (3.36) verwendet werden:

$$m = \ell R^2 \int \hat{B}_2 \sin(px_1 - \omega_1 t - \varphi_2 + \beta) \hat{A}_1 \cos(px_1 - \omega_1 t - \varphi_1 + \beta) dx_1$$
$$= \ell R^2 \hat{B}_2 \hat{A}_1 \sin(\varphi_2 - \varphi_1) \tag{3.42}$$

Dieses Drehmoment ist dem einer Asynchronmaschine vergleichbar und wird deshalb auch als asynchrones Drehmoment bezeichnet. Im Synchronbetrieb ist dieser Momentenanteil Null, da der Läuferstrombelag Null ist.

Beim Hochlauf überlagern sich die beiden Drehmomentenanteile. Der Läuferkäfig muß so dimensioniert sein, daß das asynchrone Drehmoment der Gleichung (3.42) größer ist als das Pendelmoment der Gleichung (3.37) und der Motor bis zum Synchronismus beschleunigt wird.

4 Universalmotor

4.0 Einleitung

Kleine Kommutator-Reihenschluß-Motoren werden oft als Universalmotoren bezeichnet, weil sie sowohl bei Anschluß an ein Gleichstromnetz als auch bei Anschluß an ein Wechselstromnetz ein Drehmoment entwickeln. Heute werden sie allerdings fast ausschließlich mit Wechselstrom betrieben, sieht man vom Betrieb an einem Gleichstromsteller ab. Sie gehören zu den wichtigsten Kleinmotoren. Ihr Leistungsbereich liegt zwischen 0,5 W und etwa 2000 W, wobei meist die aufgenommene elektrische Leistung angegeben wird. Die Betriebsdrehzahl des Motors ist aufgrund des mechanischen Kommutators unabhängig von der Frequenz des speisenden Netzes, so daß im Gegensatz zur Asynchronmaschine Drehzahlen möglich sind, die wesentlich über 3000 min^{-1} liegen. Aufgrund der hohen Betriebsdrehzahlen lassen sich günstigere Leistungsgewichte erzielen, so daß der Universalmotor als Antrieb in tragbaren Werkzeugen und Haushaltsgeräten der Asynchronmaschine überlegen ist. Ein weiterer Vorteil ist die einfache und preiswerte Drehzahlstellmöglichkeit mittels Wicklungsanzapfung bzw. Phasenanschnittsteuerung. Der Universalmotor entwickelt ein mit fallender Drehzahl überproportional ansteigendes Drehmoment (Reihenschluß-Verhalten). Sein hohes Anzugsmoment kann vorteilhaft sein, z. B. beim Antrieb von Rührwerken, Schaltern und Bohrmaschinen. Bei letzteren ist die Gefahr des „Bohrer-Fressens" geringer. Andererseits erschwert ein bei Belastung so nachgiebiger Antrieb eine Regelung der Drehzahl. Nachteilig gegenüber Asynchronmotoren sind die höheren Kosten, verursacht durch den gewickelten Läufer, den Kommutator, den Bürstenapparat und durch die stets notwendige Funkentstörung. Kommutator und Bürsten erzeugen ein merkliches Geräusch und bedingen, da sie Verschleißteile sind, eine geringere Lebensdauer dieses Motors im Vergleich zum robusten Asynchronmotor.

4.1 Aufbau

Universalmotoren werden stets 2-polig gebaut. Das Wechselfeld macht es erforderlich, Ständer und Läufer zu blechen. In Bild 4.1 sind die üblichen Bauformen dargestellt. Motoren mit symmetrischem Schnitt werden häufiger verwendet, da sie sich meist leichter in das Arbeitsgerät integrieren lassen. Außerdem ist die Kühlung intensiver, und zwar insbesondere bei hohen Drehzahlen. Motoren mit asymmetrischem Schnitt sind dagegen kostengünstiger herzustellen, da ihre Fertigung einfacher zu automatisieren ist und sie weniger Material erfordern. Bild 4.1 zeigt verschiedene Ständerblechschnitte:

a) Schnitt für eine Maschinenwicklung mit längeren Polhörnern zum Festhalten der Drähte.

b) Schnitt für eine von Hand eingelegte Wicklung

c) Schnitt mit zwei Ständerspulen

d) Schnitt mit einer Ständerspule

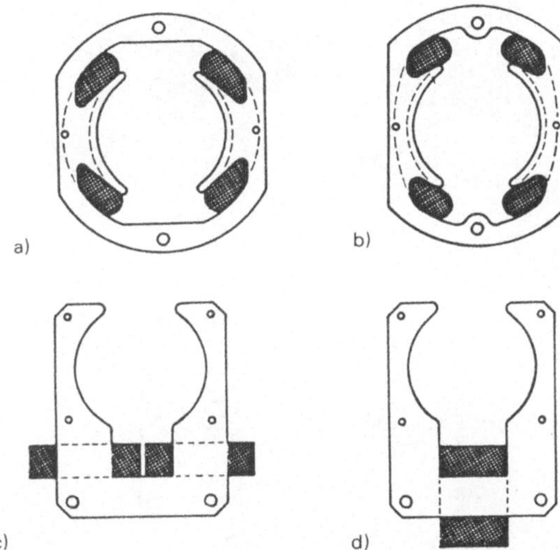

Bild 4.1
Ständerblechschnitte

Die Ständerwicklung besteht im allgemeinen aus zwei gleichen Teilen, zwischen die der Anker geschaltet wird. Auf diese Weise unterstützt die Drosselwirkung der beiden Spulen die Funkentstörung. Die Läuferwicklung, eine eingängige Schleifenwicklung, ist aus wickeltechnischen Gründen gesehnt: Da die Welle, um welche der Wickelkopf herumgeführt werden muß, im Vergleich zum Läuferdurchmesser relativ dick ist, lassen sich die Drähte bei gesehnten Spulen leichter einlegen. Außerdem können zwei Ankerspulen gleichzeitig gewickelt werden (Bild 4.2). Bei geraden Läufernutzahlen liegen die Spulen parallel zueinander. In der Fachsprache wird diese Wicklung als H-Wicklung bezeichnet. Die Anker-

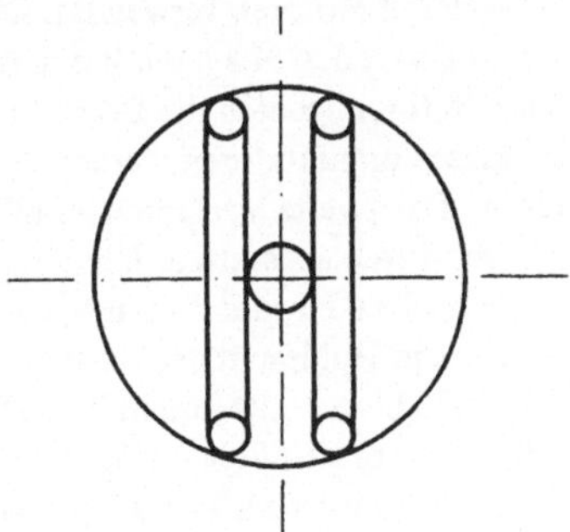

Bild 4.2
Spulenanordnung bei einer H-Wicklung

wicklung besteht stets aus zwei parallel geschalteten Zweigen, auf die sich der über die Bürsten fließende Motorstrom aufteilt. Die Anzahl der Pole 2p ist daher immer gleich der Anzahl der Ankerzweige 2a bzw. das Verhältnis dieser beiden Größen gleich 1.

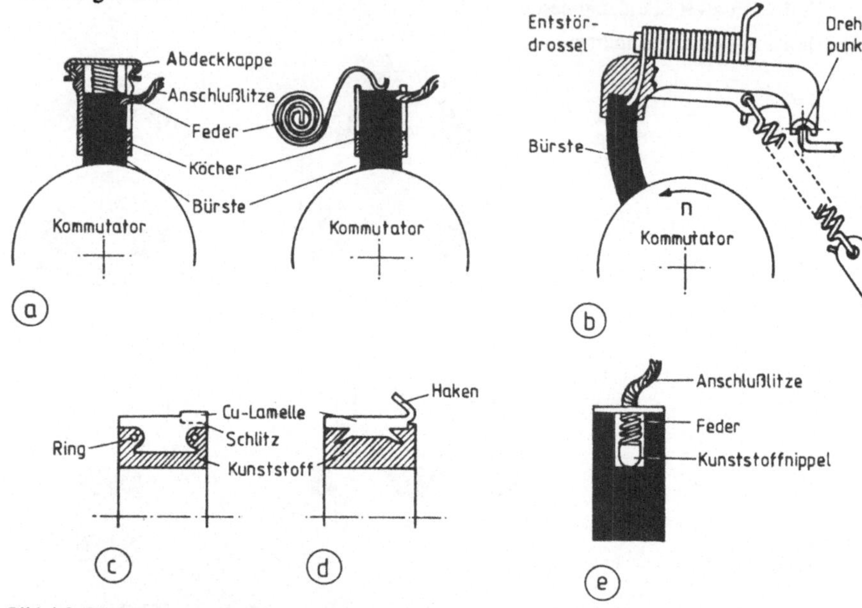

Bild 4.3 Bürstenapparat und Kommutator
a) Köcherbürstenhalter; b) Hammerbürstenhalter; c) Schlitzkommutator; d) Hakenkommutator; e) Bürste mit Abschalteinrichtung

Besondere Sorgfalt muß beim Universalmotor der Kommutierung und damit dem Kommutator und dem Bürstenapparat geschenkt werden, denn er besitzt aus Kostengründen weder eine Kompensations- noch eine Wendepolwicklung. Es werden Köcher- oder Hammerbürstenhalter verwendet (Bild 4.3a, b). Letztere sind billiger, werden jedoch überwiegend bei kleineren Motoren verwendet. Die Spulenenden der Läuferwicklung werden auf Schlitz- oder Hakenkommutatoren geführt (Bild 4.3c, d). In Schlitzkommutatoren werden die Drähte in Schlitze eingelegt und verlötet oder verstemmt. Bei Hakenkommutatoren werden die Drähte um Haken geführt, die zusammengeklemmt werden. Das zweite Verfahren ist billiger, weil es automatisierbar ist. Um den Kommutator nicht durch abgenutzte Bürsten zu beschädigen, sieht man häufig Bürsten mit Abschalteinrichtung vor (Bild 4.3e). Ist die Bürste bis zum Kunststoffnippel, der in einem Hohlraum der Bürste federnd angeordnet ist, abgearbeitet, so hebt dieser die Bürste ab und unterbricht den Stromkreis. Je nach Einbaugegebenheiten können die Bürsten vor den Polen (Mittenschaltung) oder in den Pollücken (Geradeausschaltung) angeordnet werden (Bild 4.4).

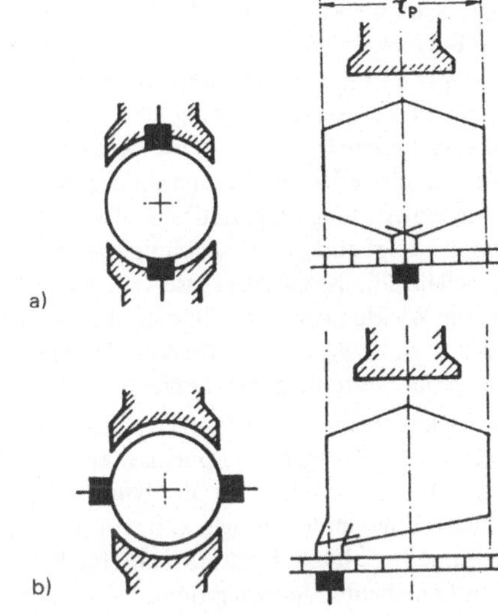

Bild 4.4
Schaltungsarten der Läuferwicklung
a) Mittenschaltung
b) Geradeausschaltung

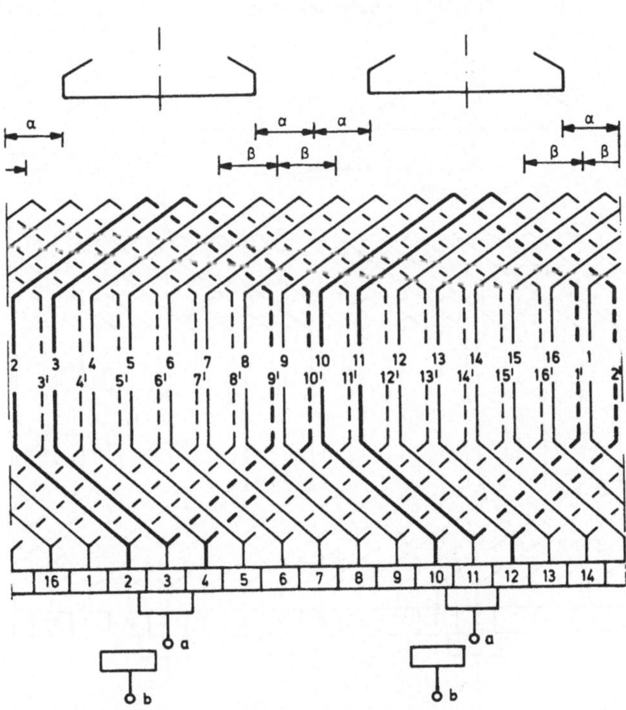

Bild 4.5 Wicklungsschema einer Schleifenwicklung
N = 16, K = 16, ohne (a) und mit (b) Bürstenverschiebung

Eine Verbesserung der Kommutierung kann erreicht werden, wenn die Bürsten aus der geometrisch neutralen Achse gegen die Drehrichtung verschoben werden. Dieselbe Wirkung kann aber auch durch eine Schaltverschiebung der Spulenanschlüsse erreicht werden, ohne daß die Bürsten aus der neutralen Achse verschoben werden müssen. An einem einfachen Beispiel soll dies erläutert werden. In den Bildern 4.5 und 4.6 ist eine eingängige, gesehnte Schleifenwicklung dargestellt, bei der die Nuten- und die Lamellenzahl gleich sind. Bild 4.7 zeigt eine Ankerwicklung, wie sie häufig ausgeführt wird, nämlich mit einer Lamellenzahl, die zwecks besserer Kommutierung doppelt so hoch wie die Nutenzahl ist. Die Wicklungen in den Bildern 4.5, 4.6 und 4.7 sind wie üblich um 1 Nutenteilung gesehnt, d. h. $W/\tau_p = 7/8$. W ist die Spulenweite, τ_p die Polteilung. Beide sind als Vielfaches der Nutteilung einzusetzen.

Im Wickelschema Bild 4.5 sind 1, 2, 3, . . ., 16 die in der Oberschicht der Nut 1, 2, 3, . . ., 16 liegenden Spulenseiten (durchgezogene Linien) und 1′, 2′, 3′, . . ., 16′ die in der Unterschicht der Nut 1, 2, 3, . . ., 16 liegenden Spulenseiten (gestrichelte Linien). Eine Spule, die sich z. B. aus den beiden Spulenseiten 1 und 8′ zusammensetzt, wird mit 1–8′ bezeichnet. Es wird eine Bürstenbreite angenommen, welche einer 1,5fachen Lamellenteilung entspricht. Ist das Bürstenpaar so angeordnet, daß sich die Bürsten direkt unter der Polmitte befinden (Lage a–a, Bild 4.5), so kommutieren die Spulen im

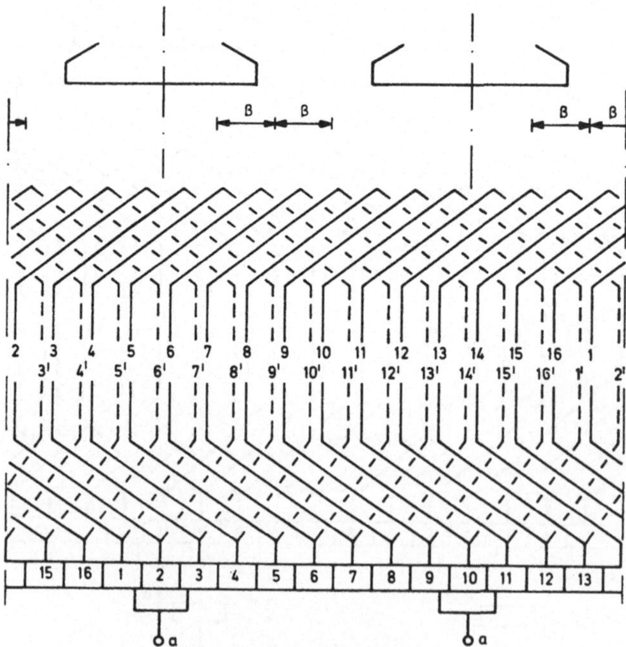

Bild 4.6 Wicklungsschema einer Schleifenwicklung
N = 16, K = 16, mit Schaltverschiebung

räumlichen Sektor α, also in der geometrisch neutralen Zone, wie man an den stärker ausgezogenen Spulen erkennt. Werden die Bürsten zum Beispiel um 1 Nutteilung bzw. einen Winkel von 22,5° gegen die Drehrichtung des Motors in die Lage b–b verschoben, so wird im Sektor β kommutiert.

Wenn die Bürsten ihre Lage a–a beibehalten, die einzelnen Spulen jedoch nicht wie in Bild 4.5 mit den Kommutatorlamellen verbunden werden, sondern mit den jeweils rechts daneben liegenden Lamellen (Bild 4.6), so entsteht eine Schaltverschiebung um 22,5°. Die von den Bürsten kurzgeschlossenen Spulen kommutieren ebenfalls im Sektor β.

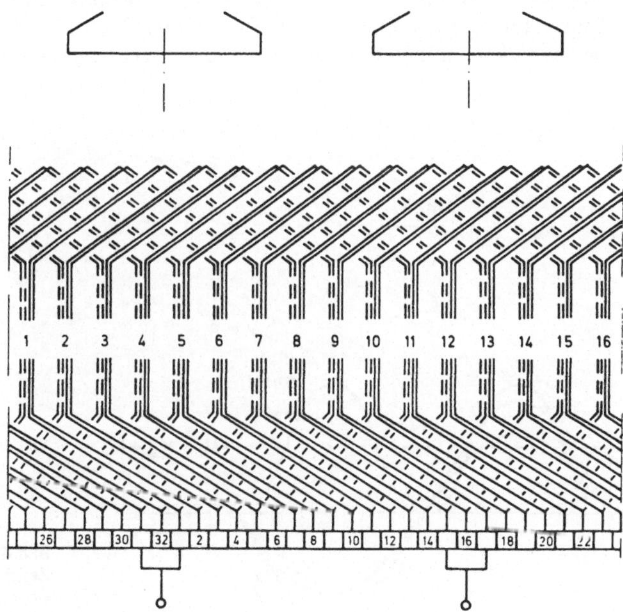

Bild 4.7 Wicklungsschema einer Schleifenwicklung N = 16, K = 32, mit Schaltverschiebung

4.2 Wirkungsweise

Die Drehmomentbildung erfolgt beim Universalmotor prinzipiell wie beim Gleichstrommotor. Der zeitliche Verlauf des Drehmomentes kann mit Hilfe der inneren Leistung $p_i(t) = u_{iAr}(t) \cdot i(t)$ berechnet werden, wobei u_{iAr} die rotatorisch in der Ankerwicklung induzierte Spannung ist und i der Ankerstrom. Für die rotatorisch induzierte Spannung gilt die im Abschnitt 4.3.2.1 abgeleitete Gleichung (4.10c)

$$u_{iAr}(t) = z_A \hat{\Phi}_h \cdot n \cdot \sin \omega t$$

Bei gleicher Phasenlage von i(t) und $u_{iAr}(t)$ ergibt sich mit $i = \hat{i} \sin \omega t$ für die innere Leistung

$$p_i(t) = z_A \hat{\Phi}_h \hat{i} \cdot n \cdot \sin^2 \omega t$$

und für das i n n e r e M o t o r m o m e n t

$$m_i(t) = \frac{p_i(t)}{2\pi n} = \frac{1}{2\pi} z_A \hat{\Phi}_h \hat{i} \cdot \frac{1 - \cos 2\omega t}{2}$$

Wie bei jeder einsträngigen Maschine p u l s i e r t also auch das D r e h m o m e n t des Universalmotors mit doppelter Netzfrequenz (Bild 4.8). Der Mittelwert des Motormomentes M_i kann mittels Gleichung (4.1) aus $m_i(t)$ bestimmt werden:

$$M_i = \frac{1}{T} \int_0^T m_i(t) \cdot dt \qquad (4.1)$$

$$M_i = \frac{1}{2\pi} z_A \frac{\hat{\Phi}_h \cdot \hat{i}}{2} \qquad (4.2)$$

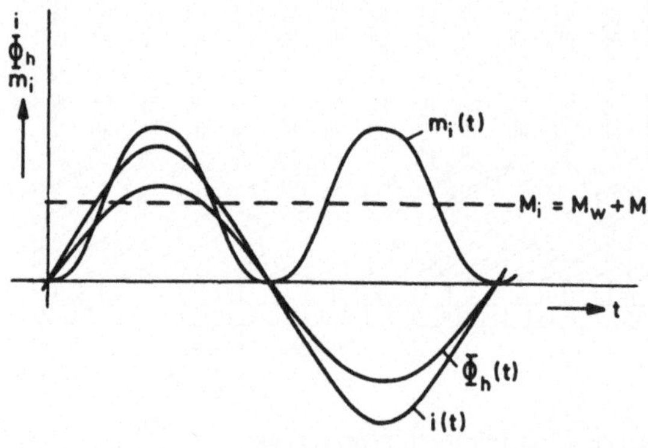

Bild 4.8
Zeitlicher Verlauf von Motorstrom, Hauptfluß und Motormoment

Wird der Motor mit einem konstanten Widerstandsmoment M_w belastet, so gilt bei stationärem Betrieb

$$M_i = M_w + M_v. \qquad (4.3)$$

Dabei ist M_i das innere Motormoment, M_w das an der Motorwelle abgegebene Drehmoment und M_v das mechanisch zu deckende Verlustmoment, hervorgerufen durch Eisen- und Reibungsverluste. Aufgrund der Gleichgewichtsbedingung der Drehmomente stellt sich eine mittlere Motordrehzahl ein. Da das Drehmoment in Wirklichkeit aber pendelt, überlagert sich der mittleren Drehzahl eine pendelnde Drehzahl: Ist $m_i(t) > M_w + M_v$, so wird der Antrieb beschleunigt. Ist $m_i(t) < M_w + M_v$, so wird der Antrieb abgebremst.

4.3 Induzierte Spannungen

4.3.1 Überblick

Der Motorstrom i erzeugt in der Erregerwicklung des Ständers eine Wechseldurchflutung $\Theta_E(t) = i(t) \cdot w_E$, wobei w_E die Gesamtwindungszahl der Erregerwicklung ist. Im Läufer erzeugt der Motorstrom i, der sich auf die beiden Ankerzweige aufteilt, eine Wechseldurchflutung $\Theta_A(t) = i(t) w_A/2$, wobei die Durchflutungsachse durch die Bürstenachse festgelegt ist. Sind die Bürsten und damit die Durchflutungsachse um den Winkel ϑ aus der neutralen Achse verdreht, so kann man sich die Ankerdurchflutung, wie Bild 4.9 zeigt, aus 2 Komponenten zusammengesetzt denken. Hier wie in den folgenden Abbildungen sind die Bürsten in ihrer symbolischen, nicht in ihrer tatsächlichen Lage dargestellt.

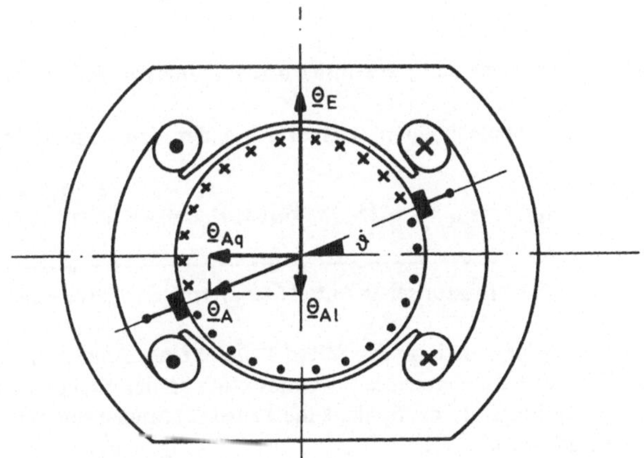

Bild 4.9
Erreger- und Ankerdurchflutung

Aus Bild 4.9 können die Komponenten der Ankerdurchflutung abgelesen werden: In Längsrichtung wirkt $\Theta_{A\ell} = \Theta_A \sin\vartheta$, in Querrichtung $\Theta_{Aq} = \Theta_A \cos\vartheta$. Die resultierende Längsdurchflutung ist

$$\Theta_{res} = \Theta_E - \Theta_A \sin\vartheta$$

$$\Theta_{res}(t) = i(t) w_E - \frac{i(t) w_A}{2} \sin\vartheta = i(t) \cdot \left(w_E - \frac{w_A}{2} \sin\vartheta \right) \qquad (4.4)$$

d. h. die Wirkung der Ständerdurchflutung wird um den Anteil $\Theta_A \cdot \sin\vartheta$ reduziert. Die resultierende Durchflutung Θ_{res} erzeugt den pulsierenden Hauptfluß Φ_h, der sowohl mit der Anker- als auch mit der Erregerwicklung verkettet ist. In der Erregerwicklung induziert er transformatorisch die Spannung U_{iEt}, in der rotierenden Ankerwicklung transformatorisch U_{iAt} und, wie bei der Gleichstrommaschine, rotatorisch die Spannung U_{iAr}. Die Querkomponente der Ankerdurchflutung Θ_{Aq} erregt den Fluß Φ_{Aq}, der sich im wesentlichen quer über die Ständerpole schließt. Er ist nicht mit der Erregerwicklung verkettet und daher wie ein Streufluß zu behandeln. Die von Φ_{Aq} im Anker induzierte Spannung wird mit U_{iAq} bezeichnet. Außerdem rufen Erreger- und Ankerdurchflutung je einen Streufluß $\Phi_{\sigma E}$ und $\Phi_{\sigma A}$ hervor, die die Streuspannungen $U_{i\sigma E}$ und $U_{i\sigma A}$ induzieren. Das folgende Schema soll die gerade beschriebenen Zusammenhänge verdeutlichen:

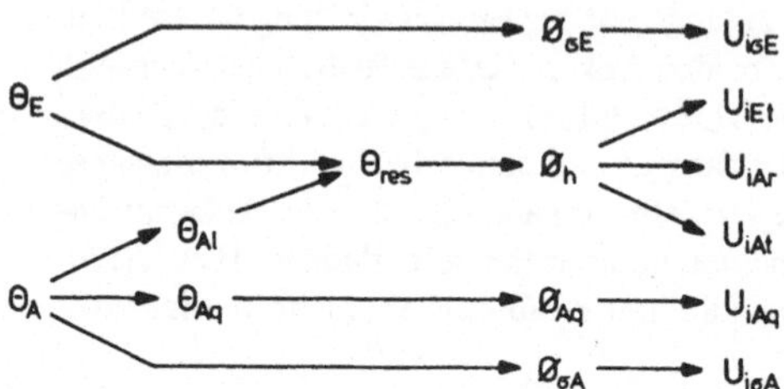

4.3.2 Rotatorisch und transformatorisch induzierte Ankerspannung

Rotiert eine Spule in einem zeitlich sich ändernden Magnetfeld, so gilt allgemein:

$$u_{isp} = \underbrace{-w_{sp}\ell v(B_N(x_2) - B_N(x_1))}_{\text{rotatorischer Anteil (4.5a)}} \underbrace{- w_{sp}\ell \int_{x_1}^{x_2} \frac{\partial B_N(x, t)}{\partial t} dx}_{\text{transformatorischer Anteil (4.5b)}} \tag{4.5}$$

x_1 und x_2 geben die Lage der Seiten 1 und 2 einer Ankerspule an; $B_N(x_1)$ und $B_N(x_2)$ sind die Normalkomponenten der Induktion an den Stellen x_1 und x_2 (Bild 4.10); w_{sp} ist die Windungszahl der Spule, ℓ die Länge der Spulenseite und v die Umfangsgeschwindigkeit der Spule.

Da hier die grundsätzlichen physikalischen Vorgänge untersucht werden sollen, wird vereinfachend angenommen, daß das Luftspaltfeld des Universalmotors räumlich cosinusförmig verteilt sei und sich zeitlich sinusförmig ändere. So kann es durch die stehende

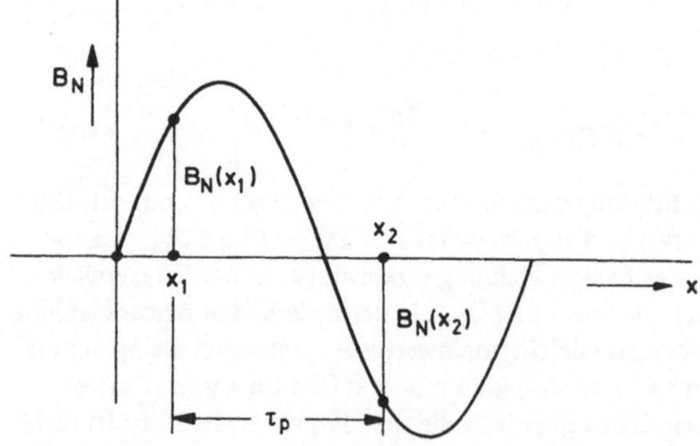

Bild 4.10
Erläuterung zur induzierten Spulenspannung gemäß Gleichung (4.5)

Welle

$$B(x, t) = \hat{B}_L \cos \frac{x}{\tau_p} \pi \sin \omega t \tag{4.6}$$

beschrieben werden, wobei τ_p die Polteilung ist. Läßt man die Sehnung außer Acht, weil sich dadurch an dem Grundsätzlichen nichts ändert, ist $x_2 = x_1 + \tau_p$ und damit $B(x_2, t) = -B(x_1, t)$. Unter dieser Bedingung ergibt sich, wenn man die Gleichung (4.6) in den ersten Term der Gleichung (4.5) einsetzt, für den rotatorischen Anteil der induzierten Spannung in einer Durchmesserspule

$$u_{isp} = 2w_{sp}\ell v\hat{B}_L \cos \frac{x_1}{\tau_p} \pi \sin \omega t. \tag{4.7}$$

Die partielle Ableitung von Gleichung (4.6) nach der Zeit führt auf den Ausdruck

$$\frac{\partial B_N(x, t)}{\partial t} = \hat{B}_L \omega \cos \frac{x}{\tau_p} \pi \cos \omega t$$

und die anschließende Integration auf

$$\int_{x_1}^{x_2} \frac{\partial B_N(x, t)}{\partial t} dx = -\hat{B}_L \omega \frac{2\tau_p}{\pi} \cos \omega t \sin \frac{x_1}{\tau_p} \pi.$$

Damit ergibt sich für den transformatorischen Anteil der Spannung in einer Durchmesserspule die Gleichung

$$u_{isp} = 2w_{sp}\ell\hat{B}_L \omega \frac{\tau_p}{\pi} \cos \omega t \sin \frac{x_1}{\tau_p} \pi. \tag{4.8}$$

Die induzierte Spannung eines Ankerzweiges erhält man aus der Summe der Spannungen, die in den einzelnen zum Wicklungszweig gehörigen und in Reihe geschalteten Spulen induziert werden. Die induzierten Spulenspannungen sind voneinander verschieden, da jede Spule eine andere Lage im Feld hat. Die Aufsummierung der Teilspannungen zur induzierten Ankerspannung wird zunächst an einem Anker mit N = 12 Nuten gezeigt. Die einzelnen Spulen (bzw. Spulenseiten) sollen sich in der in Bild 4.11 eingezeichneten Winkellage befinden. Wird $\frac{x}{\tau_p} \pi = \alpha$ gesetzt, so ergeben sich für die einzelnen Spulen die eingetragenen Winkel.

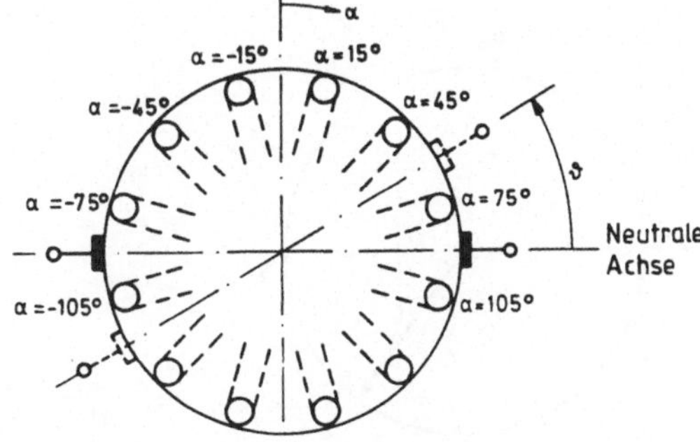

Bild 4.11
Winkellage der Spulenseiten

4.3.2.1 Rotatorisch induzierte Ankerspannung

Die rotatorisch induzierte Ankerspannung, die man an den in der geometrisch neutralen Achse liegenden Bürsten abgreifen kann, setzt sich zusammen aus den Spannungen der Spulen in den Winkellagen $\alpha = -75°$, $\alpha = -45°$, ..., $\alpha = +75°$. Aus Gleichung (4.7) folgt dann

$$u_{iAr} = 2\ell\hat{B}_L v \sin\omega t[w_{sp}\cos(-75°) + w_{sp}\cos(-45°) + \ldots + w_{sp}\cos(+75°)]. \tag{4.9}$$

Die Auswertung von Gleichung (4.9) führt man am einfachsten auf graphischem Wege durch. Das in Bild 4.12 dargestellte 12-Eck mit einer Seitenlänge, die der Spulenwindungszahl w_{sp} entspricht, ist so angeordnet, daß die Projektion der einzelnen Seiten auf die Abszisse den Klammerausdruck in Gl. (4.9) ergibt. Es gilt

$$w_{sp}\cos(-75°) + w_{sp}\cos(-45°) + \ldots + w_{sp}\cos(+75°) = \overline{AB}.$$

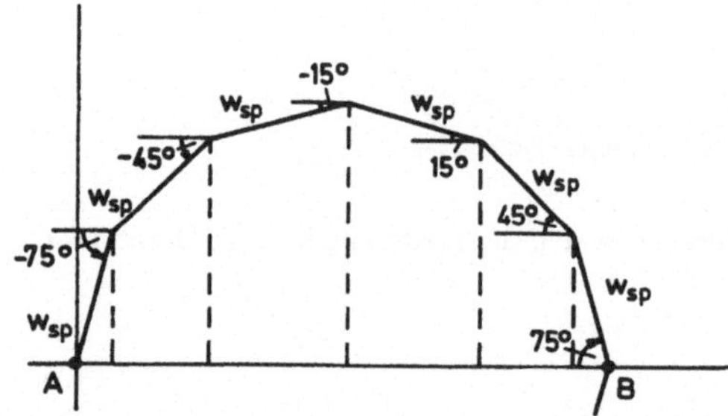

Bild 4.12
Grafische Darstellung der Gleichung (4.9)

Ersetzt man den Anker mit den 12 am Umfang verteilten Spulen durch einen Anker mit fein verteilter Wicklung (N Spulen am Umfang) und entsprechend großer Kommutatorlamellenzahl, so kann das N-Eck in Bild 4.13 näherungsweise durch einen Kreis ersetzt werden. Für diesen Sonderfall läßt sich die Strecke $\overline{AB}$ leicht ermitteln. Aus den beiden Beziehungen $\overline{AB} = 2R$ und $\widehat{AB} = \pi R$ folgt

$$\overline{AB} = \frac{2}{\pi}\widehat{AB}.$$

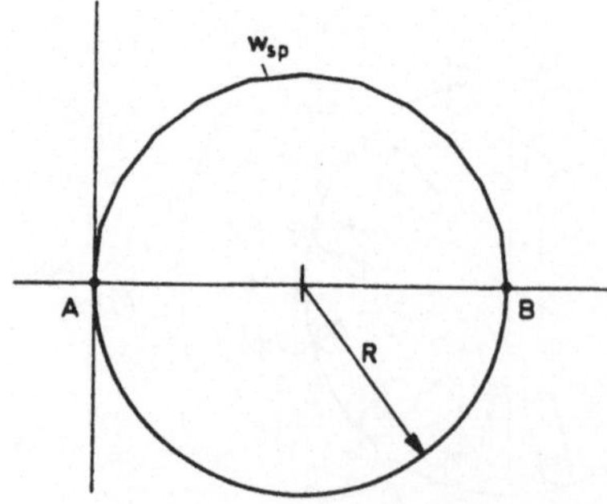

Bild 4.13
Übergang auf eine fein verteilte Wicklung

Die Bogenlänge über $\overline{AB}$ entspricht der Anzahl der Windungen eines Ankerzweiges w_{zw}. Bei N/2 Spulen je Ankerzweig und w_{sp} Windungen einer Spule ist

$$w_{zw} = \frac{N}{2} w_{sp}.$$

Für den Halbkreis über $\overline{AB}$ gilt also

$$\widehat{AB} = \frac{N}{2} w_{sp} = w_{zw}.$$

Damit wird

$$\overline{AB} = \frac{2}{\pi} w_{zw}.$$

Der Klammerausdruck in Gleichung (4.9) kann somit durch $\frac{2}{\pi} w_{zw}$ ersetzt werden, so daß Gleichung (4.9) in den folgenden Ausdruck übergeht:

$$u_{iAr}(t) = 2w_{zw} \frac{2}{\pi} \ell \hat{B}_L v \sin \omega t \tag{4.10a}$$

Dabei ist die Umfangsgeschwindigkeit

$$v = 2\tau_p pn, \tag{4.11}$$

der Hauptfluß

$$\hat{\Phi}_h = \frac{2}{\pi} \tau_p \ell \hat{B}_L \tag{4.12}$$

und die Windungszahl eines Ankerzweiges

$$w_{zw} = \frac{z_A}{2 \cdot 2a}.$$

2a ist die Anzahl der parallelen Ankerzweige. Dies in Gleichung (4.10a) eingesetzt, führt auf

$$u_{iAr}(t) = z_A \frac{p}{a} \hat{\Phi}_h n \sin \omega t. \tag{4.10b}$$

Universalmotoren werden stets zweipolig und mit einer eingängigen Schleifenwicklung gebaut. Daher ist immer p = a und somit

$$u_{iAr}(t) = z_A \hat{\Phi}_h n \sin \omega t. \tag{4.10c}$$

Die rotatorisch induzierte Ankerspannung $u_{iAr}(t)$ und der Hauptfluß $\Phi_h(t)$ haben gleiche Phasenlage. Die Gleichung für den Effektivwert der Spannung lautet:

$$U_{iAr} = z_A \frac{\hat{\Phi}_h}{\sqrt{2}} n \tag{4.10d}$$

4.3.2.2 Transformatorisch induzierte Ankerspannung

Die transformatorisch induzierte Ankerspannung wird ebenfalls aus den einzelnen Spulenspannungen aufsummiert. Zur Berechnung muß jetzt Gleichung (4.8) herangezogen werden. Für die in Bild 4.11 dargestellte augenblickliche Lage der Spulen gilt

$$u_{iAt} = 2\ell\hat{B}_L\omega\frac{\tau_p}{\pi}\cos\omega t[w_{sp}\sin(-75°) + w_{sp}\sin(-45°) + \ldots + w_{sp}\sin(+75°)]. \tag{4.13}$$

Die Auswertung des Klammerausdruckes in Gleichung (4.13) erfolgt wie in Abschnitt 4.3.2.1. Allerdings werden die einzelnen Seiten des 12-Ecks jetzt auf die Ordinate projiziert (Bild 4.14). Die Addition der einzelnen in der Klammer stehenden Terme ergibt Null. In den Spulen der beiden Ankerzweige wird zwar transformatorisch eine Spannung induziert, die Summenspannung ist bei Lage der Bürsten in der neutralen Achse jedoch Null.

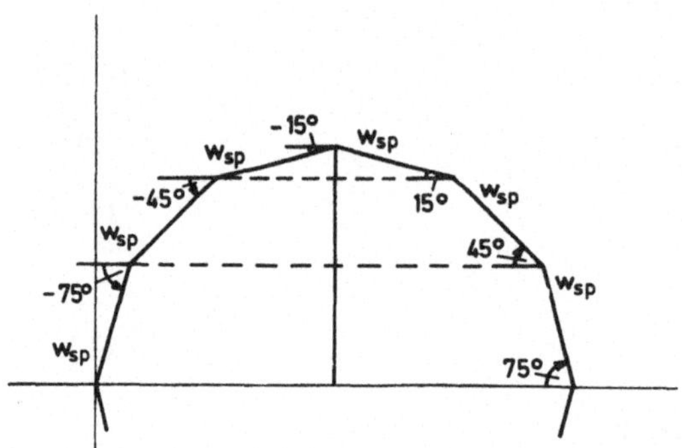

Bild 4.14
Grafische Darstellung der Gleichung (4.13)

4.3.2.3 Induzierte Spannungen bei Verschiebung der Bürsten aus der neutralen Achse

Werden die Bürsten aus der neutralen Achse verschoben, so ändert sich die Zuordnung der Spulen zu den Ankerzweigen. Für die dargestellte Winkellage der Spulen und einen Verschiebungswinkel von $\vartheta = -30°$ (Bild 4.11 gestrichelt), sind die Teilspannungen der in den Winkellagen $\alpha = -105°$, $\alpha = -75°$, ... und $\alpha = +45°$ befindlichen Spulen zu addieren. Mit Gleichung (4.7) berechnet sich die rotatorisch induzierte Spannung zu

$$u_{iAr} = 2\ell\hat{B}_L v\sin\omega t[w_{sp}\cos(-105°) + w_{sp}\cos(-75°) + \ldots + w_{sp}\cos(+45°)]. \tag{4.14}$$

Da sich in Bild 4.15 cos (−105°) und $\underline{\cos(-75°)}$ aufheben, entspricht der Klammerausdruck in Gleichung (4.14) jetzt der Strecke $\overline{A^*B^*}$:

$$w_{sp}\cos(-105°) + w_{sp}\cos(-75°) + \ldots + w_{sp}\cos(+45°) = \overline{A^*B^*}$$

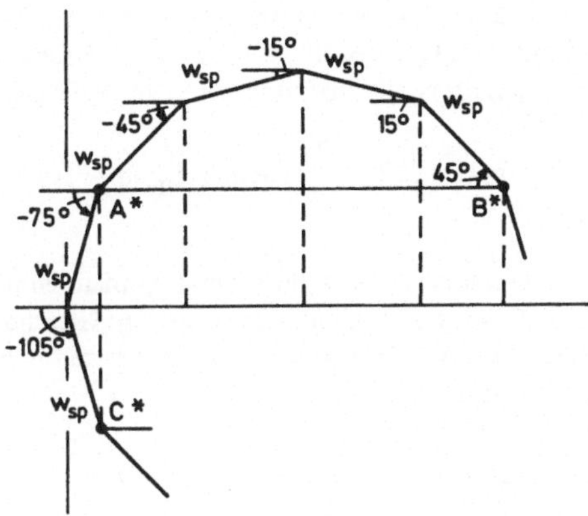

Bild 4.15
Berücksichtigung der Bürstenverschiebung

Bei Übergang auf eine fein verteilte Wicklung kann das Vieleck wieder durch einen Kreis angenähert werden. In Abschnitt 4.3.2.1 wurde hergeleitet, daß der Durchmesser des Kreises im Bild 4.13 $\overline{AB} = 2w_{zw}/\pi$ ist. Der Zusammenhang zwischen $\overline{AB}$ und $\overline{A^*B^*}$ kann mit Hilfe von Bild 4.16 ermittelt werden:

$$\overline{A^*B^*} = \overline{AB} \cos \vartheta = \frac{2}{\pi} w_{zw} \cos \vartheta$$

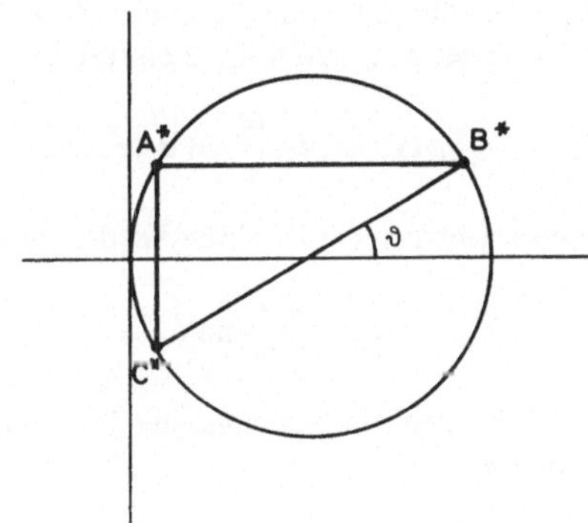

Bild 4.16
Rotatorisch und transformatorisch induzierte Ankerspannung bei fein verteilter Wicklung

Bei Verschiebung der Bürsten um den Winkel ϑ geht die Gleichung (4.10c) für den Augenblickswert über in

$$u_{iAr} = z_A \hat{\Phi}_h n \cos \vartheta \sin \omega t \tag{4.15a}$$

und die Gleichung (4.10d) für den Effektivwert über in

$$U_{iAr} = z_A \frac{\hat{\Phi}_h}{\sqrt{2}} n \cos \vartheta . \tag{4.15b}$$

Die Phasenlage der rotatorisch induzierten Ankerspannung ist von der Bürstenverschiebung unabhängig, die Amplitude ändert sich in Abhängigkeit von ϑ. Für den Bürstenverschiebungswinkel $\vartheta = 0$ nimmt U_{iAr} einen maximalen Wert an, für $\vartheta = 90°$ ist $U_{iAr} = 0$.

Sind die Bürsten in der neutralen Achse angeordnet, ist die transformatorisch induzierte Spannung Null (Abschnitt 4.3.2.2). Bei Verschiebung der Bürsten um den Winkel ϑ heben sich die Spulenspannungen nicht mehr alle auf. Statt der Gleichung (4.13) gilt nun

$$u_{iAt} = 2\ell\hat{B}_L\omega\frac{\tau_p}{\pi}\cos\omega t[w_{sp}\sin(-105°) + w_{sp}\sin(-75°) + \ldots + w_{sp}\sin(+45°)]. \tag{4.16}$$

In der Klammer verschwinden alle Summanden mit Ausnahme von $w_{sp}\sin(-105°)$ und $w_{sp}\sin(-75°)$. Der Klammerausdruck in Gleichung (4.16) entspricht der Strecke $\overline{A^*C^*}$ in Bild 4.15. Bei Übergang auf die fein verteilte Wicklung kann Bild 4.15 durch Bild 4.16 ersetzt und daraus

$$\overline{A^*C^*} = \overline{AB}\sin\vartheta = \frac{2}{\pi}w_{zw}\sin\vartheta$$

abgelesen werden. Der zeitliche Augenblickswert der transformatorisch induzierten Spannung ist damit

$$u_{iAt} = 2\ell\hat{B}_L\omega\frac{\tau_p}{\pi}\frac{2}{\pi}w_{zw}\sin\vartheta\cos\omega t$$

oder, wenn die Induktion durch den Fluß (Gleichung (4.12)) und die Windungszahl eines Zweiges w_{zw} durch $w_A/2$ ersetzt wird,

$$u_{iAt}(t) = w_A\hat{\Phi}_h\frac{\omega}{\pi}\sin\vartheta\cos\omega t. \tag{4.17}$$

Daraus ergibt sich der Effektivwert der transformatorisch induzierten Spannung zu

$$U_{iAt} = w_A\frac{\hat{\Phi}_h}{\sqrt{2}}\frac{\omega}{\pi}\sin\vartheta \tag{4.18}$$

Für den Bürstenverschiebungswinkel $\vartheta = 0$ ist $U_{iAt} = 0$, für $\vartheta = \frac{\pi}{2}$ erreicht U_{iAt} den Maximalwert:

$$U_{iAt} = w_A\frac{\hat{\Phi}_h}{\sqrt{2}}\frac{\omega}{\pi}$$

4.4 Kommutierung

Wird in Bild 4.5 der Einfachheit halber die Bürstenbreite gleich der Kommutatorlamellenbreite gewählt, so kann die Ankerwicklung sehr übersichtlich dargestellt und das Wesen der Kommutierung leicht verständlich beschrieben werden. Liegt das Bürstenpaar z. B. auf den Lamellen 3 und 11, so sind in einem der beiden Ankerzweige die Spulen 3–10′, 4–11′, ..., 10–1′ und im anderen, parallel geschalteten Zweig die Spulen 9′–2, 8′–1, ..., 2′–11 in Reihe geschaltet (Bild 4.17).

Läuft nun der Kommutator über das stillstehende Bürstenpaar a–a hinweg, so ergibt sich, wenn die Bürsten auf den Lamellen 2 und 10 liegen, folgende Reihenschaltung der Spulen je Zweig: 2–9′, 3–10′, . . ., 9–16′ bzw. 8′–1, 7′–16, . . ., 1′–10 (Bild 4.18). Die Spule 9′–2 hat den rechten Zweig 2 verlassen und ist in den linken Zweig 1 eingetreten. Gleichzeitig hat 10–1′ den linken Zweig verlassen und ist in den rechten Zweig eingetreten. Das Überwechseln einer Spule von einem in den anderen parallelen Zweig und die mit der Umschaltung der Spulenanschlüsse verbundene Stromumkehr in der Spule bezeichnet man als K o m m u t i e r u n g. Der eigentliche Kommutierungsvorgang ist in den Bildern 4.17 und 4.18 nicht dargestellt.

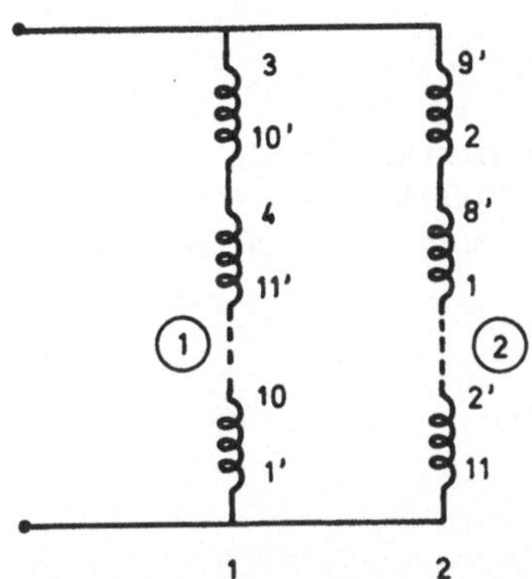

Bild 4.17 Zerlegung der Ankerwicklung in zwei parallele Ankerzweige. Kohlebürsten im Bild 4.5 auf den Lamellen 3 und 11

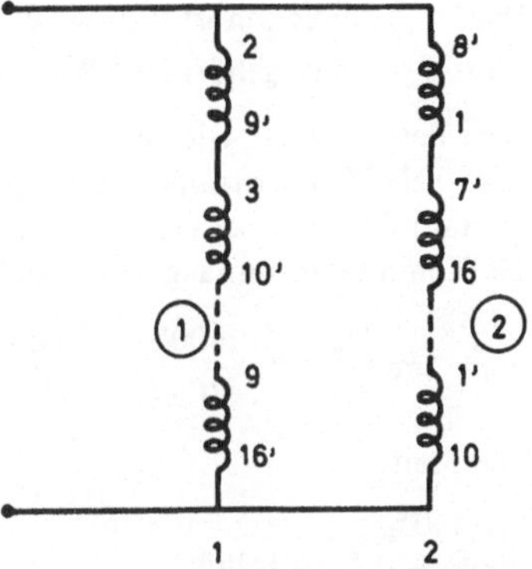

Bild 4.18 Zerlegung der Ankerwicklung in zwei parallele Ankerzweige. Kohlebürsten im Bild 4.5 auf den Lamellen 2 und 10

Die Richtungsumkehr des Zweigstromes erfolgt bei Gleichstrommaschinen, wenn in der kommutierenden Spule keine Spannungen induziert werden und der ohmsche Widerstand der Spule vernachlässigt wird, innerhalb der K o m m u t i e r u n g s z e i t T_K l i n e a r (Bild 4.19).

Beim Universalmotor ändern sich die Zweigströme zeitlich: Der Strom kommutiert daher nicht wie bei der Gleichstrommaschine zwischen zwei betragsmäßig gleichen Wer-

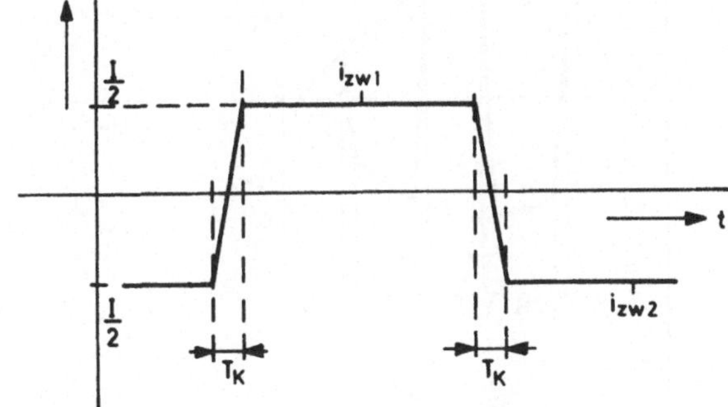

Bild 4.19 Zeitlicher Verlauf des Spulenstromes beim Gleichstrommotor. Lineare Kommutierung

ten, nämlich von $+i/2$ auf $-i/2$, sondern von $+\hat{i}/2 \sin \omega t_1$ auf $-\hat{i}/2 \sin (\omega t_1 + \omega T_K)$, wobei t_1 der Zeitpunkt ist, zu dem der Kommutierungsvorgang beginnt. Ist T_K jedoch genügend klein, so kann auch hier lineare Kommutierung angenommen werden.

Das Kommutierungsbild für eine Ankerspule eines Universalmotors unterscheidet sich aufgrund der zeitlich sich ändernden Zweigströme stark vom Kommutierungsbild beim Gleichstrommotor, wie ein Vergleich der Bilder 4.19 und 4.20 zeigt. Bild 4.20 veranschaulicht, daß je nach Kommutierungszeitpunkt verschieden große Zweigströme kommutiert werden müssen.

Zeitabschnitt T_K: Spule kommutiert

Zeitabschnitt T_1: Spule gehört zum Wicklungszweig 1

Zeitabschnitt T_2: Spule gehört zum Wicklungszweig 2

Das folgende Beispiel zeigt, wie kurz die Kommutierungszeit im Vergleich zur Periodendauer eines 50 Hz-Wechselstromes ist. Gegeben sei die Motordrehzahl $n = 6000 \text{ min}^{-1}$, der Kommutatordurchmesser $D_K = 25$ mm und die Lamellenzahl $K = 16$. Daraus errechnet sich die Kommutatorumfangsgeschwindigkeit zu

$$v_K = 2\pi n \frac{D_K}{2} = 2\pi \frac{6000}{60 \text{ sec}} \cdot \frac{25 \text{ mm}}{2} = 7854 \frac{\text{mm}}{\text{sec}}, \tag{4.19}$$

die Lamellenbreite zu

$$b_L = \frac{\pi D_K}{K} = 4{,}91 \text{ mm} \tag{4.20}$$

und die Kommutierungszeit zu

$$T_K = \frac{b_L}{v_K} = 0{,}625 \text{ msec}. \tag{4.21}$$

Zum Vergleich: Die halbe Periodendauer T/2 des 50 Hz-Wechselstromes beträgt 10 msec. Die bei der linearen Kommutierung getroffenen Vernachlässigungen sind im allgemeinen nicht zulässig, da in der kurzgeschlossenen Spule drei induzierte Spannungen wirksam werden, die den Kommutierungsvorgang maßgeblich beeinflussen.

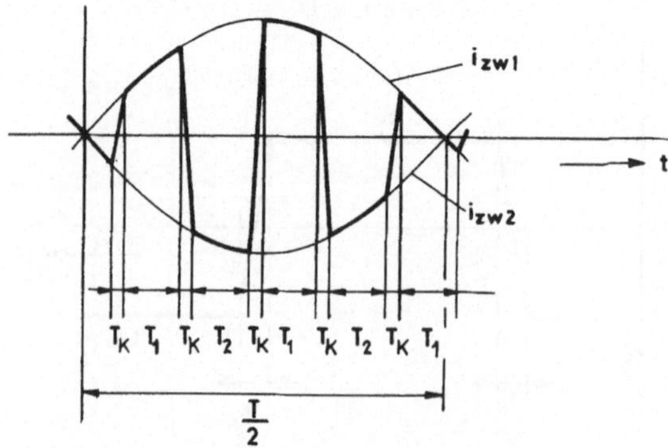

Bild 4.20
Zeitlicher Verlauf des Spulenstromes beim Universalmotor. Lineare Kommutierung

4.4.1 Stromwendespannung

Die Stromwendespannung $u_{i\sigma}$ tritt beim Gleich- und beim Universalmotor auf. Sie ist eine Selbstinduktionsspannung, die durch die Selbstinduktivität L_σ der kurzgeschlossenen Spule und durch die Stromänderung ΔI, die der Spule innerhalb der Kommutierungszeit T_K aufgezwungen wird, verursacht wird:

$$u_{i\sigma} = L_\sigma \frac{\Delta I}{T_K}$$

Der Strom ändert sich während der Kommutierungszeit vom Zweigstrom $+i_{zw1}$ zum Zweigstrom $-i_{zw2}$; also ist $\Delta I = i_{zw1} - (-i_{zw2})$. Mit Gleichung (4.19) und Gleichung (4.21) ergibt sich für die Stromwendespannung

$$u_{i\sigma} = L_\sigma \Delta I \cdot \frac{2\pi n}{b_L} \cdot \frac{D_K}{2}. \tag{4.22}$$

Die Selbstinduktionsspannung $U_{i\sigma}$ wirkt ihrer Ursache entgegen (Lenz'sche Regel), verzögert also die Stromumkehr. Die Kommutierung ist daher nicht mehr linear. Wird angenommen, daß die Bürstenbreite gleich der Lamellenbreite ist, wird von jeder der beiden Kohlebürsten immer nur eine Spule kurzgeschlossen. Wird außerdem die Isolierschicht zwischen den Kommutatorlamellen als sehr dünn angenommen, erfolgt die Stromwendung der einzelnen, in Reihe geschalteten Spulen unmittelbar nacheinander: Es ergibt sich das in Bild 4.21 dargestellte Kommutierungsbild der nacheinander kommutierenden Spulen. Dagegen ist in Bild 4.20 das Kommutierungsbild einer einzigen Spule dargestellt. Da sich der Motorstrom zeitlich ändert, ergeben sich für $U_{i\sigma}$ verschiedene Werte: Kommutiert eine Spule zu einem Zeitpunkt, zu dem der Motorstrom seinen Nulldurchgang hat, ist $U_{i\sigma}$ klein, da $\Delta I/T_K$ klein ist. Kommutiert die Spule bei großem Ankerstrom, hat $U_{i\sigma}$ einen entsprechend größeren Wert.

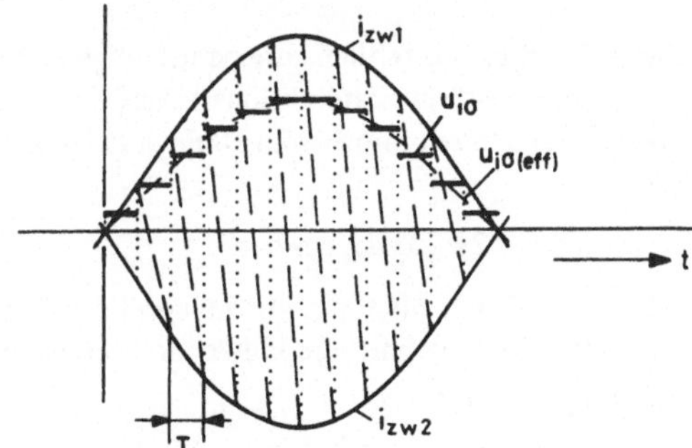

Bild 4.21
Phasenlage der effektiven Stromwendespannung

$U_{i\sigma}$ ist in den einzelnen Kommutierungsabschnitten nur dann konstant, wenn vereinfachend lineare Kommutierung angenommen wird. Um das Zusammenwirken verschiedener Spannungen in den kurzgeschlossenen Spulen übersichtlich darstellen zu können, wird die Treppenkurve der Stromwendespannungen durch einen sinusförmigen

Verlauf angenähert und als effektive Stromwendespannung $U_{i\sigma(eff)}$ bezeichnet. Die effektive Stromwendespannung und der Motorstrom haben gleiche Phasenlage.

4.4.2 In der kurzgeschlossenen Spule rotatorisch induzierte Spannung

In den jeweils kurzgeschlossenen Ankerspulen wird, wie in den anderen Ankerspulen auch, rotatorisch eine Spannung induziert. Allerdings dürfen die Spannungen in den kurzgeschlossenen Spulen nicht mit den anderen Spulenspannungen zur Ankerspannung aufsummiert werden. Die rotatorisch induzierte Spannung in einer einzelnen, im zeitlich sich ändernden Feld rotierenden Spule berechnet sich nach Gleichung (4.7) zu

$$u_{ir} = 2w_{sp}\ell v\hat{B}_L \sin \omega t \cos \alpha. \tag{4.23}$$

Es ergibt sich eine vom Drehwinkel α und von der Zeit t abhängige Spannung. Gleichung (4.23) ist am einfachsten zu interpretieren, wenn man die Vernachlässigung zuläßt, daß sich während der Kommutierungszeit T_K das Erregerfeld zeitlich nicht ändere.

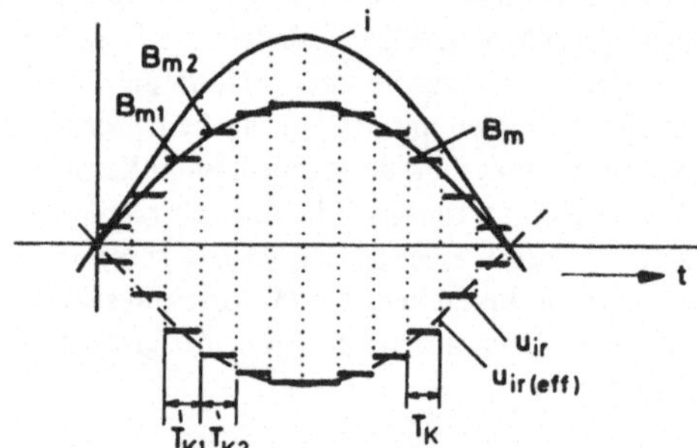

Bild 4.22
Phasenlage der effektiven, rotatorisch induzierten Spulenspannung

In Bild 4.22 ist in den zeitlich aufeinanderfolgenden Kommutierungsabschnitten T_{K1}, T_{K2}, ... der sinusförmige Induktionsverlauf durch den jeweiligen Mittelwert $B_{m1}, B_{m2}, \ldots$ ersetzt. U_{ir} ist dann nur noch vom Drehwinkel α abhängig und Gleichung (4.23) geht über in

$$u_{ir}(\alpha) = 2w_{sp}\ell v B_m \cos \alpha. \tag{4.24}$$

Gleichung (4.24) gilt allerdings nur während der Kommutierungszeit T_K einer Spule, da nur für diesen Zeitabschnitt die Induktion B konstant angenommen wird.
Während T_{K1} ist also

$$u_{ir1}(\alpha) = 2w_{sp}\ell v B_{m1} \cos \alpha \tag{4.25a}$$

und während T_{K2}

$$u_{ir2}(\alpha) = 2w_{sp}\ell v B_{m2} \cos \alpha \tag{4.25b}$$

usw.

In Bild 4.23 ist eine Bürstenverschiebung um den Winkel ϑ gegen die Drehrichtung des Motors gewählt, so daß die Spulenseiten der kommutierenden Spulen die stark ausgezogenen Bögen durchlaufen. Der zum Kommutierungssektor gehörige mittlere Winkel

$$\alpha = -\left(\frac{\pi}{2} + \vartheta\right)$$

ist für alle kommutierenden Spulen derselbe.

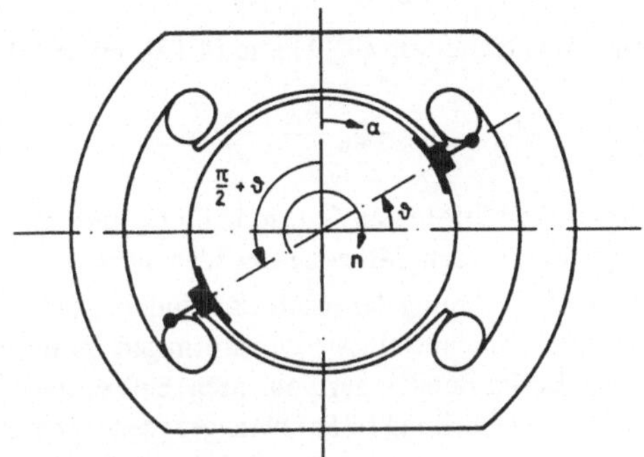

Bild 4.23
Kommutierungszone bei Verschiebung der Bürsten

In Bild 4.24 sind die Gleichungen (4.25a, b) dargestellt.

Die während der Kommutierung wirksamen rotatorisch induzierten Spannungen entsprechen den stark ausgezogenen Kurvenstücken. Den Mittelwert erhält man durch Einsetzen von $\alpha = -(\pi/2 + \vartheta)$. Die Gleichungen (4.25a, b) gehen über in

$$u_{ir1} = 2w_{sp}\ell vB_{m1} \cos\left(-\left(\frac{\pi}{2} + \vartheta\right)\right) = -2w_{sp}\ell vB_{m1} \sin \vartheta \qquad (4.26a)$$

bzw. in $u_{ir2} = -2w_{sp}\ell vB_{m2} \sin \vartheta$ (4.26b)

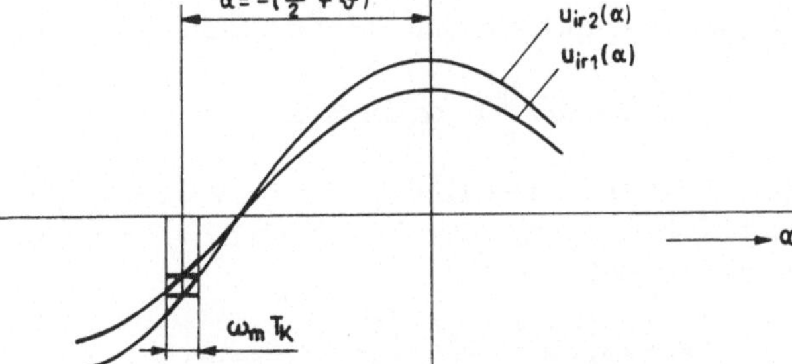

Bild 4.24
Die rotatorisch induzierte Spannung in der kommutierenden Spule in Abhängigkeit vom Bürstenverschiebungswinkel

Die einzelnen Spannungen sind also nur von B_m abhängig, wenn alle anderen Größen in Gleichung (4.26) konstant bleiben. Aufgrund der Verschiebung der Bürsten gegen die Drehrichtung des Motors haben die Spannungen negatives Vorzeichen. In Bild 4.22 sind die während der Kommutierungsabschnitte wirksamen rotatorisch induzierten Spannungen eingezeichnet. Es ergibt sich wiederum ein treppenförmiger Verlauf. Die durch den Sinusbogen angenäherte Spannung wird als effektive rotatorische Spannung $U_{ir(eff)}$ bezeichnet. $U_{ir(eff)}$ und I sind in Gegenphase.

Für den Mittelwert $B_m = 0$ (t = 0) verschwindet die in der kurzgeschlossenen Spule induzierte Spannung: $U_{ir} = 0$; Für den Mittelwert $B_m = B_L(t = T/4)$ erreicht die Spannung ihren Maximalwert

$$U_{ir} = U_{ir(max)} = -2w_{sp}\ell v\hat{B}_L \sin\vartheta.$$

Mit den Gleichungen (4.11) und (4.12), mit p = 1 und $w_{sp} = \frac{w_A}{k}$ wird daraus

$$U_{ir(max)} = -\hat{\Phi}_h \frac{w_A}{k} 2\pi n \sin\vartheta. \tag{4.27}$$

Liegen alle Motordaten fest, so kann U_{ir} nur mit Hilfe des Bürstenverschiebungswinkels ϑ eingestellt werden. Mit zunehmender Bürstenverschiebung wird auch U_{ir} größer.

Für die Berechnung der rotatorisch induzierten Spannung in der kurzgeschlossenen Spule stellt die Annahme eines cosinusförmigen Induktionsverlaufes in der Kommutierungszone, also im Bereich der Polkanten, eine grobe Näherung dar. Für die genauere Berechnung muß Gleichung (4.5a) herangezogen werden:

$$u_{ir} = -w_{sp}\ell v(B_N(x_2) - B_N(x_1))$$

Die zeitlich sich ändernde Induktion wird wieder (wie in Bild 4.22) durch den jeweiligen Mittelwert ersetzt. Die auf die Spulenseiten während der Kommutierung einwirkende Normalkomponente der Induktion $B_N(x_1)$ bzw. $B_N(x_2)$ kann exakt nur mit Hilfe eines Feldlinienbildes bestimmt werden. Ist die räumliche Induktionsverteilung in der Kommutierungszone bekannt, so kann u_{ir} in Abhängigkeit vom Drehwinkel bestimmt und der räumliche Mittelwert gebildet werden.

4.4.3 In der kurzgeschlossenen Spule transformatorisch induzierte Spannung

Die transformatorisch induzierte Spannung berechnet sich nach Gleichung (4.8) zu

$$u_{it} = 2w_{sp}\ell\omega \frac{\tau_p}{\pi} \hat{B}_L \cos\omega t \sin\alpha \tag{4.28}$$

u_{it} ist also wie u_{ir} eine Funktion von α und t. Vernachlässigt man die Abhängigkeit vom Drehwinkel, so kann für α der mittlere Winkel $-(\pi/2 + \vartheta)$ eingesetzt werden. Aus Gleichung (4.8) folgt:

$$u_{it} = 2w_{sp}\ell\omega \frac{\tau_p}{\pi} \sin\left(-\left(\frac{\pi}{2} + \vartheta\right)\right)\hat{B}_L \cos\omega t$$

Auch u_{it} ist nur im Zeitabschnitt T_K in der jeweils kommutierenden Spule wirksam, so daß die Berechnung der transformatorisch induzierten Spannung ebenfalls abschnittsweise erfolgen muß. Während der Kommutierungszeit wird die zeitlich cosinusförmig sich ändernde Induktion durch ihren Mittelwert B_m angenähert (Bild 4.25).

Für die transformatorisch induzierte Spannung gilt dann

$$U_{it} = -2w_{sp}\ell\omega \frac{\tau_p}{\pi} \cos\vartheta \cdot B_m \tag{4.29}$$

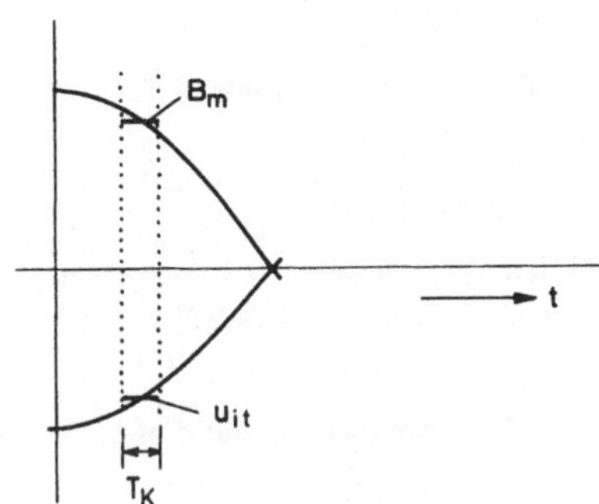

Bild 4.25
Transformatorisch induzierte Spannung

Für den Mittelwert $B_m = 0$ ($t = T/4$) verschwindet die in der kurzgeschlossenen Spule transformatorisch induzierte Spannung: $U_{it} = 0$. Für den Mittelwert $B_m = \hat{B}_L$ ($t = 0$) ergibt sich der Maximalwert

$$U_{it(max)} = -\hat{\Phi}_h w_{sp}\omega \cos\vartheta \tag{4.30}$$

Die transformatorisch induzierte Spannung kann auch auf andere Weise berechnet werden. Wird der zeitlich sinusförmig sich ändernde Hauptfluß Φ_h während der Kommutierungszeit T_K durch Geradenstücke angenähert, so ergibt sich für

$$u_{it} = -w_{sp} \frac{d\Phi_h}{dt}$$

der in Bild 4.26 dargestellte treppenförmige Verlauf. Für $t = 0$ hat Φ_h seine größte Steigung und die Spannung u_{it} daher ihren Höchstwert. Für $t = T/4$ hat Φ_h die Steigung Null, so daß u_{it} gleich Null ist. Die effektive transformatorische Spannung $\underline{U}_{it(eff)}$ und der Hauptfluß $\underline{\Phi}_h$ (bzw. der Motorstrom $\underline{I}$) sind gegeneinander um T/4 bzw. 90° in der Phase verschoben.

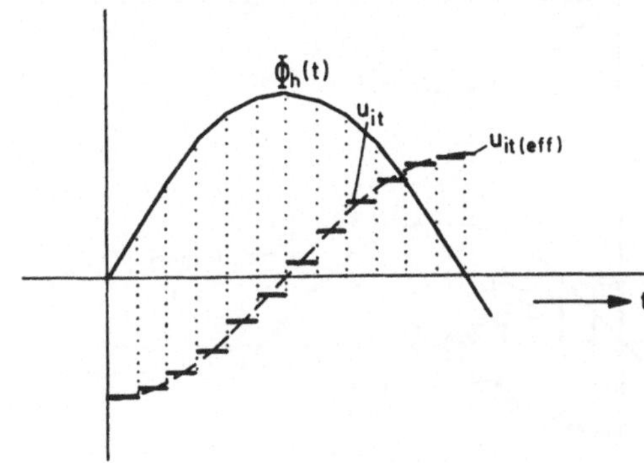

Bild 4.26
Phasenlage der effektiven, transformatorisch induzierten Spulenspannung

Die kommutierende Spule ist mit dem Hauptfluß $\Phi_h = \hat{\Phi}_h \cos \vartheta \sin \omega t$ verkettet. Die Ableitung nach der Zeit ergibt

$$\frac{d\Phi_h}{dt} = \hat{\Phi}_h \cos \vartheta \cdot \omega \cos \omega t$$

und somit für den Zeitpunkt t = 0

$$\left.\frac{d\Phi_h}{dt}\right|_{t=0} = \hat{\Phi}_h \omega \cos \vartheta.$$

Für den Maximalwert der transformatorischen Spannung erhält man also denselben Ausdruck wie in Gleichung (4.30).

4.4.4 Zusammenwirken der drei in der kurzgeschlossenen Spule induzierten Spannungen

Die Phasenverschiebung der drei effektiven induzierten Spannungen $\underline{U}_{i\sigma}$, $\underline{U}_{ir}$ und $\underline{U}_{it}$ in der kurzgeschlossenen Spule bewirkt, daß nur die Stromwendespannung $\underline{U}_{i\sigma}$, nicht aber die transformatorisch induzierte Spannung $\underline{U}_{it}$ durch die rotatorisch induzierte Spannung $\underline{U}_{ir}$ kompensiert werden kann. Werden die Bürsten gegen die Drehrichtung des Motors verschoben, so haben $\underline{U}_{i\sigma}$ und $\underline{U}_{ir}$ entgegengesetzte Phasenlage (Bild 4.27). $\underline{U}_{ir}$

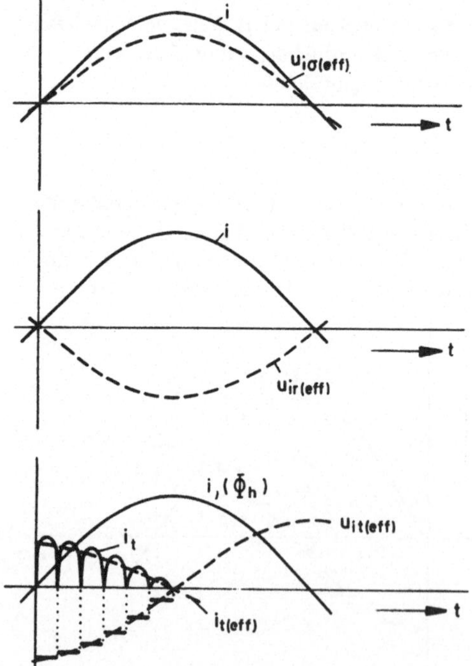

Bild 4.27
Darstellung der drei, in der kommutierenden Spule induzierten Spannungen in einem Diagramm

kann bei vorgegebenen Motordaten und vorgegebenem Betriebspunkt nur mit Hilfe von ϑ eingestellt werden, d. h. die Kommutierungszone muß so gewählt werden, daß in der kurzgeschlossenen Spule die gewünschte rotatorisch induzierte Spannung erzeugt wird. Da die Festlegung der Kommutierungszone aus Fertigungsgründen meistens durch Schaltverschiebung erfolgt (siehe Abschn. 4.1), $\underline{U}_{ir}$ also nur grob eingestellt werden kann, ist eine vollständige *Kompensation* von $\underline{U}_{i\sigma}$ durch $\underline{U}_{ir}$ nur theoretisch möglich. $\underline{U}_{ir}$ ist abhängig von der Motordrehzahl und von der in der Kommutierungszone herrschenden Induktion. $\underline{U}_{i\sigma}$ ist abhängig von der Motordrehzahl und vom Motorstrom. Der Zusammenhang zwischen Induktion und Motorstrom ist sättigungsabhängig und somit nichtlinear. B und I ändern sich also bei Laständerungen verschieden stark. Aus diesem Grunde kann die *Kommutierung*, wenn überhaupt, *nur für einen einzigen Betriebspunkt* optimal eingestellt werden.

Voll wirksam wird die transformatorisch induzierte Spannung U_{it}. Für die Berechnung des von U_{it} hervorgerufenen Stromes i_t wird zunächst nur der Widerstand der Kohlebürsten und die transformatorisch induzierte Spannung berücksichtigt, die anderen induzierten Spannungen, Induktivitäten und Widerstände der Spule sowie der Bürstenübergangswiderstand werden vernachlässigt. In Bild 4.28 ist die Lage der Kohlebürste auf dem Kommutator zu einem beliebigen Zeitpunkt $\tau = t/T_K$ dargestellt, die Bürstenbreite ist gleich der Lamellenbreite. I_t wird im wesentlichen durch die Teilwiderstände $R_1 = R_0/\tau$ und $R_2 = R_0/(1-\tau)$ bestimmt. Sie geben an, wie groß die Überlappung von Kohlebürste und Kommutatorsegment ist.

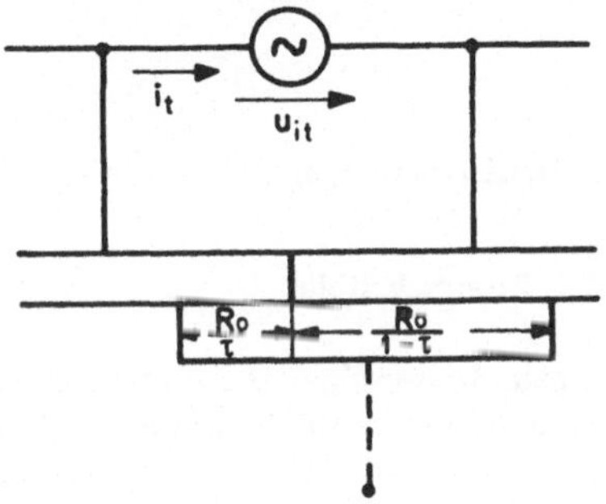

Bild 4.28
Schaltbild des Ersatzstromkreises der kommutierenden Spule

Für $\tau = 0$ (Kommutierungsbeginn) ist $R_1 = \infty$ und $R_2 = R_0$, d. h. i_t ist Null.

Für $\tau = 1$ (Kommutierungsende) ist $R_1 = R_0$ und $R_2 = \infty$, d. h. i_t ist wiederum Null.

Für $\tau = 1/2$ ist $R_1 = R_2 = R_0$ und $i_t = \dfrac{-U_{it}}{4R_0}$

Für beliebige Werte von τ erhält man schließlich:

$$i_t = \frac{-U_{it}}{R_0 \cdot \dfrac{1}{\tau(1-\tau)}} \tag{4.31}$$

In jeder der nacheinander kommutierenden Spulen ist i_t zunächst Null, erreicht dann seinen Höchstwert und wird wieder Null. Der Scheitelwert ist abhängig von der jeweils wirksamen Spannung u_{it}. Der zeitliche Verlauf des transformatorisch erzeugten Stromes i_t ist im Bild 4.27 schematisch eingetragen. Um später i_t im Zeigerdiagramm (Abschn. 4.5, Bild 4.31) berücksichtigen zu können, werden die Teilströme der nacheinander kurzgeschlossenen Spulen, wie im Bild 4.27 gezeigt, durch einen sinusförmigen Ersatzstrom $I_{t(eff)}$ angenähert (Bild 4.27). Wird mit den effektiv in der kurzgeschlossenen Spule wirksamen Spannungen gearbeitet, ist eine übersichtliche Darstellung der Teilspannungen im Zeigerdiagramm möglich. Im Bild 4.29 ist nochmals der Fall für $\underline{U}_{i\sigma} + \underline{U}_{ir} = 0$ dargestellt. Die Pfeilung von i_t ist im Bild 4.28 so gewählt, daß sich im Bild 4.31 eine Pfeilung der Teilströme ergibt, wie sie beim Transformator üblich ist. Kompensieren sich $\underline{U}_{i\sigma}$ und $\underline{U}_{ir}$ nicht vollständig, kommt zum Strom $\underline{I}_t$ eine Stromkomponente hinzu, die senkrecht zu $\underline{I}_t$ gerichtet ist. Der resultierende Strom, der als Kommutierungsreststrom $\underline{I}_k$ bezeichnet wird, ist daher gegenüber $\underline{I}_t$ verdreht (siehe Bild 4.31).

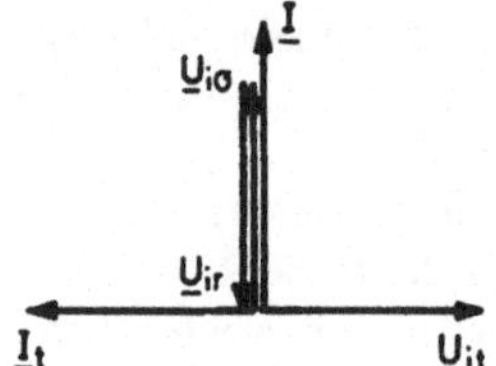

Bild 4.29
Zeigerdiagramm der in der kommutierenden Spule auftretenden Größen $\underline{U}_{i\sigma}$, $\underline{U}_{it}$, $\underline{U}_{ir}$ und $\underline{I}_t$

4.5 Betriebsverhalten

4.5.1 Ersatzschaltbild

Die beim Universalmotor auftretenden Spannungen und Ströme lassen sich übersichtlich in einem Ersatzschaltbild darstellen (Bild 4.30). Neben den in Abschn. 4.3 beschriebenen induzierten Spannungen werden hier noch die ohmschen Spannungsabfälle in der Anker- und Erregerwicklung R_E und R_A, sowie die Bürstenübergangsspannungen U_B berücksichtigt. Außerdem ist die Wirkung des Kommutierungsreststromes I_k erfaßt. Da I_k seine Ursache im wesentlichen in der transformatorischen Verkettung von Erregerwicklung und kommutierender Spule hat und daher näherungsweise gleich dem transformatorisch in den kurzgeschlossenen Spulen hervorgerufenen Strom I_t gesetzt werden kann, kann das Zusammenwirken der Ströme I und I_t zum Magnetisierungsstrom I_μ wie im Ersatzschaltbild des Transformators dargestellt werden. Es müssen dann aber, da in der kurzgeschlossenen Spule U_{it} und nicht U_{iEt} wirksam ist, die Größen des Kommutierungskreises I_K und R_K (ebenfalls wie beim Transformator) auf die Erregerwicklung umgerechnet werden. Für die sogenannte Querreaktanz X_{Aq}, hervorgerufen durch den Ankerquerfluß Φ_{Aq}, findet man in der Literatur mehrere Gleichungen. Das gleiche gilt für die Streureaktanzen $X_{\sigma E}$ und $X_{\sigma A}$, die sich jeweils aus der Nut- und der Stirnstreureaktanz zusammensetzen.

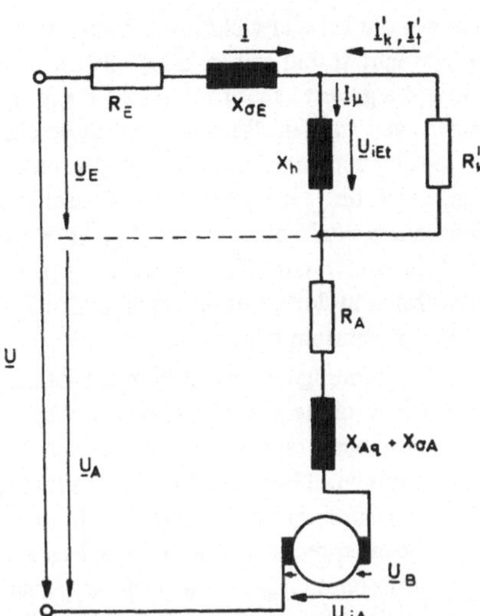

Bild 4.30
Schaltbild des Motor-Ersatzstromkreises

4.5.2 Zeigerdiagramm

Die für die Konstruktion des Zeigerdiagramms (Bild 4.31) benötigte Phasenlage der Ströme ergibt sich analog zum Zeigerdiagramm des Transformators. Diese Vorgehensweise ist zulässig, da die kommutierenden Spulen und die jeweiligen Ströme i_t in ihrer Wirkung durch eine einzige, stillstehende Spule und den sinusförmigen Strom $\underline{I}_k$ bzw.

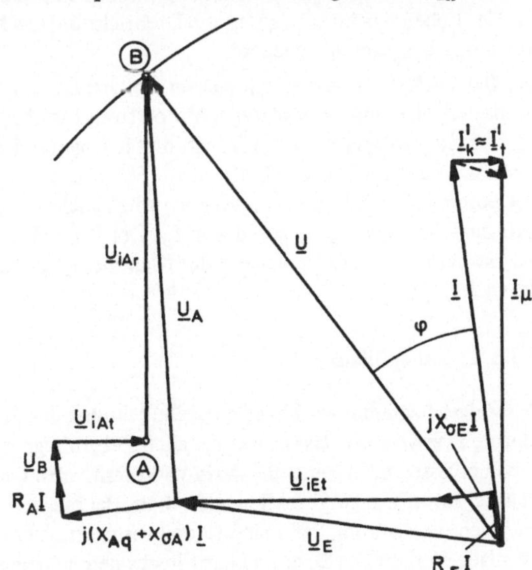

Bild 4.31
Zeigerdiagramm des Motors

den auf die Erregerwicklung umgerechneten Strom $\underline{I}'_k$ ersetzt werden. Nimmt man den vereinfachten Fall gemäß Bild 4.29 an, so muß $\underline{I}'_k$ im Zeigerdiagramm im rechten Winkel zum Magnetisierungsstrom $\underline{I}_\mu$ (bzw. zu dem von I_μ erregten Hauptfluß Φ_h) abgetragen werden. Wird in der kurzgeschlossenen Spule neben $\underline{U}_{it}$ noch eine weitere Spannung wirksam, da sich z. B. $\underline{U}_{ir}$ und $\underline{U}_{i\sigma}$ gegenseitig nicht vollständig aufheben, so ergibt sich für $\underline{I}'_k$ die gestrichelte Phasenlage im Zeigerdiagramm. Zur Erzeugung der neuen Phasenlage muß bei gleichem $\underline{U}_{iEt}$ im Kommutierungszweig des Ersatzschaltbildes noch ein Blindwiderstand X_k vorgesehen werden. R_k und X_k sind fiktive Größen, die mit den tatsächlich in der kommutierenden Spule vorhandenen Widerständen und Reaktanzen nichts gemeinsam haben.

Zur Bestimmung des maßstäblichen Zeigerdiagramms müssen die einzelnen Wirk- und Blindwiderstände bekannt sein. Ausgehend von der Lage von $\underline{I}_\mu$ kann $\underline{U}_{iEt}$ nach Betrag und Phase bestimmt werden. An dieser Stelle sei darauf hingewiesen, daß die geometrische Summenbildung aus $\underline{I}$ und $\underline{I}'_k$ zum Magnetisierungsstrom $\underline{I}_\mu$ nur für $\vartheta = 0$ exakt ist. Für $\vartheta \neq 0$ muß zusätzlich berücksichtigt werden, daß wegen der Ankerlängsdurchflutung $\Theta_{A\ell}$, die entsprechend Bild 4.9 der Erregerdurchflutung Θ_E entgegengesetzt gerichtet ist, resultierend $\Theta_{res} = I \cdot w_E - I \cdot w_A/2 \sin \vartheta$ magnetisierend wirkt. Aufgrund der Rückwirkung der kommutierenden Spule ergibt sich zwischen $\underline{I}$ und $\underline{I}_\mu(\Phi_h)$ ein Phasenwinkel von 4 bis 10°, der jedoch oft vernachlässigt wird. Die ohmschen und induktiven Spannungsabfälle werden in Phase bzw. um 90° voreilend zu $\underline{I}$ abgetragen. Der Bürstenspannungsabfall $\underline{U}_B$ muß, sofern er nicht ebenfalls vernachlässigt wird, in Phase zu $\underline{I}$ aufgetragen werden.

Die in der Ankerwicklung induzierte Spannung $\underline{U}_{iA}$ setzt sich je nach Bürstenverschiebungswinkel ϑ aus einem rotatorischen Anteil $\underline{U}_{iAr}$ und einem transformatorischen Anteil $\underline{U}_{iAt}$ zusammen. Aus Gleichung (4.15a) und Gleichung (4.17) geht hervor, daß bei Verdrehen der Bürsten gegen die Drehrichtung des Motors die Spannung $\underline{U}_{iAt}$ der Spannung $\underline{U}_{iAr}$ um 90° nacheilt.

Der Betrag der rotatorisch induzierten Ankerspannung $\underline{U}_{iAr}$ kann nicht direkt bestimmt werden, da die zum vorgegebenen Motorstrom $\underline{I}$ gehörige Motordrehzahl n nicht bekannt ist. Das Zeigerdiagramm kann jedoch durch folgende Überlegung vervollständigt werden, wenn der Punkt A bekannt ist, d. h. alle Spannungszeiger außer $\underline{U}$ und $\underline{U}_{iAr}$ festliegen: Die Summe der Spannungen muß einerseits gleich der Klemmenspannung $\underline{U}$ sein, andererseits liegt der Zeiger $\underline{U}_{iAr}$ parallel zu $\underline{I}_\mu$. Der Punkt B ist also der Schnittpunkt eines Kreises mit dem Radius entsprechend der Klemmenspannung $\underline{U}$ und einer Parallelen zu $\underline{I}_\mu$ durch A.

4.5.3 Leistungsbilanz

Das Zeigerdiagramm wird häufig zur Berechnung des Betriebsverhaltens von Universalmotoren verwendet. Das ist, wie bei allen Zeigerdiagrammen, nur bei linearen Verhältnissen zulässig, d. h. wenn alle darin vorkommenden Größen das gleiche zeitliche, zum Beispiel sinusförmige Verhalten aufweisen. Bei magnetisch gesättigten Motoren behilft man sich oft dadurch, daß man mit empirisch ermittelten Faktoren aus dem nichtsinusförmigen Verlauf des Stromes oder Flusses deren Grundschwingung ermittelt.

Das Zeigerdiagramm wird für einen vorgegebenen Stromwert konstruiert oder in einem Rechner-Programm nachgebildet. Daraus entnimmt man $\underline{U}_{iAr}$ und kann nun die zu diesem Strom gehörige Motordrehzahl mit Hilfe der Gleichung (4.10d) berechnen:

$$n = \frac{U_{iAr}}{z_A \Phi_h} \tag{4.32}$$

Als weitere Größe entnimmt man dem Zeigerdiagramm den Leistungsfaktor $\cos\varphi$. Damit kann die aufgenommene Wirkleistung berechnet werden:

$$P_1 = UI \cos\varphi \tag{4.33}$$

Aus der inneren Leistung

$$P_i = U_{iAr} I \tag{4.34}$$

ergibt sich das innere Motormoment zu

$$M_i = \frac{P_i}{2\pi n}. \tag{4.35}$$

Die an der Welle abgegebene Leistung P_2 erhält man, wenn man von der inneren Leistung P_i die im Anker auftretenden, mechanisch zu deckenden Eisenverluste P_{Fe2}, sowie die Lager-, Lüfter- und Bürsten-Reibungsverluste P_R abzieht:

$$P_2 = P_i - P_{Fe2} - P_R \tag{4.36}$$

Für das Motormoment an der Welle folgt dann

$$M = \frac{P_i - P_{Fe2} - P_R}{2\pi n}. \tag{4.37}$$

Die aufgenommene Wirkleistung P_1 setzt sich aus der inneren Leistung P_i, den Stromwärmeverlusten P_{CuA} in der Ankerwicklung und P_{CuE} in der Erregerwicklung, sowie aus den Wärmeverlusten im Ständereisen P_{Fe1} zusammen:

$$P_1 = P_i + P_{CuA} + P_{CuE} + P_{Fe1} \tag{4.38}$$

Schließlich sind noch die Motor-Gesamtverluste

$$P_V = P_{CuA} + P_{CuE} + P_{Fe1} + P_{Fe2} \tag{4.39}$$

und der Wirkungsgrad $\eta = P_2/P_1$ zu ermitteln.

Das Betriebsverhalten von Universalmotoren, insbesondere bei zeitlich nichtsinusförmigem Verlauf der Motorgrößen, kann auch mit Hilfe der Differentialgleichung für das vereinfachte Ersatzschaltbild

$$\frac{di}{dt} = \frac{u(t) - [i \cdot (R_E + R_A) + z_A \cdot n \cdot \Phi_h(i)]}{L_{\sigma E} + L_{\sigma A} + L_{Aq} + L_{h(i)}} \tag{4.40}$$

untersucht werden. Zunächst wird der Magnetisierungszustand $\Phi_h(i)$ des Motors allgemein berechnet, dann der Spannungsverlauf punktweise vorgegeben und die Gleichung (4.40) numerisch integriert.

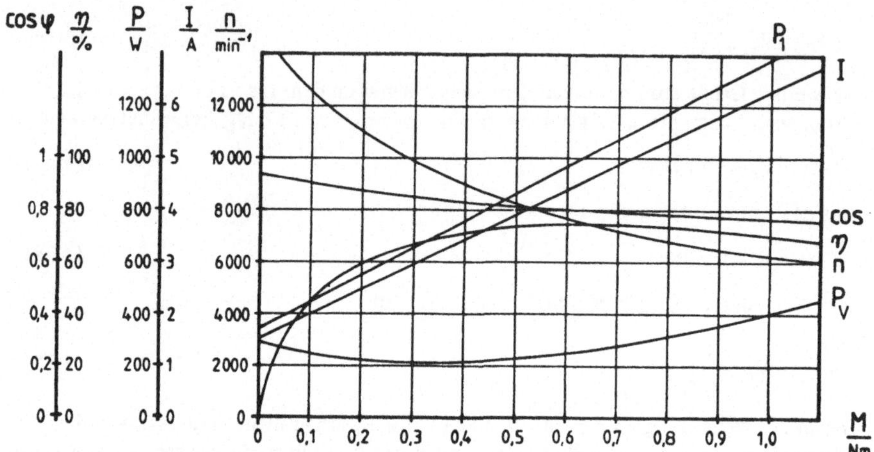

Bild 4.32 Betriebskennlinien

Bild 4.32 zeigt die Betriebskennlinien eines Universalmotors mit einer Nennabgabeleistung von etwa 600 W bei einer Drehzahl von 8000 min^{-1}. Dargestellt ist die Drehzahl-Drehmomentenkennlinie, sowie die aufgenommene Wirkleistung P_1, der Strom I, der Leistungsfaktor cos φ der Wirkungsgrad η und die Verlustleistung P_V in Abhängigkeit von dem an der Welle abgegebenen Moment M.

4.6 Drehzahlstellung und Drehzahlregelung

4.6.1 Gleichstromzusatzwicklung

Da bei Gleichstrombetrieb nur die ohmschen Spannungsabfälle von Anker- und Erregerwicklung wirksam werden, ist bei gleichen Betriebsbedingungen (gleiche Netzspannung, gleicher Netzstrom und damit gleicher Hauptfluß) die induzierte Ankerspannung größer. Dies hat eine höhere Motordrehzahl zur Folge. Soll ein Universalmotor

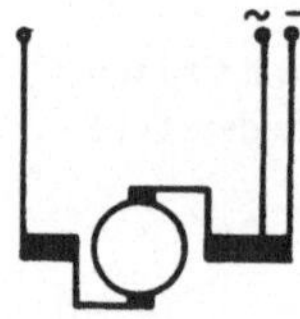

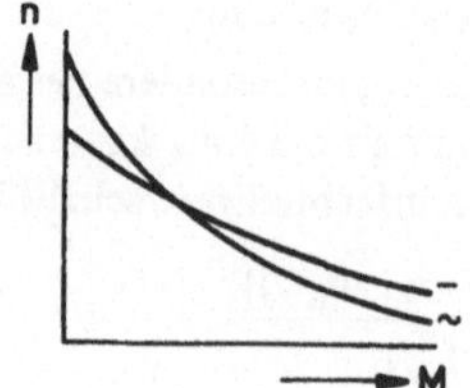

Bild 4.33
Gleichstrom-Zusatzwicklung

bei Gleich- und Wechselstrombetrieb im Nennpunkt etwa gleiche Drehzahl haben, so wird bei Gleichstrombetrieb eine Zusatzwicklung vorgeschaltet, die den Hauptfluß in dem Maße verstärkt, in dem die induzierte Spannung angestiegen ist (Bild 4.33).

4.6.2 Wicklungsanzapfung

Wird durch eine Wicklungsanzapfung die Windungszahl der Erregerwicklung reduziert, so steht bei gleichem Motorstrom (Erregerstrom) ein kleinerer Hauptfluß Φ_h zur Verfügung. Außerdem hat die Erregerwicklung einen kleineren ohmschen und induktiven Spannungsabfall. Die dadurch vergrößerte induzierte Ankerspannung und der kleinere Wert für Φ_h bedingen einen Drehzahlanstieg (Bild 4.34).

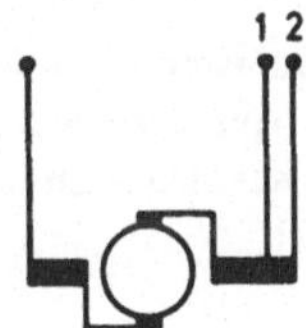

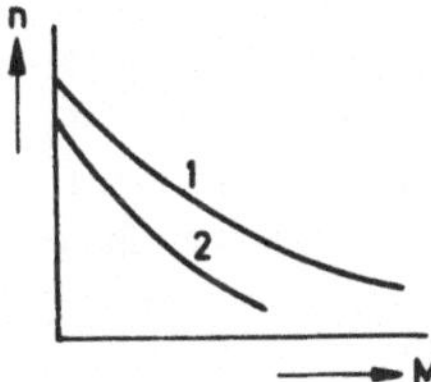

Bild 4.34
Wicklungsanzapfung

4.6.3 Vorwiderstand

Bei Betrieb mit Vorwiderstand wird die rotatorisch induzierte Ankerspannung U_{iAr} bei gleichem Motorstrom kleiner als bei Betrieb ohne Vorwiderstand. Da der Hauptfluß Φ_h unverändert bleibt, hat dies eine Verkleinerung der Drehzahl zur Folge: Die Drehzahl-Drehmomentenkennlinie wird nach unten verschoben (Bild 4.35).

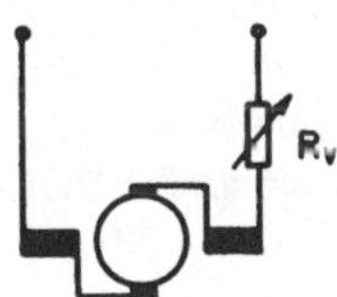

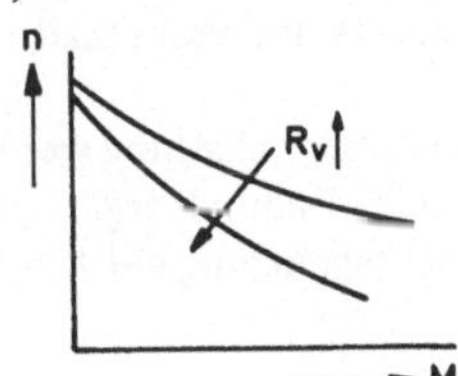

Bild 4.35
Betrieb mit Vorwiderstand

4.6.4 Transformator

Durch einen vorgeschalteten Transformator kann auf verlustarme Weise über die Änderung der Klemmenspannung die Drehzahl variiert werden: Größere Spannung bedeutet höhere Drehzahl, kleinere Spannung bedeutet niedrigere Drehzahl (Bild 4.36).

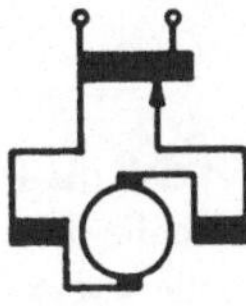

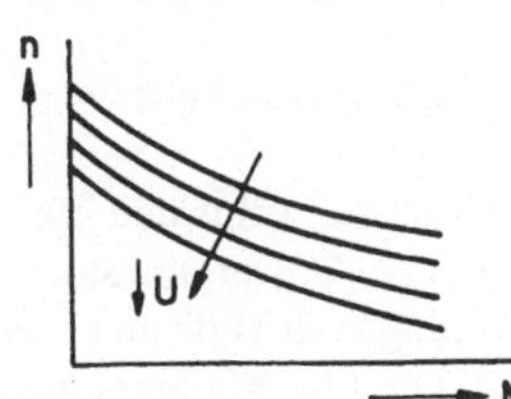

Bild 4.36
Speisung über Transformator

4.6.5 Parallelwiderstand

Die Reihenschlußcharakteristik der Drehzahl-Drehmomenten-Kennlinie des Universalmotors kann durch einen Widerstand der parallel zum Anker geschaltet wird, abgeschwächt werden. Die Wirkung des Zusatzwiderstandes erkennt man sofort anhand folgender Überlegung: Bei leerlaufendem Motor, d. h. wenn kein Motormoment an der Welle abgegeben wird und keine mechanischen Verluste zu decken sind, muß wegen $M_i = 0$ auch der Ankerstrom $I_A = 0$ sein. Aufgrund der Reihenschaltung von Anker- und Erregerwicklung folgt $\Phi_h = 0$ und damit

$$n = \frac{U_{iAr}}{z_A \Phi_h} \rightarrow \infty.$$

Bei leerlaufendem Motor mit Parallelwiderstand ist ebenfalls $I_A = 0$, der Erregerstrom I_E und der Hauptfluß Φ_h sind jedoch von Null verschieden, da I_E über den Parallelwiderstand fließen kann. Die Motordrehzahl hat also auch bei vollständiger Entlastung des Motors einen endlichen Wert (Bild 4.37).

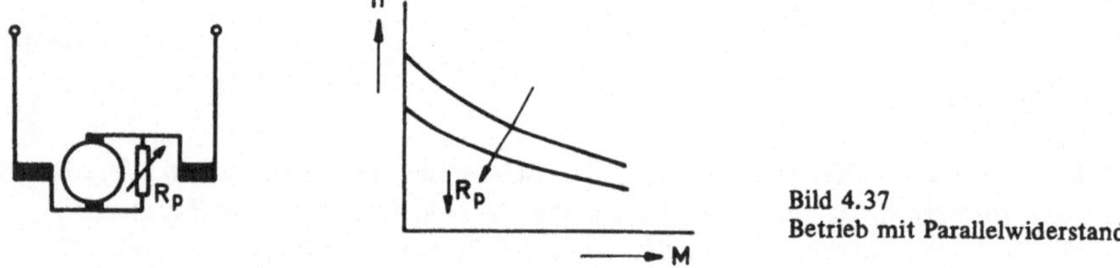

Bild 4.37
Betrieb mit Parallelwiderstand

4.6.6 Barkhausenschaltung

Bei dieser Schaltung werden ein Vorwiderstand und ein Ankerparallelwiderstand kombiniert. Dadurch ergibt sich einerseits ein großer Drehzahlstellbereich und andererseits eine Begrenzung der Leerlaufdrehzahl (Bild 4.38).

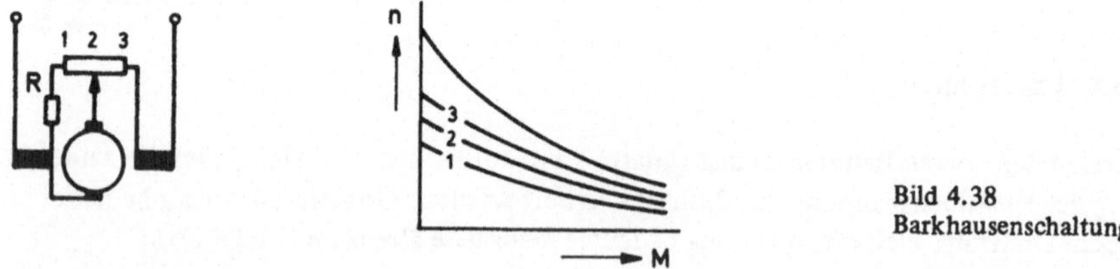

Bild 4.38
Barkhausenschaltung

4.6.7 Phasenanschnittsteuerung

Praktisch verlustlos und sehr feinstufig läßt sich die Drehzahl auf elektronische Weise stellen. Bei Universalmotoren wird fast ausschließlich die sogenannte „Phasenanschnittsteuerung“ mit Hilfe eines Wechselstromstellers verwendet. Dieses Verfahren ist preisgünstig und für Kleinmaschinen, die im 1. Quadranten der Drehzahl-Drehmomenten-

Kennlinie, d. h. als Motor betrieben werden, im allgemeinen ausreichend. Ist eine Drehrichtungsumkehr, also ein Betrieb im 3. Quadranten erwünscht, so braucht nur die Durchflutungsrichtung von Anker- oder Erregerwicklung geändert zu werden.

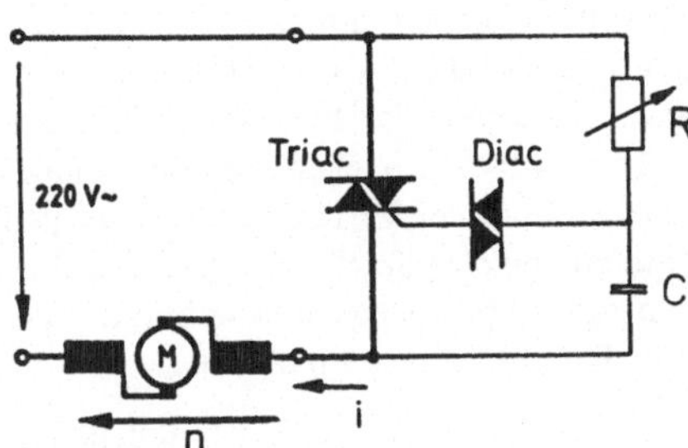

Bild 4.39
Betrieb mit Phasenanschnittsteuerung

In Bild 4.39 ist das Prinzip einer Schaltung zur Phasenanschnittsteuerung dargestellt. Ein Leistungshalbleiter, hier ein Triac, unterbricht während einer Periode eine einstellbare Zeit lang den Stromkreis. Dadurch kann der mittlere Motorstrom und damit das innere Motormoment verändert werden (Bild 4.40). Wenn der Triac sperrt, lädt sich der Kondensator über Motor und Potentiometer auf. Ist die Kondensatorspannung gleich der Triggerspannung des Diac, zündet der Triac und der Kondensator entlädt sich. Durch Vergrößern des Potentiometerwiderstandes kann der Spannungsanstieg am Kondensator verzögert und der Zündwinkel α vergrößert werden.

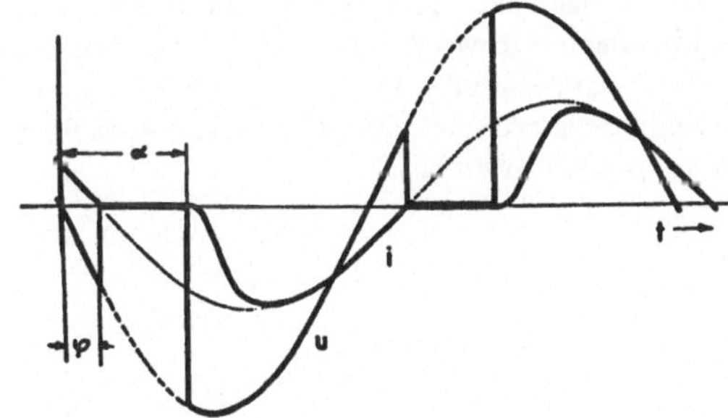

Bild 4.40
Zeitlicher Verlauf von Motorstrom und Motorspannung bei Phasenanschnittsteuerung

Infolge der Phasenverschiebung von Strom und Spannung um den Winkel φ kann α nicht kleiner als φ werden. Der Triac löscht selbsttätig im Nulldurchgang des Stromes und muß dann von neuem durch einen Stromimpuls gezündet werden. Heute wird als Zündeinrichtung oft ein integrierter Baustein verwendet, der unter anderem einen Sägezahngenerator und einen Komparator enthält. Die Zündverzögerung ergibt sich hier durch Vergleich einer Flanke der Sägezahnspannung mit einer über ein Potentiometer einstellbaren Steuerspannung. Die Phasenanschnittsteuerung, eventuell kombiniert mit einer Wicklungsanzapfung nach Abschnitt 4.7.2 wird häufig in Haushaltsgeräten und tragbaren Elektrowerkzeugen verwendet.

4.6.8 Drehzahlregelung

Da Universalmotoren eine stark lastabhängige Drehzahlkennlinie besitzen, ist in vielen Fällen eine Drehzahlregelung erforderlich. Dies geschieht entweder auf mechanische Weise oder durch elektronische Schaltungen. So schaltet z. B. ein Fliehkraftschalter einen Vorwiderstand ein oder schließt ihn kurz. Mit diesem klassischen Verfahren lassen sich sehr geringe Drehzahlschwankungen im Bereich von 1% verwirklichen, allerdings nur für eine einzige Drehzahl. Zunehmend setzen sich heute elektronische Verfahren durch, die geringe Maßnahmen zur Funkentstörung erfordern und eine Stabilisierung für beliebig eingestellte Drehzahlen erlauben. Die drei nachfolgend beschriebenen Schaltungen sind Erweiterungen von Phasenanschnittsteuerungen:

Die in den Zündpausen des Leistungshalbleiters durch das remanente Feld im Anker induzierte, der Drehzahl proportionale Spannung wird erfaßt und als Drehzahlistwert verwendet. Die Regelschaltung ist so aufgebaut, daß bei zu großer Motordrehzahl der Triac zu einem späteren, bei zu kleiner Motordrehzahl zu einem früheren Zeitpunkt zündet. Allerdings läßt sich mit diesem Verfahren nur eine mäßige Drehzahlkonstanz mit Abweichungen um 10% erreichen.
Eine andere Möglichkeit der Drehzahlregelung besteht darin, den Wirkspannungsabfall in der Ankerwicklung, der sich ja mit zunehmender Last vergrößert und dadurch einen Drehzahlabfall verursacht, durch entsprechende Erhöhung der Ankerspannung zu kompensieren. Da diese Kompensation nur unvollkommen gelingt, ist die Drehzahlkonstanz nicht besser als beim vorher beschriebenen Verfahren.

Verwendet man einen Tachogenerator, so kann man eine sehr gute Drehzahlstabilisierung mit Abweichungen um 1% erreichen. Diese Art der Drehzahlerfassung ist allerdings sehr aufwendig. Der Tachogenerator liefert eine Spannung, die der Motordrehzahl sehr genau folgt. Damit kann dann z. B. die Klemmenspannung des Universalmotors eingestellt werden.

5 Permanentmagnetmotor

5.0 Einleitung

Permanentmagneterregte Gleichstrommotoren werden in sehr unterschiedlichen Ausführungen in einer ständig zunehmenden Anzahl von Verwendungsbereichen eingesetzt. Heute überwiegen Niederspannungsmotoren für 12 bis 24 Volt, und zwar vor allem Motoren in kostengünstiger Bauweise für alle Kraftfahrzeug-Hilfsantriebe. Ihr Einsatz in 220-Volt-Wechselstromnetzen erfordert dagegen nicht nur wegen der Gleichrichtung einen höheren Aufwand: Verglichen mit Universalmotoren ist die Funkentstörung teuer, weil die Entstörwirkung einer Erregerwicklung fehlt. Um höhere Ströme, die das Magnetmaterial bleibend entmagnetisieren könnten, zu vermeiden, muß die Ankerwicklung hochohmig ausgeführt werden. Daher sind höhere Nuten-, Lamellen- und Leiterzahlen sowie dünnere Drähte erforderlich, die Ursachen dafür, daß die Läufer sehr teuer sind. Zusätzlich ist oft noch eine elektronische Begrenzung der Einschaltströme erforderlich. Somit ist ein Permanentmagnetmotor für den Anschluß an ein 220-Volt-Wechselstromnetz keineswegs billiger als ein Universalmotor, der außerdem eine Drehzahlstellung in einem weiten Bereich ermöglicht. Dafür ist die Drehzahlregelung aufgrund der steifen Kennlinie einfacher und ein guter Wirkungsgrad leichter zu erreichen, da die Verluste in der Erregerwicklung entfallen. Ein Beispiel für den Einsatz im 220-Volt-Netz ist der Antrieb eines Haartrockners, bei dem der Heizwiderstand in Reihe zur Ankerwicklung geschaltet werden kann. Die gegenüber einem Asynchronmotor höhere Drehzahl ermöglicht einen größeren Luftdurchsatz und dadurch kürzeren Trocknungsprozeß.

In hochwertiger Ausführung dient der Permanentmagnetmotor als Antrieb für Büromaschinen, für Geräte der Computer-Peripherie, in der medizinischen Technik und in der „gehobenen" Unterhaltungselektronik.

5.1 Ausführungsarten

Die Ausführungsarten von Permanentmagnetmotoren sind so vielfältig, weil bezüglich der Herstellkosten, der Anwendung und der Betriebseigenschaften sehr unterschiedliche Forderungen gestellt werden und sich andererseits die Eigenschaften des verwendeten Magnetmaterials auf die Motorkonstruktion auswirken.

Kostengünstige Motoren, für die das Bild 5.1a Beispiele zeigt, besitzen meistens Ferritmagnete in Schalen- oder in Ringform, die radial oder diametral magnetisiert sind. Für besonders flache Bauweise verwendet man Blockmagnete. Der Gefahr der Entmagnetisierung durch eine hohe Ankergegendurchflutung kann durch Polbleche, die den Ankerquerfluß führen, begegnet werden. Das Gehäuse ist ein gerollter Blechzylinder oder ein tiefgezogener Topf und dient als magnetischer Rückschluß. Das Läuferpaket besteht aus nichtsilizierten, oft nicht geglühten, 1 mm starken Blechen. Der Läufer ist im allgemeinen in selbstzentrierenden Sinterkalottenlagern gelagert. Die Nutfüllung ist gering, um die Wickelkosten niedrig zu halten.

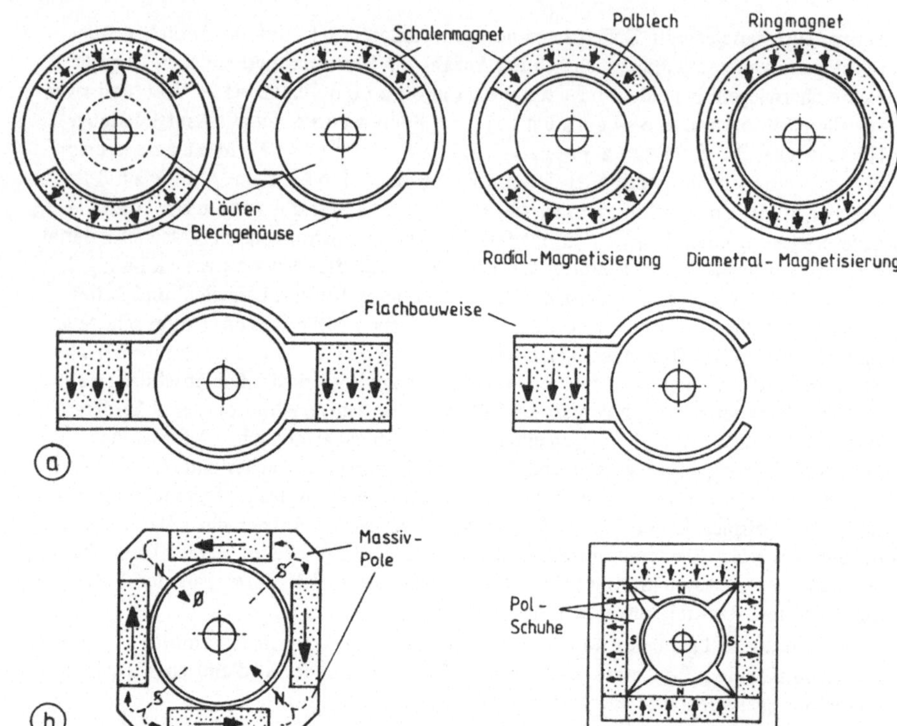

Bild 5.1 Bauformen von Permanentmagnetmotoren
a) Kostengünstige Ausführungen; b) Aufwendige Ausführungen

Motoren in aufwendigerer Bauweise, für die das Bild 5.1b Beispiele zeigt, besitzen AlNiCo- oder Selten-Erde-Magnete, massive Gehäuse und oft Läufer mit besonders hochwertigen Elektroblechen. Ihr Wirkungsgrad ist oft höher als 80%.

Hochwertige Dauermagnete kommen auch in sogenannten Glocken-Läufer-Motoren und zum Teil in Scheiben-Läufer-Motoren, in Elektronikmotoren sowie in Schrittmotoren zum Einsatz. Diese Motorvarianten werden in nachfolgenden Abschnitten gesondert beschrieben.

5.2 Magnete

5.2.1 Werkstoffe

Bild 5.2 zeigt Entmagnetisierungskurven von Magnetwerkstoffen, wie sie in elektrischen Kleinmaschinen eingesetzt werden. Gestrichelt eingetragen sind Kurven konstanter Energiedichte BH. Neben der Remanenzinduktion B_R und der Koerzitivfeldstärke H_C ist die maximale Energiedichte bzw. der Energiebeiwert $(BH)_{max}$ ein den Werkstoff kennzeichnender Wert. Im wesentlichen werden in Permanentmagnetmotoren gegossene Legierungsmagnete (AlNiCo-Magnete) und oxidkeramische Sintermagnete (Barium- bzw. Strontium-Ferrite) verwendet. Das Selten-Erde-Material Samarium-Kobalt kommt ausschließlich in hochwertigen Motorausführungen zum Einsatz.

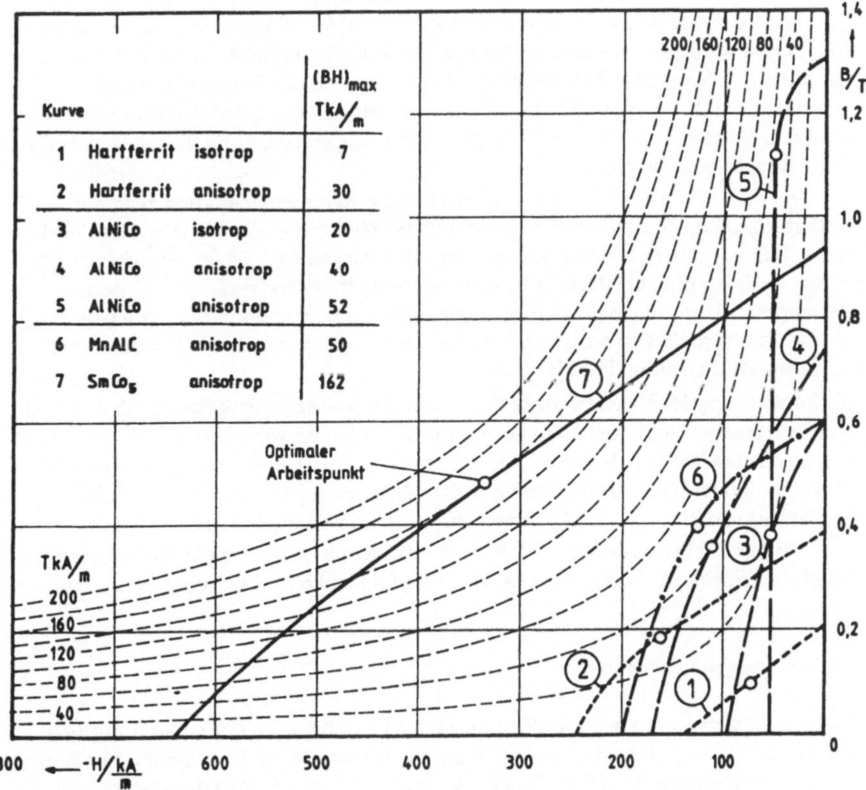

Bild 5.2 Entmagnetisierungskurven verschiedener Werkstoffe. Kurven konstanter Energiedichte BH (gestrichelte Linien)

Die Herstellung der AlNiCo-Magnete erfolgt im Gußverfahren. Ausgangsmaterial ist sehr reines Eisen mit geringem Kohlenstoffgehalt. Die einzelnen Zusatzkomponenten, u. a. Kobalt und Titan, haben wesentlichen Einfluß auf die Eigenschaften des Magnetmaterials. Die so gewonnenen Dauermagnetwerkstoffe sind sogenannte isotrope Magnete, d. h. Magnete ohne magnetische Vorzugsrichtung. Magnete mit magnetischer Vorzugsrichtung (magnetische Anisotropie) lassen sich dadurch erzeugen, daß nach dem Gießen das erkaltete Material wieder erwärmt und anschließend im Magnetfeld abgekühlt wird. Bei magnetischer Beanspruchung dieses anisotropen Werkstoffes in Vorzugsrichtung ergeben sich wesentlich bessere Werte für Remanenzinduktion und Koerzitivfeldstärke. Die maximale Energiedichte ist hoch und das Material sehr temperaturstabil.

Die zweite, wirtschaftlich sehr bedeutende Gruppe, die oxidkeramischen Werkstoffe, wurde erst in den Fünfziger-Jahren entwickelt. Ausgangsstoffe sind Eisenoxid und Metallkarbonate. Beide Teile stehen in einem speziellen Mischungsverhältnis zueinander. Nach Zugabe von Bindemitteln erfolgt Pressen und Sintern. Auf die sehr aufwendige und komplizierte Fertigungstechnik soll hier jedoch nicht weiter eingegangen werden. Die magnetischen Eigenschaften dieser Stoffe lassen sich durch magnetische Anisotropie ebenfalls wesentlich verbessern. Die Remanenzinduktion gesinterter, oxidkeramischer Werkstoffe ist niedriger, die Koerzitivfeldstärke höher als die von Legierungsmagneten. Ferrit-Magnete sind temperaturempfindlicher als AlNiCo-Magnete, aber preisgünstiger.

Bei Selten-Erde-Magneten erreicht die Remanenzinduktion zwar nur mittlere Werte, die Koerzitivfeldstärke jedoch ein Mehrfaches der Werte anderer Werkstoffe. Daher ist dieses Material sehr entmagnetisierungssicher. Da der Energiebeiwert extrem hoch ist, sind die Magnete bzw. die Motoren in welche sie eingebaut werden, entsprechend klein. Die Materialeigenschaften ändern sich kaum mit der Temperatur. Selten-Erde-Magnete sind erheblich teurer als AlNiCo-Magnete, da der Kobalt-Anteil höher und der Samarium-Preis hoch ist.

Die Entwicklung der Magnetwerkstoffe ist noch keineswegs abgeschlossen. Man versucht heute, die Energiedichte weiter zu erhöhen und den teuren Werkstoff Kobalt zu vermeiden. So entstanden u. a. MnAlC-Magnete, die sich aber, bedingt durch einen schwierigen Fertigungsprozeß, gegenüber den oben beschriebenen, herkömmlichen Magnetwerkstoffen noch nicht durchsetzen konnten. Neuere Entwicklungen mit dem recht häufigen Selten-Erde-Material Neodym zusammen mit Eisen sind vielversprechend, wenn auch zur Zeit die Temperatur-Empfindlichkeit noch Probleme bereitet.

5.2.2 Magnetisierungskennlinie

Der Zusammenhang zwischen magnetischer Induktion B_M und magnetischer Feldstärke H_M im Magnetwerkstoff ist bestimmt durch die Magnetisierungskurve (Bild 5.3). Da der Arbeitspunkt (AP) des Magneten, d. h. sein B(H)-Wert, der sich im Motorbetrieb einstellt, wie in Abschnitt 5.2.3 gezeigt wird, im allgemeinen im zweiten Quadranten liegt, ist insbesondere der Verlauf der Kennlinie in diesem Bereich von Interesse. Während im Luftraum die magnetische Feldstärke $\vec{H}_L$ und die magnetische Induktion $\vec{B}_L$ gleiche Richtung haben, sind $\vec{H}_M$ und $\vec{B}_M$ im Dauermagneten entgegengesetzt gerichtet [53]. In Bild 5.4 sind $\vec{B}_R$, $\vec{H}_M$ und $\vec{B}_M$ in ihrer Lage zueinander dargestellt. Danach gilt allgemein die Beziehung

$$\vec{B}_M = \vec{B}_R + \mu_0 \mu_M \vec{H}_M. \tag{5.1}$$

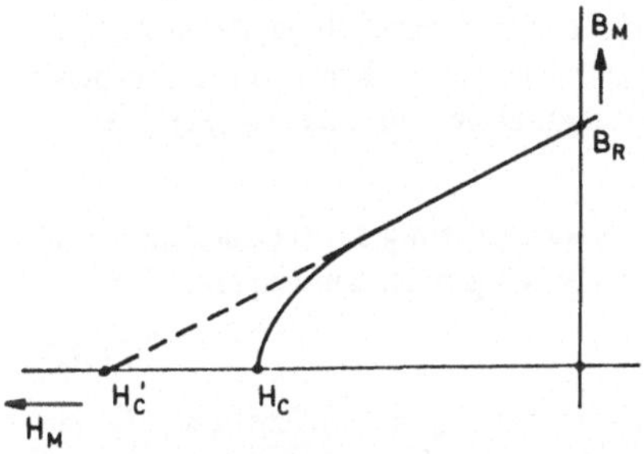

Bild 5.3 Linearisierung der Magnetisierungskurve

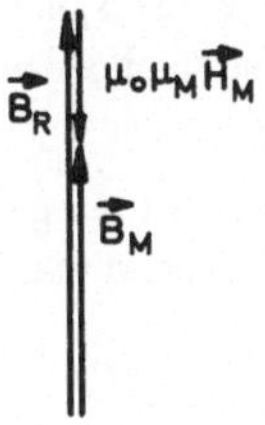

Bild 5.4 Grafische Darstellung der Gleichung (5.1)

In algebraischer Schreibweise ergibt sich $B_M = B_R - \mu_0 \mu_M H_M$, wobei H_M mit positivem Vorzeichen einzusetzen und in Bild 5.3 nach links positiv zu pfeilen ist. μ_M ist die relative *Permeabilität des Magneten* und $\mu_0 \mu_M$ die *Steigung* der Kennlinie. Die Magnetisierungskurve ist in weitem Bereich eine Gerade, $\mu_0 \mu_M$ ist dann konstant. Um Dauermagnetkreise einfacher berechnen zu können, wird die Kennlinie im allgemeinen linearisiert (Bild 5.3 gestrichelt). Es ergibt sich eine *fiktive Koerzitivfeldstärke*

$$H'_C = \frac{B_R}{\mu_0 \mu_M}. \tag{5.2}$$

Das Arbeiten mit dieser linearisierten Kennlinie ist zulässig, solange der Arbeitspunkt im linearen Bereich liegt.

5.3 Magnetischer Kreis eines Permanentmagnetmotors

5.3.1 Grundgleichungen

Die folgenden Betrachtungen werden am Beispiel eines Motors mit Schalenmagneten im Ständer und einer Kommutatorwicklung im Läufer angestellt, gelten jedoch allgemein. Es werden zunächst einige Vernachlässigungen und Vereinfachungen getroffen:

1. Die magnetische Feldstärke im Eisen sei Null, die *Permeabilität des Eisens* also *unendlich groß*.
2. Die gezahnte Läuferoberfläche wird ersetzt durch eine glatte Läuferoberfläche und einen *magnetisch wirksamen Luftspalt* $\delta' = k_C \delta$ mit dem Carter-Faktor k_C, wie er aus den vorherigen Abschnitten bekannt ist.

3. Die Ankerdurchflutung wird zunächst nicht berücksichtigt.
4. Die Magnetstreuung wird vernachlässigt.

Der Einfluß der Feldstärke im Eisen, der Ankerrückwirkung und der Magnetstreuung wird später untersucht. Die in Punkt 2 getroffene Vernachlässigung soll dagegen immer gelten.

Der Arbeitspunkt des Dauermagneten ist der Punkt der Magnetkennlinie, der sich einstellt, wenn der Dauermagnet in einen bestimmten magnetischen Kreis mit vorgegebenen geometrischen Daten eingebaut wird. Für die Berechnung werden die folgenden Gleichungen benötigt:

1. Das Durchflutungsgesetz. Unter Berücksichtigung der tatsächlichen Feldstärkerichtung in Magnet und Luftspalt gilt für einen beliebigen Umlaufweg (Bild 5.5):

$$H_L \cdot \delta' - H_M \cdot h_M = 0 \tag{5.3a}$$

oder, wenn man die magnetischen Spannungen im Magnet V_M und im Luftspalt V_L verwendet:

$$V_L - V_M = 0 \tag{5.3b}$$

h_M ist die Magnethöhe in Magnetisierungsrichtung

2. Die Gleichung der Magnetkennlinie. Wird vorausgesetzt, daß die Magnetfeldstärke H_M im Diagramm (Bild 5.3) nach links positiv gepfeilt ist, gilt

$$B_M = B_R - \mu_0 \mu_M H_M \, . \tag{5.4}$$

3. Der Zusammenhang zwischen Induktion und Feldstärke im Luftspalt:

$$B_L = \mu_0 H_L \tag{5.5}$$

4. Unter der Annahme, daß der Magnetfluß vollständig in den Läufer eintritt, also keine Streuung auftritt, gilt:

$$B_L A_L = B_M A_M \, . \tag{5.6}$$

A_L ist die Luftspaltfläche, durch die der Magnetfluß vom Ständer in den Läufer eintritt, A_M ist die Magnetfläche. Aus Gleichung (5.3) bis (5.6) kann die Induktion im Luftspalt berechnet werden:

$$B_L = \frac{B_R h_M}{\frac{A_L}{A_M} h_M + \mu_M \delta'} \tag{5.7}$$

mit der relativen Permeabilität des Magneten

$$\mu_M = \frac{B_R}{H_C' \mu_0} \tag{5.8}$$

Ist der Permanentmagnet direkt am Luftspalt angeordnet, so kann $A_L = A_M$ gesetzt werden. Gleichung (5.6) geht dann in Gleichung (5.9) über:

$$B_L = B_M \tag{5.9}$$

und Gleichung (5.7) in Gleichung (5.10):

$$B = B_{M0} = \frac{B_R h_M}{h_M + \mu_M \delta'} = \frac{B_R}{1 + \frac{\delta'}{h_M} \mu_M} \tag{5.10}$$

Durch Einsetzen von Gleichung (5.10) in Gleichung (5.4) erhält man die zu B_{M0} gehörige magnetische Feldstärke H_{M0} im Dauermagneten:

$$H_{M0} = \frac{B_R \delta'}{\mu_0 (h_M + \mu_M \delta')} \tag{5.11}$$

Gleichung (5.10) zeigt, daß B_L kleiner als B_R ist, der Magnet also nur im zweiten Quadranten magnetische Energie abgeben kann. Für einen magnetischen Kreis ohne Luftspalt ($\delta' = 0$) ist $B_L = B_R$. Die Gleichung (5.10) zeigt außerdem, daß in Dauermagnetkreisen B_L nicht allein durch die Luftspaltbreite δ', sondern zusätzlich durch die Magnetdicke h_M festgelegt wird. Bei größerer Magnetdicke h_M macht sich eine Luftspaltvergrößerung weniger bemerkbar als bei kleinem h_M.

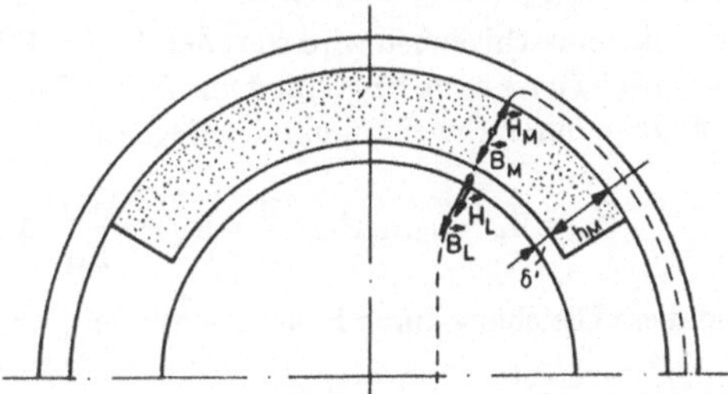

Bild 5.5
Magnetischer Kreis eines Permanentmagnetmotors

Für die Bestimmung der Luftspaltinduktion wird oft ein grafischer Weg gewählt. Hierzu müssen die Magnetkennlinie Gleichung (5.4) und die Luftspaltkennlinie Gleichung (5.12) miteinander geschnitten werden. Die Luftspaltkennlinie, die sogenannte Arbeitsgerade, ergibt sich aus Gleichung (5.3) und Gleichung (5.5):

$$B_L = \mu_0 \frac{h_M}{\delta'} H_M \tag{5.12}$$

Gleichung (5.4) und Gleichung (5.12) sind in Bild 5.6 als Geraden eingezeichnet. Aus der Bedingung $B_L = B_M$, dem Schnittpunkt der beiden Geraden, ergibt sich der gesuchte Arbeitspunkt. Für B_M bzw. B_L wird derselbe Wert abgelesen, der sich aus Gleichung (5.10) errechnen läßt, und auf der Abszisse die im Magneten auftretende magnetische Feldstärke H_M. Die dazugehörige Feldstärke im Luftspalt folgt aus Gleichung (5.3). Aus Gleichung (5.12) läßt sich eine Dimensionierungsregel für Magnete entwickeln: Der

Tangens des Winkels α, der die Steigung der Arbeitsgeraden bestimmt, ist

$$\tan\alpha = \frac{H_M}{B_M} = \frac{\delta'}{h_M \mu_0}.$$

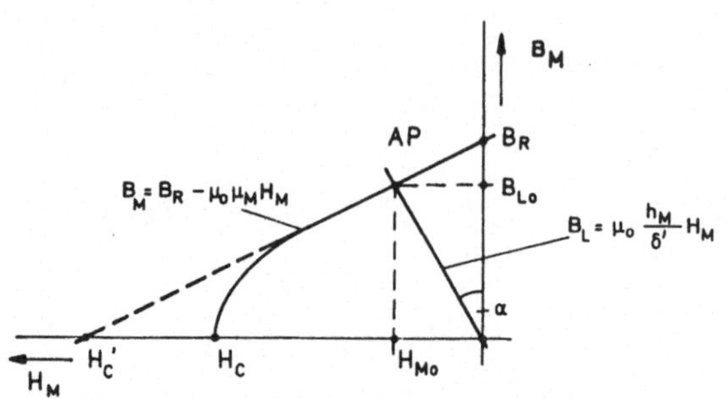

Bild 5.6
Grafische Bestimmung des Arbeitspunktes im B-H-Diagramm

Ist die Koerzitivfeldstärke eines Magneten groß, kann, wie in Abschnitt 5.3.7 erläutert wird, der Winkel α groß, d. h. die Magnetdicke h_M klein sein. Das gilt für Ferrit- und Selten-Erde-Magnete. Sie werden als schmale Scheiben oder Schalen geformt. Der Luftspalt darf außerdem groß gewählt werden, was die Fertigung vereinfacht. AlNiCo-Magnete, die ein geringes H_C aufweisen, werden als Stäbe bzw. als lange Blöcke (in Magnetisierungsrichtung gesehen) ausgeführt.

Im Elektromaschinenbau wird statt des B-H-Diagramms gerne mit dem B-V-Diagramm bzw. mit dem Φ-V-Diagramm gearbeitet. Gleichung (5.4) kann durch Erweitern mit der Magnetdicke h_M in die Gleichung (5.13)

$$B_M = B_R - \mu_0\mu_M H_M \frac{h_M}{h_M} = B_R - \frac{\mu_0\mu_M}{h_M} V_M \tag{5.13}$$

und diese Gleichung durch Erweitern mit der Magnetfläche A_M in die Flußgleichung

$$B_M A_M = B_R A_M - \frac{\mu_0\mu_M}{h_M} A_M V_M \tag{5.14a}$$

überführt werden. In der abgekürzten Form

$$\Phi_M = \Phi_R - \Lambda_i V_M \tag{5.14b}$$

ist $\Phi_M = B_M \cdot A_M$ der magnetische Fluß des Dauermagneten, $\Phi_R = B_R \cdot A_M$ der magnetische Fluß des Dauermagneten, wenn die Remanenzinduktion B_R herrscht, $\Lambda_i = \frac{\mu_0\mu_M}{h_M} A_M$ der magnetische Leitwert des Dauermagneten und $V_M = H_M h_M$ die magnetische Spannung. Außerdem folgt aus Gleichung (5.13) für $B_M = 0$, d. h. wenn die Magnetinduktion durch ein Fremdfeld gerade aufgehoben wird,

$$V_M = \frac{B_R}{\mu_0\mu_M} h_M = H_C' h_M = V_C'.$$

V'_C ist wie H'_C im folgenden ein wichtiger Rechenwert. Man kann sich V'_C als eine eingeprägte magnetische Spannung vorstellen.
Für die Arbeitsgerade erhält man aus Gleichung (5.12)

$$B_L = \frac{\mu_0}{\delta'} V_M \tag{5.15}$$

und aus Gleichung (5.15) durch Erweitern mit der Luftspaltfläche A_L die Flußgleichung

$$B_L A_L = \frac{\mu_0}{\delta'} A_L V_M \tag{5.16a}$$

oder in magnetischen Flüssen ausgedrückt

$$\Phi_L = \Lambda_L V_M \,. \tag{5.16b}$$

Dabei ist $\Phi_L = B_L \cdot A_L$ der Luftspaltfluß und $\Lambda_L = \frac{\mu_0}{\delta'} \cdot A_L$ der magnetische Leitwert des Luftspaltes. Tritt der Fluß des Permanentmagneten vollständig in den Läufer ein, gilt $\Phi_M = \Phi_L$. Mit Hilfe von Gleichung (5.14) und Gleichung (5.16) kann Φ_M berechnet werden:

$$\Phi_M = \frac{\Phi_R}{1 + \frac{\Lambda_i}{\Lambda_L}} \tag{5.17}$$

In Bild 5.7 sind die beiden Gleichungen (5.14b) und (5.16b) grafisch dargestellt.

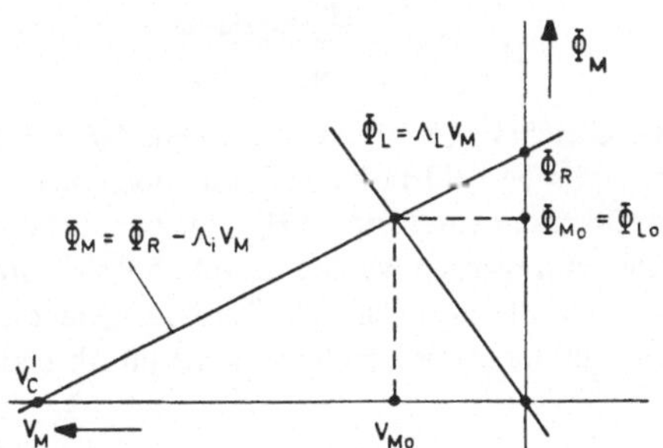

Bild 5.7
Grafische Bestimmung des Arbeitspunktes im Φ-V-Diagramm

5.3.2 Einfluß der Sättigung

Neben den magnetischen Feldstärken H_M im Magnet und H_L im Luftspalt werden noch die magnetischen Feldstärken im Ständerjoch H_{J1}, im Läuferjoch H_{J2} und im Läuferzahn H_{Z2} wirksam. Aufgrund der im allgemeinen relativ geringen magnetischen Ausnutzung von Permanentmagnetmotoren kann die magnetische Spannung in den Zähnen und im Läuferjoch vernachlässigt werden, so daß lediglich die magnetische Spannung entlang des Ständerjoches berücksichtigt werden muß. Die Anwendung des Durchflutungsgesetzes liefert dann entsprechend Bild 5.8

$$H_M h_M = H_L \delta' + H_{J1} \ell_{J1}$$

oder in magnetischen Spannungen ausgedrückt

$$V_M = V_L + V_{J1}. \tag{5.18}$$

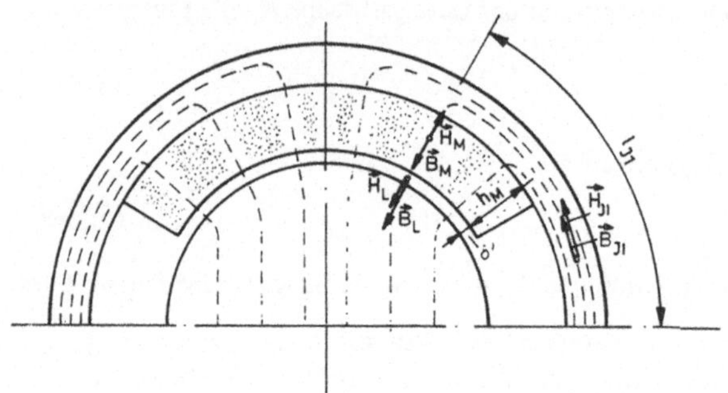

Bild 5.8
Magnetischer Kreis eines Permanentmagnetmotors bei Berücksichtigung der Eisensättigung

Aus Gleichung (5.18) folgt mit Gleichung (5.4), (5.5) und (5.9)

$$B_M = \frac{B_R h_M - H_{J1} \ell_{J1} \mu_0 \mu_M}{h_M + \delta' \mu_M}$$

bzw. mit Gleichung (5.10)

$$B_M = B_{M0} - \frac{H_{J1} \ell_{J1} \mu_0 \mu_M}{h_M + \delta' \mu_M}. \tag{5.19}$$

Aus Gleichung (5.19) ist zu ersehen, daß sich für B_M ein kleinerer Wert ergibt, wenn die magnetische Feldstärke im Ständerjoch nicht vernachlässigt wird. Auf die Berechnung der Ständerjochfeldstärke H_{J1}, die in üblicher Weise erfolgt, soll an dieser Stelle nicht näher eingegangen werden. In Bild 5.9 sind drei Arbeitskennlinien eingezeichnet. Zunächst die Arbeitsgerade (Luftspaltgerade), die sich einstellt, wenn man die Berechnung des magnetischen Kreises wie im Abschn. 5.3.1 durchführt. Die gekrümmte Arbeits-

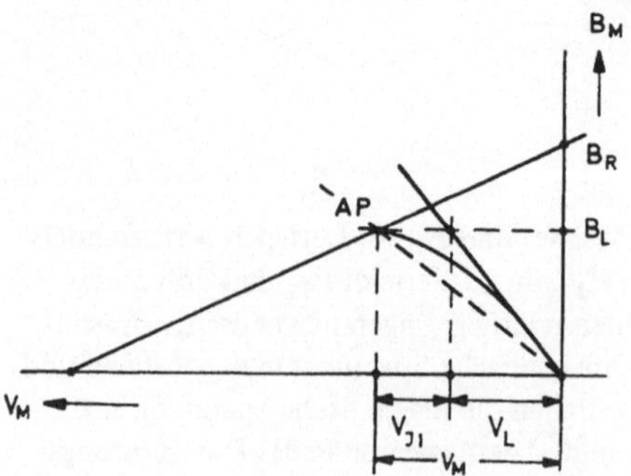

Bild 5.9
Ermittlung des Arbeitspunktes bei Berücksichtigung der Eisensättigung

kennlinie erhält man, wenn neben dem magnetischen Widerstand des Luftspaltes auch noch der magnetische Widerstand des Ständerjoches wirksam wird. Berücksichtigt man den entsprechenden zusätzlichen Bedarf an magnetischer Spannung näherungsweise durch eine Vergrößerung des Luftspaltes, so kann man die gekrümmte Kennlinie durch die gestrichelte Gerade ersetzen.

5.3.3 Ersatzdarstellung des dauermagnetischen Kreises

Die Berechnung eines Dauermagnetkreises unterscheidet sich erheblich von der Berechnung eines elektrisch erregten magnetischen Kreises. Außerdem sind die physikalischen Zusammenhänge im Dauermagneten schwieriger zu verstehen. Deshalb wird in diesem Abschnitt ein magnetisches Ersatzschaltbild hergeleitet, mit dessen Hilfe schnell ein Überblick über die Verhältnisse im Dauermagnetkreis gewonnen werden kann. Die Magnetkennlinie Gleichung (5.4) kann durch Erweitern mit $\frac{h_M}{\mu_0\mu_M}$ und Ersetzen der Remanenzinduktion B_R durch die fiktive Feldstärke H'_C nach Gleichung (5.2) in die Form von Gleichung (5.20) überführt werden:

$$B_M \frac{h_M}{\mu_0\mu_M} = H'_C \cdot h_M - H_M \cdot h_M . \tag{5.20}$$

Wird die linke Seite dieser Gleichung mit der Magnetfläche A_M erweitert und außerdem eine magnetische Spannung in einem etwa vorhandenen Eisen-Rückschluß-Joch vernachlässigt, so daß aufgrund von Gleichung (5.3)

$$H_M h_M = H_L \delta'$$

gilt, erhält man

$$\frac{A_M}{A_M} B_M \frac{h_M}{\mu_0 \cdot \mu_M} + H_L\delta' = H'_C h_M . \tag{5.21}$$

Dabei ist $A_M \cdot B_M$ der Magnetfluß Φ_M, $\frac{h_M}{A_M\mu_0\mu_M}$ der magnetische Innenwiderstand $R_i = 1/\Lambda_i$ des Dauermagneten, $H_L\delta' = \frac{B_L}{\mu_0}\delta'\frac{A_L}{A_L} = \Phi_M \cdot R_L$ die magnetische Spannung V_L am Luftspalt, $\frac{\delta'}{\mu_0 A_L}$ der magnetische Widerstand des Luftspaltes R_L und $H'_C \cdot h_M$ die fiktive eingeprägte magnetische Spannung V'_C des Dauermagneten. Damit lautet die Gleichung (5.21).

$$V'_C = V_L + \Phi_M R_i . \tag{5.22}$$

Aus Gleichung (5.22) ergibt sich das Ersatzschaltbild des magnetischen Kreises in Bild 5.10. Es zeigt sich, daß das Ersatzschaltbild des Dauermagnetkreises mit der eingeprägten magnetischen Spannung V'_C, den magnetischen Widerständen R_i und R_L sowie

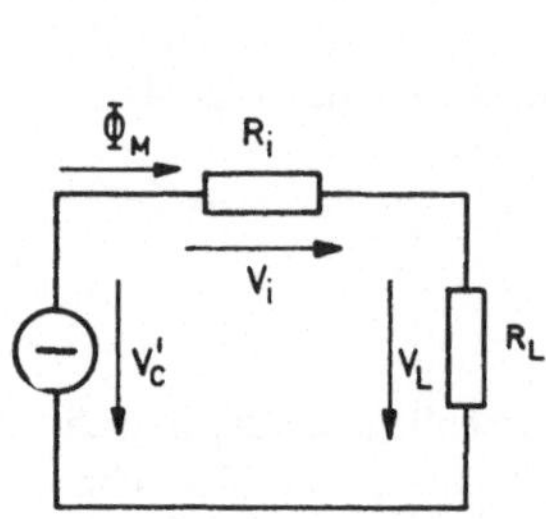

Bild 5.10 Ersatzdarstellung des magnetischen Kreises

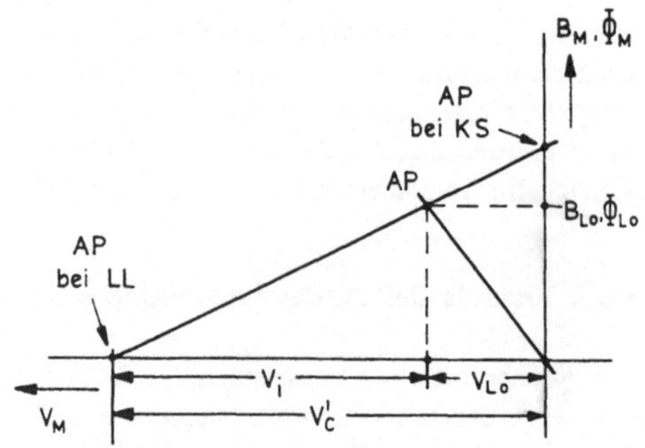

Bild 5.11 Darstellung von V_L, V_i und V_C' im Diagramm

dem Fluß Φ_M mit dem Ersatzschaltbild eines elektrischen Stromkreises mit der eingeprägten elektrischen Spannung U_0, den elektrischen Widerständen R_i (Innenwiderstand der Spannungsquelle) und R_L (Lastwiderstand) sowie dem elektrischen Strom übereinstimmt. Der Zustand des Magneten wird beschrieben durch die Größen B_M (bzw. Φ_M) und H_M (bzw. V_M). Der Magnet kann nun, wie eine elektrische Spannungsquelle mit verschiedenen Lastwiderständen R_L, d. h. mit verschieden großen Luftspalten betrieben werden (Bild 5.11). Analog zum elektrischen Stromkreis kann man den Zustand, bei dem der Magnetfluß Φ_M Null ist, als Leerlauf (LL) bezeichnen. Dies ist der Fall, wenn der Lastwiderstand R_L, d. h. die Luftspaltbreite unendlich groß ist. Die Steigung der Arbeitsgeraden ist Null; die an R_L liegende Spannung V_L ist gleich der eingeprägten magnetischen Spannung V_C'. Wegen $\Phi_M = 0$ ist auch die magnetische Induktion B_M im Magneten Null und

$$H_M = H_C' = \frac{B_R}{\mu_0 \mu_M}.$$

Bei magnetischem Kurzschluß (KS) hat der magnetische Kreis keinen Luftspalt, d. h. R_L ist gleich Null. Damit ist die Induktion B_M im Magneten gleich der Remanenzinduktion B_R und die Feldstärke im Magneten Null. Der Arbeitspunkt auf der Magnetkennlinie bei Leerlauf und Kurzschluß des magnetischen Kreises darf nicht mit dem Arbeitspunkt bei Leerlauf und Kurzschluß (Stillstand) des Motors verwechselt werden.

5.3.4 Ankerquerfeld

In den bisherigen Abschnitten wurde davon ausgegangen, daß der Anker des Permanentmagnetmotors stromlos ist. Bei der Berechnung des magnetischen Kreises muß aber dem vom Ankerstrom erregten Ankerquerfeld, insbesondere beim Einschalten des Motors, Beachtung geschenkt werden. Je nach Richtung der magnetischen Feldstärke des Fremdfeldes, das durch die Läuferwicklung erzeugt wird, kann die magnetische Feldstärke H_M im Magneten verstärkt oder geschwächt werden, so daß der Magnet ab- oder aufmagnetisiert wird und der Arbeitspunkt auf der Magnetkennlinie nach links bzw. nach rechts verschoben wird. Mit Hilfe von Bild 5.12a kann man sich leicht einen Überblick verschaffen: Die Punkte in der hier gezeichneten oberen Läuferhälfte deuten an, daß der Strom aus der Zeichenebene heraustritt. Da der Erregerfluß des Magneten in der oberen Motorhälfte aus dem Ständer in den Läufer übertritt, muß sich der Läufer im Uhrzeigersinn drehen. (Die Drehrichtung des Läufers ist gleich der Richtung, in der man den Pfeil der Ankerdurchflutung, der hier nach rechts zeigt, auf dem kürzesten Wege drehen muß, damit er die Richtung des Pfeils des Erregerflusses, der hier nach unten zeigt, einnimmt.) Wie man sieht, wird an der auflaufenden Polkante das Magnetfeld des Permanentmagneten durch das Ankerquerfeld verstärkt, an der ablaufenden Polkante geschwächt. Die abmagnetisierende Wirkung des Ankerquerfeldes muß genau untersucht werden.

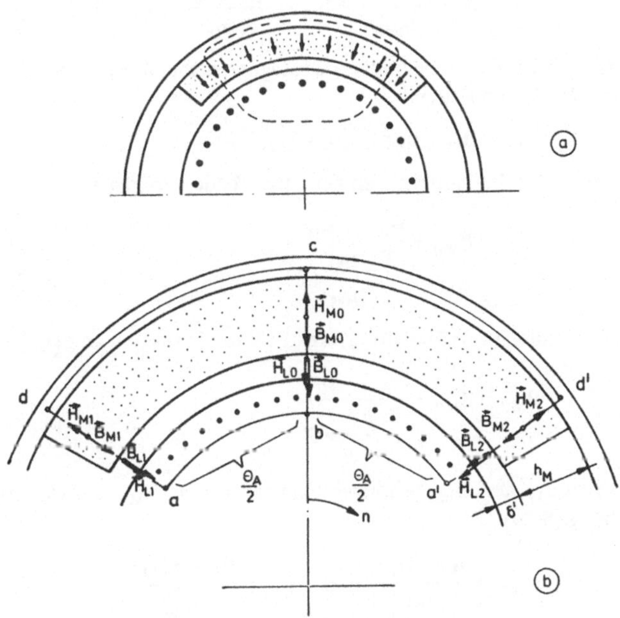

Bild 5.12
Induktion und Feldstärke in der Polmitte und an den Polkanten

In Bild 5.12b ist ein Schnitt durch einen Dauermagnetmotor dargestellt. Die Läuferoberfläche sei wiederum glatt und die Ankerdurchflutung gleichmäßig am Umfang verteilt. Die unter dem Polbogen liegende Ankerdurchflutung sei Θ_A, die zu den Umlaufwegen a–b–c–d bzw. a'–b–c–d' gehörige umfaßte Durchflutung jeweils $\Theta_A/2$. Die magnetische Feldstärke entlang den Wegen a–b bzw. a'–b und c–d bzw. c–d' ist Null, wenn die Permeabilität des Eisens als unendlich groß angenommen wird. Die Größen werden mit dem Zusatzindex 0 für Polmitte, sowie 1 bzw. 2 für den linken bzw. rechten Polrand versehen. Ausgehend von der Induktion und der Feldstärke in der Polmitte können die Induktion und die Feldstärke an den Polrändern bestimmt werden. Das Durchflutungsgesetz auf den Umlaufweg a–b–c–d angewendet, ergibt:

$$-H_{L0}\delta' + H_{M0}h_M - H_{M1}h_M + H_{L1}\delta' = \frac{\Theta_A}{2}.$$

Mit den Verknüpfungsgleichungen

$$B_{L0} = \mu_0 H_{L0} \quad \text{und} \quad B_{L1} = \mu_0 H_{L1}$$

sowie entsprechend Gleichung (5.4)

$$B_{M0} = B_R - \mu_0\mu_M H_{M0} \quad \text{und} \quad B_{M1} = B_R - \mu_0\mu_M H_{M1} \tag{5.23}$$

erhält man

$$-\frac{B_{L0}}{\mu_0}\delta' + \frac{B_R - B_{M0}}{\mu_0\mu_M}h_M - \frac{B_R - B_{M1}}{\mu_0\mu_M}h_M + \frac{B_{L1}}{\mu_0}\delta' = \frac{\Theta_A}{2}.$$

Da außerdem am Innenradius des Magneten überall $B_M = B_L$ gilt, folgt für die Polmitte und den linken Polrand

$$B_{L0} = B_{M0} \quad \text{und} \quad B_{L1} = B_{M1}.$$

Damit wird die Induktion an der auflaufenden Polkante

$$B_{M1} = B_{M0} + \frac{\Theta_A}{2} \cdot \frac{\mu_0}{\dfrac{h_M}{\mu_M} + \delta'}. \tag{5.24}$$

Die entsprechende Herleitung ergibt für die Induktion an der ablaufenden Polkante

$$B_{M2} = B_{M0} - \frac{\Theta_A}{2} \frac{\mu_0}{\dfrac{h_M}{\mu_M} + \delta'}. \tag{5.25}$$

Die zu B_{M1} und B_{M2} gehörigen Feldstärkewerte H_{M1} und H_{M2} ergeben sich aus Gleichung (5.24)

$$H_{M1} = \frac{B_R - B_{M1}}{\mu_0\mu_M} \quad \text{und} \quad H_{M2} = \frac{B_R - B_{M2}}{\mu_0\mu_M}. \tag{5.26}$$

Erfolgt die Arbeitspunktverschiebung im linearen Teil der Magnetkennlinie, so wird der Dauermagnet in gleichem Maße auf- bzw. abmagnetisiert. Wird in Gleichung (5.24) und (5.25) die Ankerdurchflutung Θ_A gleich Null gesetzt, so gilt an allen Stellen des Magneten $B_M = B_{M0}$. Dies ist der in Abschn. 5.3.1 für den nichtdurchfluteten Anker berechnete Wert

$$B_{M0} = \frac{B_R h_M}{h_M + \mu_M \delta'}.$$

Die Lage der Arbeitspunkte AP_1 und AP_2 in Abhängigkeit von der Ankerdurchflutung kann im Bild 5.13a bestimmt werden, wenn die auf- bzw. abmagnetisierende Feldstärke

H_A bekannt ist. An der auflaufenden Polkante (AP_1) sind die innere Feldstärke des Magneten H_{M0} und die im Magneten wirksame Fremdfelstärke H_A entgegengesetzt gerichtet, der Magnet wird also aufmagnetisiert (Bild 5.13a und 5.13b). Aus Bild 5.13a kann abgelesen werden:

$$H_{M1} = H_{M0} - H_A \tag{5.27}$$

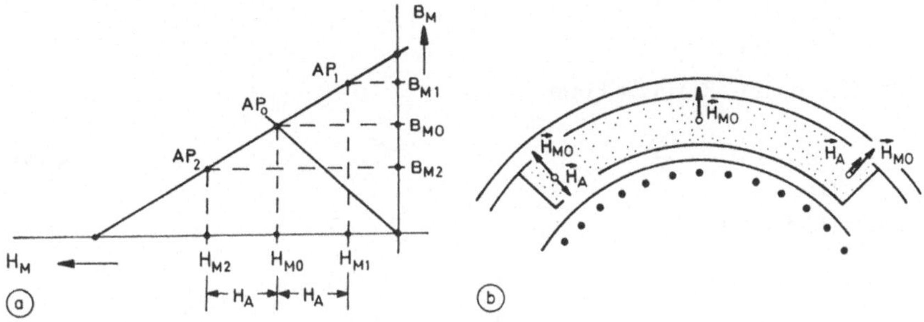

Bild 5.13 Überlagerung von H_{MO} und H_A

An der ablaufenden Polkante (AP_2) haben die Feldstärke von Magnet und Fremdfeld gleiche Richtung, der Magnet wird abmagnetisiert:

$$H_{M2} = H_{M0} + H_A \tag{5.28}$$

H_A kann aus Gleichung (5.27) bzw. (5.28) bestimmt werden:

$$H_A = \frac{B_R - B_{M0}}{\mu_0 \mu_M} - \frac{B_R - B_{M1}}{\mu_0 \mu_M} = -\frac{B_{M0}}{\mu_0 \mu_M} + \frac{B_{M1}}{\mu_0 \mu_M} \tag{5.29}$$

Gleichung (5.24) in Gleichung (5.29) eingesetzt, ergibt für H_A:

$$H_A = \frac{\Theta_A}{2} \cdot \frac{1}{h_M + \delta' \cdot \mu_M} \tag{5.30}$$

Die Koordinaten der Arbeitspunkte AP_1 und AP_2 können auch mit Hilfe der magnetischen Spannungen in Magnet und Luftspalt bestimmt werden. In Bild 5.14 sind die in der Polmitte vorhandenen magnetischen Spannungen V_{M0} und V_{L0}, sowie die an den Polkanten vorhandenen magnetischen Spannungen V_{M1} und V_{L1} bzw. V_{M2} und V_{L2} eingetragen. Wendet man das Durchflutungsgesetz auf den Umlaufweg a–b–c–d in

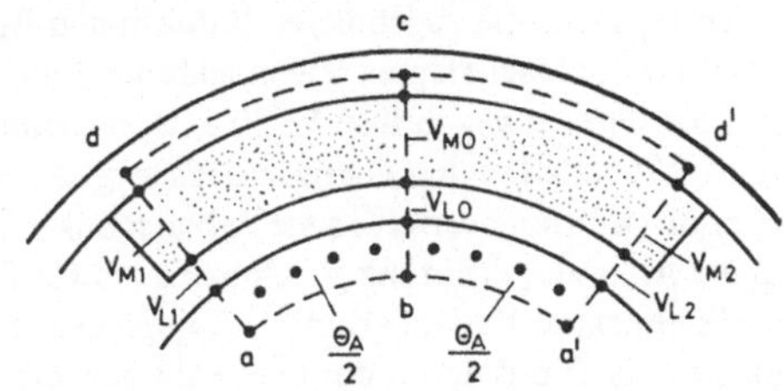

Bild 5.14
Magnetische Spannungen in der Polmitte und an den Polkanten

Bild 5.14 an, so ergibt sich:

$$-V_{M1} + V_{L1} - V_{L0} + V_{M0} = \frac{\Theta_A}{2} \tag{5.31}$$

Nach Gleichung (5.3) gilt, wenn V_{L0} und V_{M0} die magnetischen Spannungen bei nichtdurchflutetem Läufer sind,

$$V_{L0} - V_{M0} = 0,$$

so daß Gleichung (5.31) in die Form

$$-V_{M1} + V_{L1} = \frac{\Theta_A}{2} \tag{5.32}$$

übergeht (Bild 5.15).

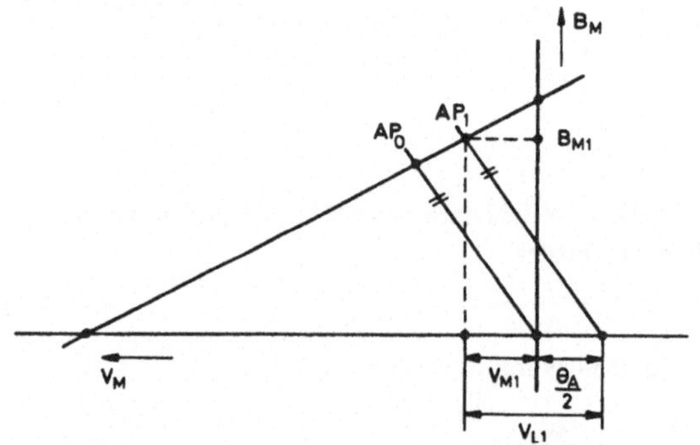

Bild 5.15
Grafische Darstellung der Gleichung (5.32)

Für den Umlaufweg a'–b–c–d' in Bild 5.14 folgt

$$-V_{M0} + V_{L0} - V_{L2} + V_{M2} = \frac{\Theta_A}{2}, \tag{5.33}$$

so daß sich mit Gleichung (5.3)

$$V_{M2} - V_{L2} = \frac{\Theta_A}{2} \tag{5.34}$$

ergibt (Bild 5.16).

Mit Hilfe von Bild 5.12b wurden die Arbeitspunkte AP_1 und AP_2 an den Polkanten des Magneten, sowie die zugehörigen Induktionen B_{M1} und B_{M2} ermittelt. Ebenso kann die Induktion des Magneten an jedem anderen Punkt des Luftspaltes bestimmt werden, wenn der Umlaufweg in Bild 5.12b entsprechend gewählt wird. Die Gleichungen (5.24) und (5.25) behalten ihre Gültigkeit. Es ergeben sich, abhängig von der jeweils umfaßten Ankerdurchflutung verschiedene Arbeitspunkte des Magneten. Unter der Annahme, daß die Ankerdurchflutung gleichmäßig am Umfang verteilt ist, hat die Induktion unter dem Pol linearen Verlauf (Bild 5.17, durchgezogene Linie). Bei nichtdurchflutetem Anker ist die Induktion unter dem Pol konstant (Bild 5.17, gestrichelte Linie).

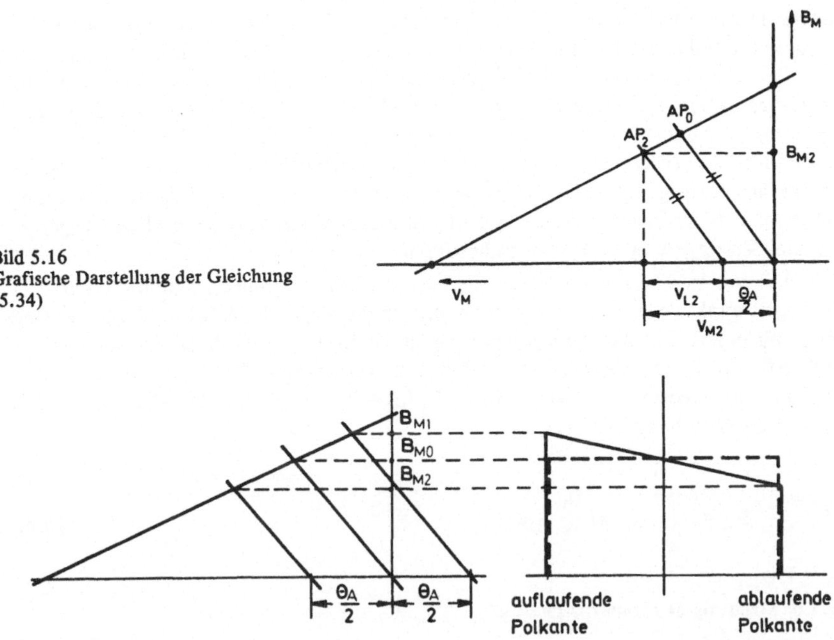

Bild 5.16
Grafische Darstellung der Gleichung (5.34)

Bild 5.17 Grafische Ermittlung der Luftspaltinduktion bei Berücksichtigung des Ankerquerfeldes

5.3.5 Polfluß

Für die Berechnung des magnetischen Polflusses muß der Verlauf der Luftspaltinduktion unter dem Pol bekannt sein. Bei radialer Magnetisierung des Dauermagneten und stromlosem Läufer kann die Induktion unter dem Pol konstant angenommen werden, d. h. B_L kann mit Hilfe von Gleichung (5.10) berechnet werden. Den magnetischen Fluß Φ_M erhält man durch Integration von B_L über die Polfläche des Magneten. Mit den Bezeichnungen nach Bild 5.18 folgt

$$\Phi_M = B_L \int_{-\frac{\alpha}{2}}^{+\frac{\alpha}{2}} \frac{D_i}{2} \ell_M d\varphi = B_L A_M \tag{5.35}$$

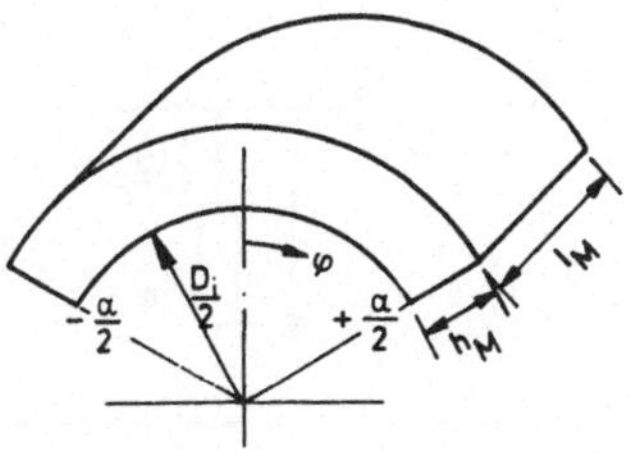

Bild 5.18
Abmessungen des Permanentmagneten

Ist der Läufer durchflutet, ergibt sich der in Bild 5.17 mit der durchgezogenen Linie dargestellte Induktionsverlauf. Wie man sieht, bleibt die mittlere Induktion B_{M0} unter dem Pol erhalten. Für Φ_M ergibt sich derselbe Wert wie in Gleichung (5.35). Allerdings setzt dies voraus, daß der Dauermagnet nur im linearen Teil der Magnetkennlinie auf- bzw. abmagnetisiert wird, was bei richtiger Auslegung des magnetischen Kreises auch der Fall ist. Außerdem muß beachtet werden, daß sich bei magnetisch hoch beanspruchten Permanentmagnetmotoren, genau wie bei elektrisch erregten Gleichstrommotoren im Bereich der aufmagnetisierten Polkante Sättigungserscheinungen im Eisen zeigen, die eine Verringerung des Polflusses bewirken.

Bei diametraler Magnetisierung (Bild 5.1a) muß die Induktion im Luftspalt punktweise berechnet werden, da sich die Magnethöhe h_M in Magnetisierungsrichtung ändert. Zur Berechnung von B_L kann Gleichung (5.10) herangezogen werden, wobei für h_M der jeweils gültige Wert eingesetzt werden muß. Die Induktion unter den Polen hat etwa cosinusförmigen Verlauf: $B_L(\varphi) = B_L \cos\varphi$. Statt der Gleichung (5.35) ist nun die Gleichung (5.36) zu verwenden:

$$\Phi_M = \int_{-\alpha/2}^{+\alpha/2} B_L(\varphi) \frac{D_i}{2} \ell_M d\varphi. \tag{5.36}$$

5.3.6 Streuung des Dauermagneten

Ist die Streuung des Dauermagneten Null, so geht der Magnetfluß Φ_M vollständig in den Läufer über und trägt in vollem Maße als Polfluß Φ_P zur Momentenbildung bei. In Wirklichkeit tritt auch bei permanentmagneterregten Motoren eine Polstreuung Φ_σ auf, da sich an den Polkanten und an den Stirnseiten Magnetfeldlinien direkt über das Ständerjoch schließen, ohne mit der Läuferwicklung verkettet zu sein. Der nutzbare Polfluß wird dadurch verringert. Im Ersatzschaltbild kann dies näherungsweise durch einen parallel geschalteten Streuwiderstand R_σ berücksichtigt werden (Bild 5.19). Die genaue Bestimmung des Streuwiderstandes bzw. des Streuleitwertes muß mit Hilfe eines Feldbildes durchgeführt werden. Diese Methode ist sehr aufwendig, so daß Φ_σ oft geschätzt wird. Aus dem Ersatzschaltbild lassen sich folgende Zusammenhänge ablesen:

$$\Phi_\sigma = \frac{V_L}{R_\sigma} = \Lambda_\sigma V_L \tag{5.37}$$

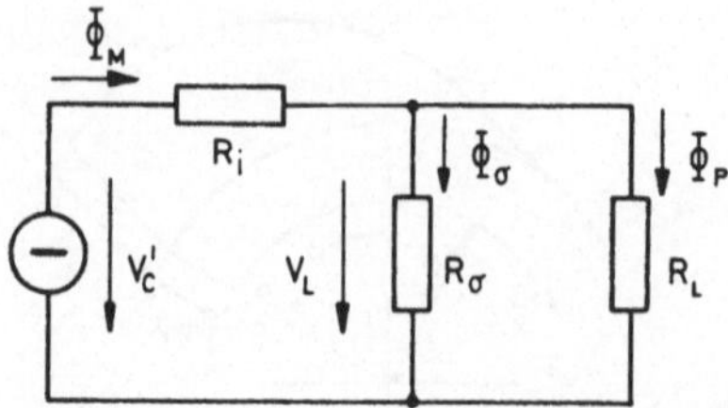

Bild 5.19
Ersatzdarstellung des permanentmagnetischen Kreises bei Berücksichtigung der Streuung des Permanentmagneten

$$\Phi_P = \frac{V_L}{R_L} = \Lambda_L V_L \tag{5.38}$$

$$\Phi_M = \Phi_P + \Phi_\sigma = (\Lambda_\sigma + \Lambda_L)V_L \tag{5.39}$$

In Bild 5.20 sind die Kennlinien für den Streufluß $\Phi_\sigma = \Lambda_\sigma V_L$ und die für Arbeitsgerade $\Phi_M = (\Lambda_\sigma + \Lambda_L)V_L$ grafisch dargestellt.

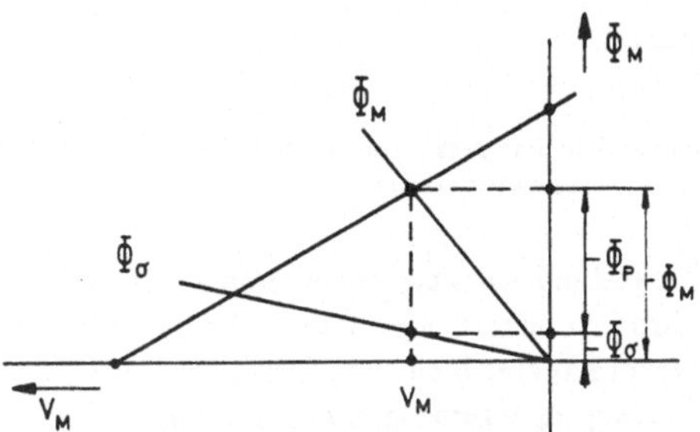

Bild 5.20
Bestimmung des Arbeitspunktes bei Berücksichtigung der Streuung

Der Leitwert des Streuweges ist aufgrund der langen Luftstrecke, die der Streufluß überwinden muß, gering. Deshalb ist diese Kennlinie stark geneigt. Der Arbeitspunkt AP ergibt sich durch Schnitt der Magnetkennlinie Gleichung (5.14) und der Arbeitsgeraden Gleichung (5.39).

5.3.7 Stabilität des Dauermagneten

Bei den bisherigen Überlegungen wurde immer von einer linearisierten Magnetkennlinie mit konstanter Steigung $\mu_0\mu_M$ ausgegangen. Diese Linearisierung ist zulässig, solange der Arbeitspunkt im linearen Bereich der Kennlinie liegt. Diese linearisierte Kennlinie vermag nun aber aus verschiedenen Gründen die Eigenschaften eines Dauermagneten bzw. eines dauermagnetischen Kreises nicht ausreichend zu beschreiben, insbesondere dann nicht, wenn der Arbeitspunkt bis über den Kennlinienknick hinaus nach links verschoben wird (AP'). Im allgemeinen befindet sich der in einen magnetischen Kreis eingebaute Dauermagnet nicht in einem stabilen, sondern in einem labilen magnetischen Zustand. Erfolgt eine Arbeitspunkt-Aussteuerung durch Eingriff in die Geometrie des magnetischen Kreises, z. B. durch Luftspaltvergrößerung oder durch kompletten Läuferausbau, bzw. aufgrund eines entmagnetisierenden Fremdfeldes, so müssen zwei Fälle unterschieden werden. Erfolgt die Aussteuerung des Arbeitspunktes innerhalb des linearen Bereichs der Magnetkennlinie, so stellt sich nach Rücknahme der Aussteuerursache wieder der ursprüngliche Arbeitspunkt ein. Man spricht in diesem Falle von einer umkehrbaren oder reversiblen Arbeitspunktverschiebung, der Magnet erfährt keine bleibende Schädigung (Bild 5.21a und b).

Erfolgt die Aussteuerung des Arbeitspunktes über den Knick hinaus in den nichtlinearen Bereich der Magnetkennlinie, so stellt sich nach Rücknahme der Aussteuerursache nicht der ursprüngliche Arbeitspunkt AP, sondern ein neuer Arbeitspunkt AP'' ein. Dieser ergibt sich durch Schneiden einer nunmehr flacher verlaufenden Dauermagnetkenn-

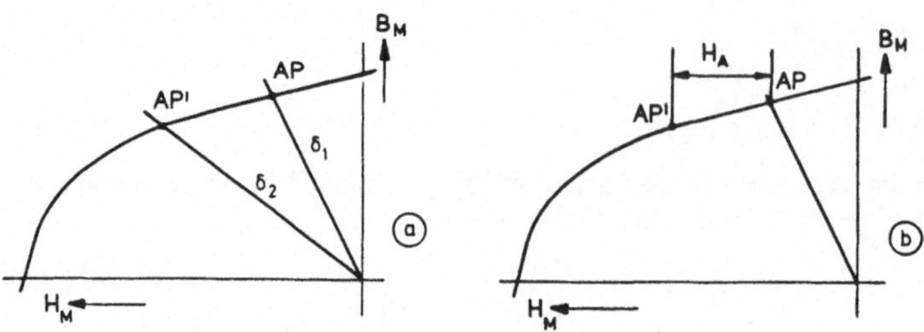

Bild 5.21 Abmagnetisierung im linearen Bereich durch
a) Luftspaltvergrößerung; b) Fremdfeld

linie mit der Arbeitsgeraden (Bild 5.22a und b). Man spricht hier von einer nicht umkehrbaren oder irreversiblen Arbeitspunktverschiebung. Der Magnet hat eine bleibende Schädigung erfahren, die nur durch erneutes Aufmagnetisieren rückgängig gemacht werden kann.

Magnete, die gegen extreme Arbeitspunktverschiebungen geschützt werden müssen, bezeichnet man als remanente Magnete, ihre Kennlinie als remanente Zustandskurve.

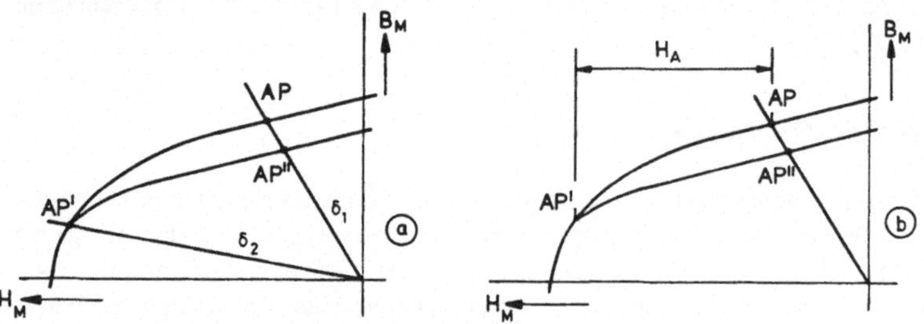

Bild 5.22 Abmagnetisierung in den nichtlinearen Bereich durch
a) Luftspaltvergrößerung; b) Fremdfeld

5.4 Betriebsverhalten

5.4.1 Auslegung des magnetischen Kreises

Nachdem in Permanentmagnetmotoren im wesentlichen remanente Magnete zum Einsatz kommen, muß die Motorauslegung unter dem Gesichtspunkt erfolgen, daß eine Arbeitspunktverschiebung in den nichtlinearen Kennlinienbereich in jedem Falle vermieden wird, da eine Reduzierung der Luftspaltinduktion eine völlig neue Motorkennlinie zur Folge hat. Der Arbeitspunkt muß so festgelegt werden, daß auch bei Berücksichtigung von Toleranzen und Temperatureinflüssen keine Entmagnetisierungsgefahr besteht. Wird eine Aussteuerung bis zum Kennlinienpunkt AP* zugelassen

(Bild 5.23), so kann die maximal zulässige, vom Ankerquerfeld herrührende Feldstärke H_A bestimmt werden.

$\Theta_A/2$ kann in Bild 5.23 abgelesen werden, die zugehörige abmagnetisierende Feldstärke ergibt sich aus Gleichung (5.30). Da die größte entmagnetisierende Wirkung des Ankerquerfeldes beim Einschalten des Motors auftritt, muß der Einschaltstrom auf das zulässige Maß begrenzt werden.

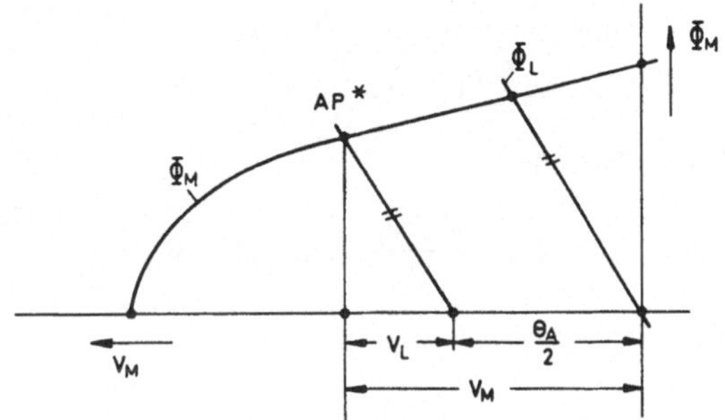

Bild 5.23
Ermittlung der zulässigen Ankerdurchflutung bei vorgegebenem Arbeitspunkt

5.4.2 Ersatzschaltbild, Kennlinien und Leistungsbilanz

Für die Berechnung der Motorkennlinien kann das von der Gleichstrommaschine bekannte Ersatzschaltbild 5.24 herangezogen werden. Dabei ist U die angelegte Speisespannung, I_A der Ankerstrom, R_A der Ankerwiderstand, U_i die induzierte Ankerspannung, Φ_P der vom Dauermagneten herrührende Polfluß und U_B der Bürstenspannungsabfall. Da diese Motoren im allgemeinen mit Spannungen von 12 bis 24 V betrieben werden, sollte U_B nicht vernachlässigt werden. Die Anwendung der Maschenregel ergibt Gleichung (5.40):

$$U - U_B = I_A R_A + U_i \tag{5.40}$$

Die Gleichungen für die induzierte Ankerspannung

$$U_i = z_A \frac{p}{a} \Phi_P n \tag{5.41}$$

und für das innere Motormoment

$$M_i = \frac{1}{2\pi} z_A \frac{p}{a} \Phi_p I_A \tag{5.42}$$

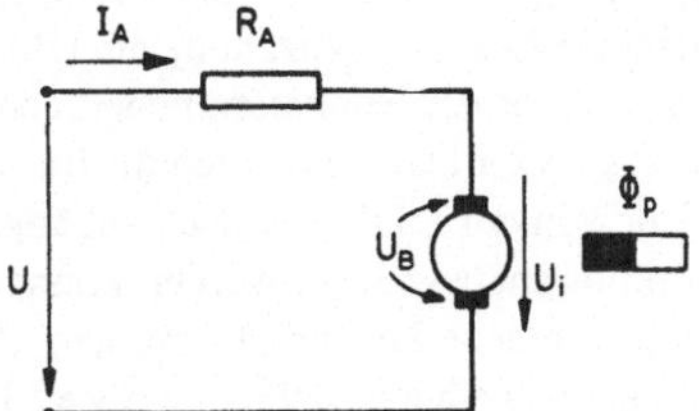

Bild 5.24
Schaltbild des Ersatzstromkreises eines Permanentmagnetmotors

sind von der Gleichstrommaschine her bekannt und werden hier nicht hergeleitet. z_A ist die Leiterzahl am Ankerumfang, 2p die Polzahl, 2a die Anzahl der parallelen Ankerzweige und n die Motordrehzahl. Im Gegensatz zum Universalmotor ist beim Permanentmagnetmotor oft $2p \neq 2a$. Aus Gleichung (5.40) und Gleichung (5.41) kann die Motordrehzahl n in Abhängigkeit vom Motorstrom I_A bestimmt werden:

$$n = \frac{U - U_B}{z_A \frac{p}{a} \Phi_P} - \frac{R_A}{z_A \frac{p}{a} \Phi_P} I_A \qquad (5.43)$$

Für n = 0 (Stillstand) ist

$$I_A = I_{Ak} = \frac{U - U_B}{R_A} \quad \text{und} \quad M_i = M_{ik} = \frac{1}{2\pi} z_A \frac{p}{a} \Phi_P \cdot I_{Ak}.$$

Für $I_A = 0$ (ideeller Leerlauf) ist

$$n = n_0 = \frac{U - U_B}{z_A \frac{p}{a} \Phi_P} \quad \text{und} \quad M_i = 0.$$

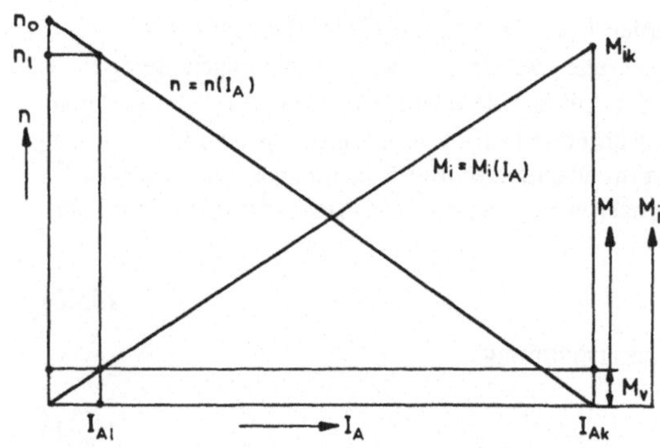

Bild 5.25
Betriebskennlinien eines Permanentmagnetmotors

Wie bei allen elektrischen Kleinmaschinen muß auch hier wegen der nicht zu vernachlässigenden Eisen- und Reibungsverluste zwischen dem inneren Motormoment M_i und dem Moment an der Welle $M = M_i - M_v$ unterschieden werden. Für $M_i = 0$ ($I_A = 0$) stellt sich die ideelle Leerlaufdrehzahl n_0, für $M = 0$ ($I_A = I_{A\ell}$) die tatsächliche Leerlaufdrehzahl n_ℓ ein (Bild 5.25). Die mechanisch zu deckenden Verluste $P_{Fe+R} = 2\pi n M_v$ beinhalten neben den Lager-, Luft- und Bürstenreibungsverlusten auch die im Läufer auftretenden Eisenverluste, da die von der Läuferdrehzahl abhängigen Eisenverluste nicht elektrisch aus dem Gleichspannungsnetz gedeckt werden können. Beim Permanentmagnetmotor setzt sich die aufgenommene Leistung P_1 aus den Stromwärme-Verlusten $I_A^2 R_A$, den elektrischen Bürstenverlusten $U_B \cdot I_A$ und der inneren Leis t u n g $P_i = U_i \cdot I_A$ zusammen:

$$P_1 = I_A^2 R_A + U_B I_A + U_i I_A \tag{5.44}$$

Die innere elektrische Leistung ist gleich der inneren mechanischen Leistung des Motors:

$$P_i = U_i I_A = z_A \frac{p}{a} \Phi_p n I_A = 2\pi n M_i \tag{5.45}$$

Die innere mechanische Leistung teilt sich auf in die an der Welle abgegebene Leistung $P_2 = 2\pi n M$ und in die mechanisch zu deckenden Verluste P_{Fe+R}:

$$P_i = 2\pi n M_i = 2\pi n M + 2\pi n M_v \tag{5.46}$$

Faßt man die Gleichung (5.44), (5.45) und (5.46) zusammen, so erhält man die L e i s t u n g s b i l a n z des Permanentmagnetmotors:

$$P_1 - I_A^2 R_A - U_B I_A = P_i = 2\pi n M + 2\pi n M_v \tag{5.47}$$

5.5 Permanentmagnetmotor an einem Pulssteller

Soll der aus einer Gleichspannungsquelle (Batterie) gespeiste Permanentmagnetmotor bei gleichbleibendem Drehmoment in der Betriebsdrehzahl variiert werden, so kann ein Pulssteller verwendet werden, wie Bild 5.26 zeigt. In diesem Bild ist U die Batteriespannung, U_M die getaktete Spannung, R_A der Ankerwiderstand, L_A die Ankerinduktivität, U_i die induzierte Spannung und Φ_p der Polfluß. Durch Takten der Batteriespannung mit Hilfe des Thyristors TH ergibt sich der in Bild 5.27 dargestellte Verlauf der Motorspannung $u_M(t)$. Da während der Sperrphase des Thyristors die Induktivität L_A den Stromfluß aufrecht zu erhalten versucht, muß dafür gesorgt werden, daß der Strom weiterfließen kann. Dazu schaltet man die F r e i l a u f d i o d e FD parallel zum Motor. Sie

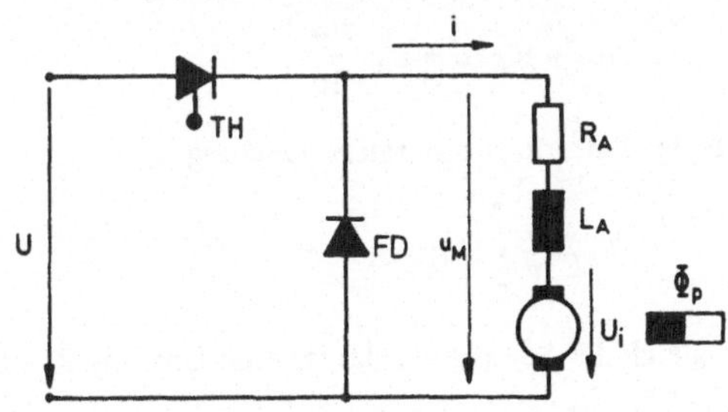

Bild 5.26
Schaltbild eines Permanentmagnetmotors an einem Pulssteller

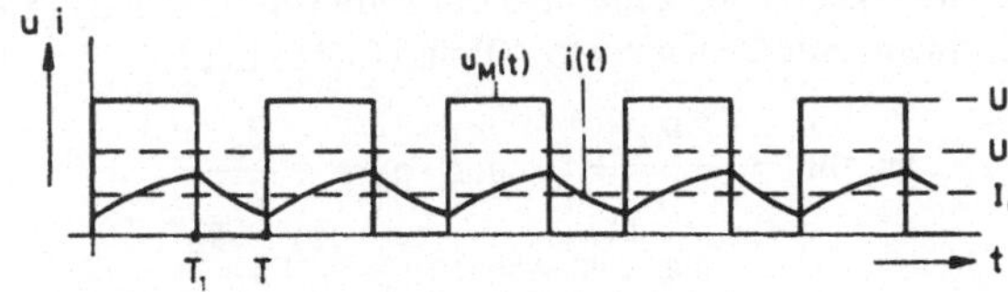

Bild 5.27
Zeitlicher Verlauf von Motorspannung und Motorstrom

übernimmt den Strom in der Sperrphase. Werden hohe Taktfrequenzen gewählt, so ist der Oberschwingungsgehalt des Stromes gering, was sich insbesondere auf die gegenüber reinem Gleichstrombetrieb zusätzlich auftretenden Stromwärmeverluste günstig auswirkt. Bei leitendem Thyristor gilt

$$U = R_A i + L_A \frac{di}{dt} + U_i$$

und bei sperrendem Thyristor

$$0 = R_A i + L_A \frac{di}{dt} + U_i.$$

Die Drehzahl soll in der Sperrphase nicht merklich abfallen, so daß die induzierte Motorspannung U_i als konstant angenommen werden kann. Die Integration der beiden Gleichungen ergibt unter Berücksichtigung der Periodizitätsbedingungen den zeitlichen Verlauf des Motorstromes. Die dem Motor zur Verfügung stehende Spannung $u_M(t)$ kann in einen Gleichanteil U_d und einen Wechselanteil $u_\sim(t)$ zerlegt werden:

$$u_M = U_d + u_\sim(t) \tag{5.48}$$

mit

$$U_d = U \frac{T_1}{T} \tag{5.49}$$

Ebenso kann der Motorstrom $i(t)$ in einen Gleichanteil I_d und einen Wechselanteil $i_\sim(t)$ zerlegt werden.
Für den Gleichanteil der angelegten Spannung gilt

$$U_d = I_d R_A + U_i, \tag{5.50}$$

wobei U_B hier vernachlässigt werden soll, da sich dadurch an der grundsätzlichen Aussage nichts ändert. Für den Wechselanteil der Spannung gilt

$$u_\sim = R_A i_\sim + L_A \frac{di_\sim}{dt}. \tag{5.51}$$

Die der Batterie entnommene Leistung

$$P_1 = \frac{1}{T} \int_0^T U\, i(t)\, dt$$

ist gleich der Summe aus der inneren Leistung $P_i = U_i I_d$ und den Stromwärmeverlusten $P_{Cu} = I_{eff}^2 R_A$.
Die Motorkennlinien kann man mit Hilfe von Gleichung (5.40), (5.41) und (5.42) berechnen. Aus Gleichung (5.40) und (5.41) folgt

$$n = n_0 - \frac{R_A}{z_A \frac{p}{a} \Phi_P} I_d \quad \text{mit} \quad n_0 = \frac{U_d}{z_A \frac{p}{a} \Phi_P}. \tag{5.52}$$

Berücksichtigt man Gleichung (5.49), so erkennt man, daß die ideelle Leerlaufdrehzahl n_0 (bei $M_i = 0$) über das Verhältnis T_1/T beliebig eingestellt werden kann:

$$n_0 = \frac{\frac{T_1}{T} U}{z_A \frac{p}{a} \Phi_P} \qquad (5.53)$$

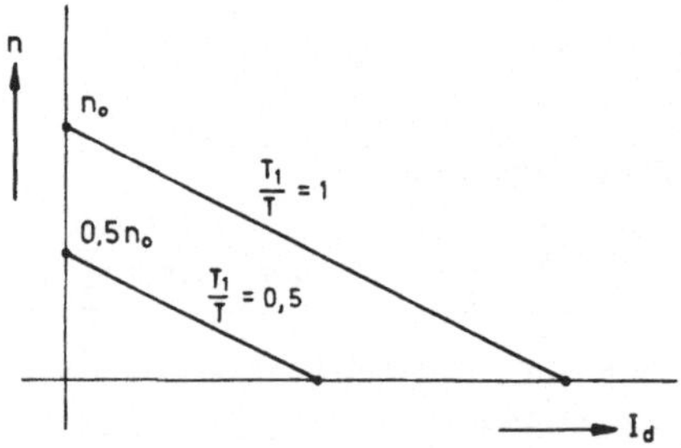

Bild 5.28
Motorkennlinien

In Bild 5.28 ist die Drehzahl-Motorstrom-Kennlinie für das Taktverhältnis $T_1/T = 0{,}5$ und $T_1/T = 1$ dargestellt. Die zugehörigen ideellen Leerlaufdrehzahlen sind $0{,}5\ n_0$ und n_0. Die Steigung der Kennlinie ist vom Taktverhältnis unabhängig und konstant. Aufgrund der stufenlos verstellbaren Speisespannung kann der Motor z. B. vom Stillstand bis zum Nennpunkt mit Nennmoment hochgefahren werden.

5.6 Permanentmagnetmotor am Wechselspannungsnetz

Permanentmagnetmotoren können bei Speisung über Gleichrichter am Wechselspannungsnetz betrieben werden. Der Gleichrichter ist dabei im allgemeinen eine ungesteuerte zweipulsige Brücke (Bild 5.29). Der Betrieb an einer gesteuerten oder halbgesteuerten Brücke ist möglich, für Kleinmaschinen aber oft zu aufwendig.

Den zeitlichen Verlauf des Motorstromes erhält man durch Lösen der Differentialgleichung

$$u_M(t) = \hat{u} \sin \omega t = R_A i + L_A \frac{di}{dt} + U_i, \qquad (5.54)$$

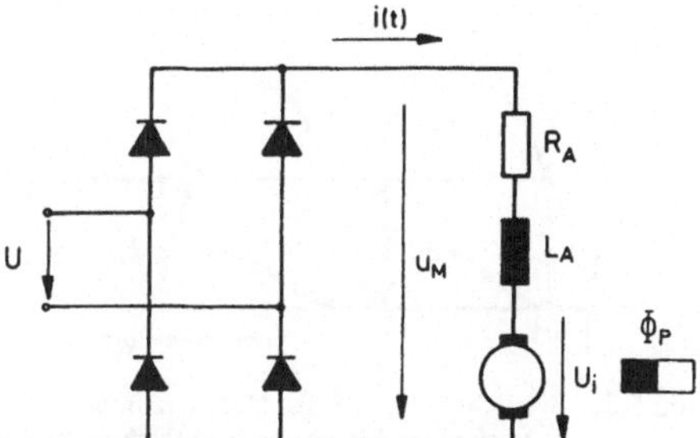

Bild 5.29
Schaltbild eines über einen Gleichrichter betriebenen Permanentmagnetmotors

wobei die Drehzahl und damit U_i für den betrachteten stationären Betriebspunkt des Motors konstant sein soll. Die Integration der homogenen Differentialgleichung

$$0 = R_A i + L_A \frac{di}{dt} + U_i \tag{5.55}$$

führt auf den Ausdruck

$$i = K e^{-(t-t_1)/T} - \frac{U_i}{R_A} \tag{5.56}$$

mit der Zeitkonstanten

$$T = \frac{L_A}{R_A} \quad \text{und} \quad t_1 = \frac{1}{\omega} \arcsin \frac{U_i}{\hat{u}} .$$

Mit Hilfe der Variation der Konstanten kann die allgemeine Lösung von Gleichung (5.54) ermittelt werden:

$$\frac{di}{dt} = K' e^{-(t-t_1)/T} + K \frac{1}{T} e^{-(t-t_1)/T} \tag{5.57}$$

Gleichung (5.57) in Gleichung (5.54) eingesetzt, ergibt:

$$L_A K' e^{-(t-t_1)/T} = \hat{u} \sin \omega t$$

und

$$\begin{aligned} K &= \int \frac{\hat{u}}{L_A} e^{-(t-t_1)/T} \sin \omega t dt + C \\ &= \frac{\hat{u}}{\sqrt{R_A^2 + \omega^2 L_A^2}} e^{-(t-t_1)/T} \sin(\omega t - \varphi) + C \end{aligned} \tag{5.58}$$

Gleichung (5.58) in Gleichung (5.54) eingesetzt, führt auf die allgemeine Lösung der Differentialgleichung

$$i = \frac{\hat{u}}{R_A} \frac{\sin(\omega t - \varphi)}{\sqrt{1 + \left[\frac{\omega L_A}{R_A}\right]^2}} + C e^{-(t-t_1)/T} - \frac{U_i}{R_A} \tag{5.59}$$

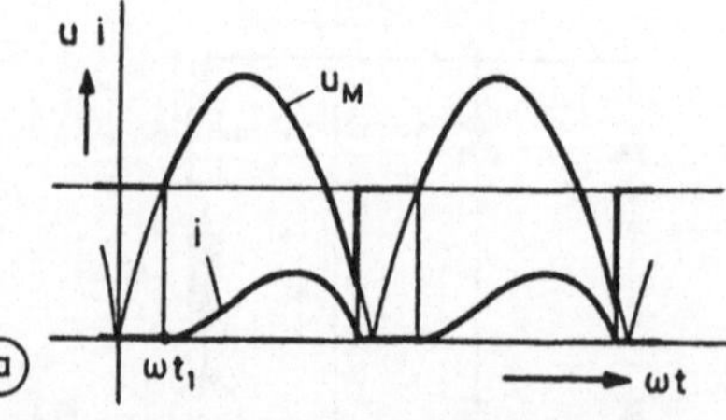

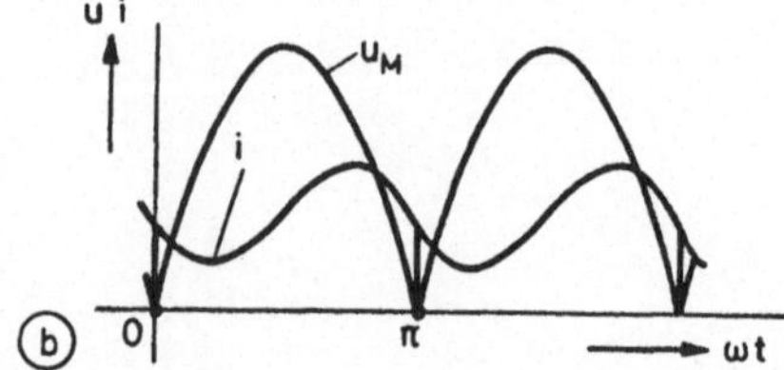

Bild 5.30 Zeitlicher Verlauf des Motorstromes
a) Lückender Strom; b) Nichtlückender Strom

mit $\varphi = \arctan \frac{\omega L_A}{R_A}$.

Die Integrationskonstante kann aus den Anfangsbedingungen bestimmt werden. Bei lückendem Motorstrom gilt $i(\omega t_1) = 0$, bei nichtlückendem Motorstrom gilt $i(0) = i(\pi)$ (Bild 5.30a und b). Besonders übersichtlich werden die Zusammenhänge für die beiden Grenzfälle $L_A = 0$ (ungeglätteter Motorstrom) und $L_A \to \infty$ (vollständig geglätteter Ankerstrom).

5.6.1 Ungeglätteter Motorstrom

Nur wenn die Speisespannung u(t) größer als die induzierte Motorspannung U_i ist, kann der Motorstrom fließen. Im Zeitabschnitt $\alpha < \omega t < \pi - \alpha$ mit $\alpha = \arcsin U_i/\hat{u}$ ergibt sich für den Motorstrom folgende Gleichung:

$$i(t) = \frac{\hat{u}}{R_A} \sin \omega t - \frac{U_i}{R_A}$$

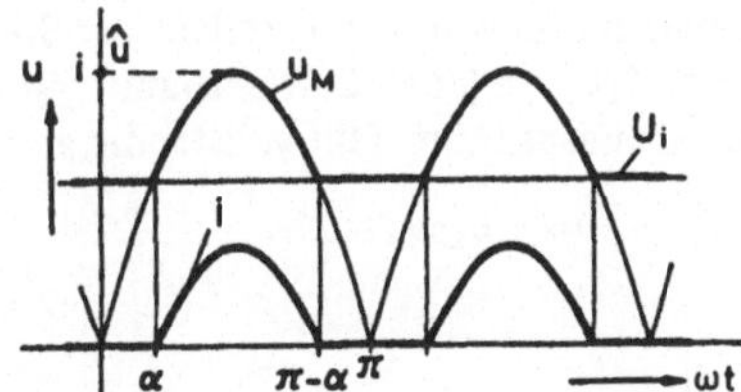

Bild 5.31
Ungeglätteter Motorstrom

Ist die Speisespannung kleiner als die induzierte Motorspannung, so ist der Motorstrom Null, da er seine Richtung nicht umkehren kann. Die Motorspannung u_M ist dann gleich der induzierten Spannung U_i (Bild 5.31). Motorstrom und Motorspannung können wie beim pulsgesteuerten Motor in einen Gleich- und einen Wechselanteil zerlegt werden:

$$u_M(t) = U_d + u_\sim$$

$$i(t) = I_d + i_\sim$$

$$U_d = I_d R_A + U_i$$

$$u_\sim = i_\sim R_A$$

Für den Gleichanteil des Motorstromes folgt

$$I_d = \frac{1}{\pi} \int_{\alpha}^{\pi-\alpha} i(\omega t) d\omega t = \frac{\hat{u}}{\pi R_A} \left[2 \cos \alpha - \frac{U_i}{\hat{u}} (\pi - 2\alpha) \right]$$

und für das Motormoment

$$M_i = \frac{1}{2\pi} z_A \frac{p}{a} \Phi_P I_d$$

Bei stillstehendem Motor ($U_i = 0$ und $\alpha = 0$) ergibt sich

$$I_d = I_{dk} = \frac{2\hat{u}}{\pi R_A}\,. \tag{5.60}$$

Die ideelle Leerlaufdrehzahl n_0 erreicht der Motor wenn $I_d = 0$ und damit $M_i = 0$. Aus Bild 5.31 erkennt man, daß I_d gleich Null wird für $U_i = \hat{u}$. Für n_0 folgt dann

$$z_A \frac{p}{a} \Phi_P n_0 = \hat{u}$$

bzw. $$n_0 = \frac{\hat{u}}{z_A \frac{p}{a} \Phi_P}\,. \tag{5.61}$$

5.6.2 Vollständig geglätteter Motorstrom

Da der Motorstrom nicht lückt, ergibt sich im Gegensatz zu Abschn. 5.6.1 für $0 < \omega t < \pi$ immer ein sinusförmiger Verlauf der Speisespannung mit dem gleichbleibenden Mittelwert $2\hat{u}/\pi$. Für jeden Betriebspunkt gilt $U_d = U_i + I_d R_A$ (Bild 5.32). Der Wechselanteil der Speisespannung fällt vollständig an der Induktivität L_A ab:

$$u_\sim = u_L$$

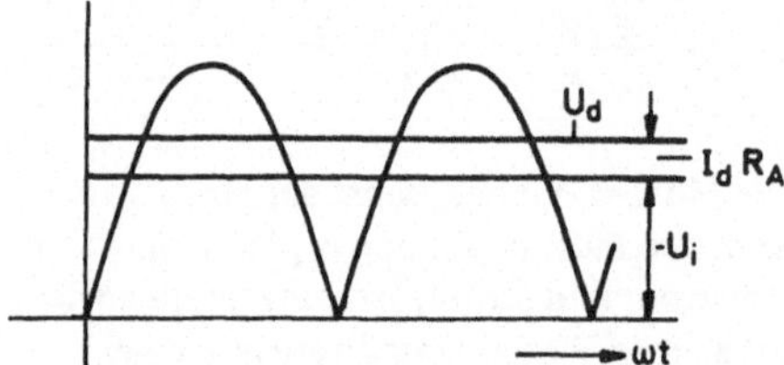

Bild 5.32
Vollständig geglätteter Motorstrom

Aufgrund des konstanten Gleichanteils der Motorspannung ist die Motorkennlinie $I_d = f(n)$ eine Gerade. Bei stillstehendem Motor gilt wiederum

$$I_{dk} = \frac{2\hat{u}}{\pi R_A}$$

Die ideelle Leerlaufdrehzahl erreicht der Motor für $I_d = 0$, also für $U_i = U_d = 2\hat{u}/\pi$:

$$n_0^* = \frac{2\frac{\hat{u}}{\pi}}{z_A \frac{p}{a} \Phi_P} \tag{5.62}$$

In Bild 5.33 ist der Verlauf des Motorstromes I_d in Abhängigkeit von der Drehzahl n für die Fälle $L_A = 0$ und $L_A \to \infty$ dargestellt. Zusätzlich ist der Verlauf der Kennlinie für einige weitere Werte von L_A eingetragen. Dabei fällt auf, daß bei stillstehendem (festgebremstem) Motor der Motorstrom I_{dk} für alle Werte von L_A derselbe ist. Die Induktivität hat also nur Einfluß auf die Welligkeit des Stromes. Solange der Motorstrom nicht lückt, ist die Kennlinie linear. Die Motorstrom-Drehzahl-Kennlinie kann direkt in die Drehmomenten-Drehzahl-Kennlinie überführt werden, da zwischen I_d und M_i Proportionalität besteht.

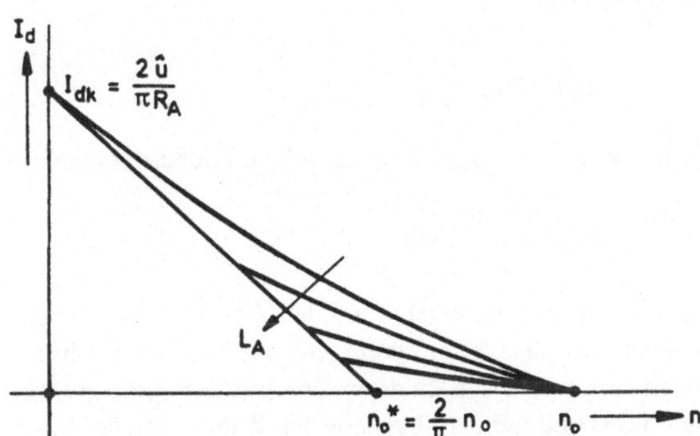

Bild 5.33
Motorkennlinien

5.7 Dreibürstenmotor

Eine Möglichkeit, einen Gleichstrommotor mit z w e i v e r s c h i e d e n e n D r e h z a h l e n zu betreiben, bietet der Dreibürstenmotor. Die Motorspannung kann wahlweise an die beiden in der neutralen Zone liegenden Bürsten a–a gelegt werden, oder an eine dieser beiden und an eine zusätzliche dritte Bürste a' (Bild 5.34). Nimmt man an, daß die Luftspaltinduktion räumlich sinusförmig verteilt sei, so ergibt sich für die in der Ankerspule rotatorisch induzierte Spannung $u_i = \hat{u}_i \sin \alpha$, wobei α der Drehwinkel ist. Stehen die Bürsten in der neutralen Achse (a–a), so erfolgt die Kommutierung im Nulldurchgang der Spannung ($\alpha = 0$ und $\alpha = \pi$) (Bild 5.35). Der Mittelwert der Windungs-

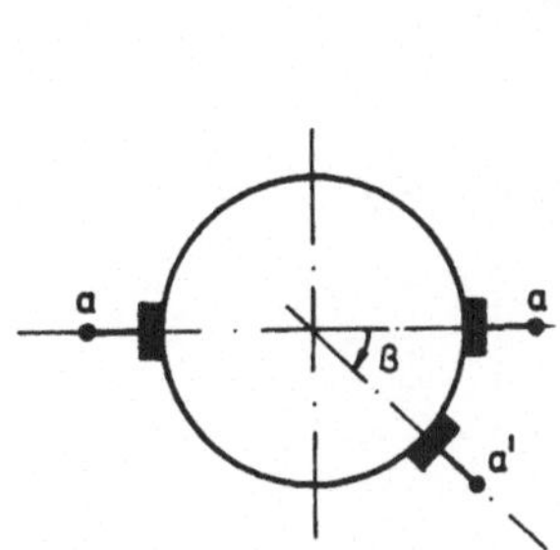

Bild 5.34 Anordnung der drei Bürsten

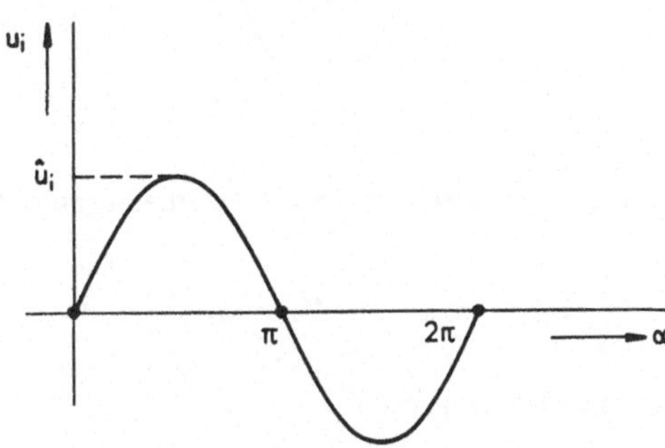

Bild 5.35 Induzierte Spulenspannung in Abhängigkeit vom Drehwinkel

spannung ist dann, schlagartige Kommutierung vorausgesetzt,

$$U_{iw} = \frac{1}{\pi} \int_0^{\pi} \hat{u}_i \sin \alpha d\alpha = \frac{2\hat{u}_i}{\pi}.$$

Bei w_{zw} in Reihe geschalteten Windungen beträgt die induzierte Spannung in jedem der beiden Ankerzweige

$$U_{izw} = w_{zw} \frac{2\hat{u}_i}{\pi}. \tag{5.63}$$

Für die induzierte Spannung je Zweig gilt außerdem die bekannte Gleichung (5.41)

$$U_{izw} = z_A \frac{p}{a} \Phi_P n.$$

Wird eine der beiden Bürsten um den Winkel β aus der neutralen Achse verschoben (a–a'), so bleibt zwar der Verlauf von $u_i(\alpha)$ erhalten, der arithmetische Mittelwert ändert sich jedoch aufgrund des geänderten Kommutierungszeitpunktes ($\alpha = 0$ und $\alpha = \pi - \beta$) (Bild 5.36) und der damit geänderten Zuordnung der Spule zu den beiden Ankerzweigen. Der Mittelwert der Windungsspannung berechnet sich jetzt zu

$$U_{iw} = \frac{\hat{u}_i}{\pi - \beta} \int_0^{\pi - \beta} \sin \alpha d\alpha = \frac{\hat{u}_i}{\pi - \beta} (1 + \cos \beta).$$

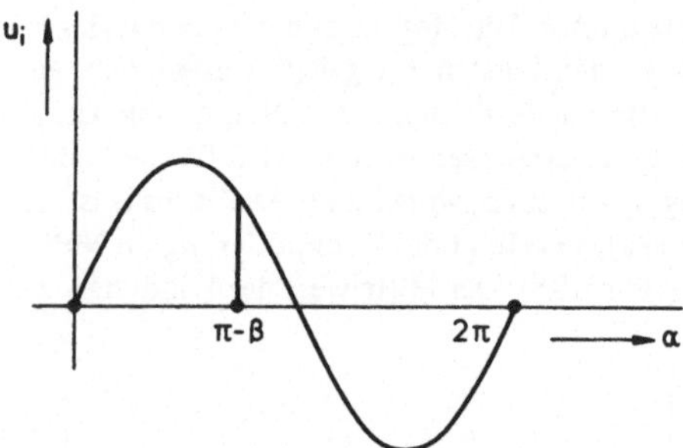

Bild 5.36
Kommutierungszeitpunkte bei Verschiebung einer Bürste

Bei $w_{zw} \frac{\pi - \beta}{\pi}$ in Reihe geschalteten Windungen je Ankerzweig folgt für

$$U_{izw}^* = w_{zw} \frac{\pi - \beta}{\pi} U_{iw} = w_{zw} \frac{\hat{u}_i}{\pi} (1 + \cos \beta)$$

oder mit Gleichung (5.63)

$$U_{izw}^* = U_{izw} \frac{1 + \cos \beta}{2} = z_A \frac{p}{a} \Phi_P n \frac{1 + \cos \beta}{2}. \tag{5.64}$$

Die ideelle Leerlaufdrehzahl ergibt sich für I = 0, d. h. dann, wenn die induzierte Motorspannung U_{izw} und die angelegte Spannung U gleich groß sind. Wird die Speisespannung an die Durchmesserbürsten angelegt, so gilt

$$U_{izw} = z_A \frac{p}{a} \Phi_P n = U.$$

Also ist $n_0 = \dfrac{U}{z_A \frac{p}{a} \Phi_P}$.

Wird die Speisespannung an eine Durchmesserbürste und an die um den Winkel β verschobene Bürste gelegt, gilt

$$U_{izw}^* = z_A \frac{p}{a} \Phi_P n \frac{1 + \cos\beta}{2} = U.$$

Man erhält dann die ideelle Leerlaufdrehzahl

$$n_0^* = \frac{U}{z_A \frac{p}{a} \Phi_P} \frac{2}{1 + \cos\beta}$$

bzw. das Verhältnis

$$\frac{n_0^*}{n_0} = \frac{2}{1 + \cos\beta}$$

Die ideelle Leerlaufdrehzahl kann also mit Hilfe der dritten Bürste um den Faktor $\dfrac{2}{1 + \cos\beta}$ angehoben werden.

5.8 Gleichstrommotoren mit eisenlosem Läufer

Für S e r v o - und S t e l l a n t r i e b e werden häufig Motoren mit g e r i n g e r e l e k t r i s c h e r u n d / o d e r m e c h a n i s c h e r Z e i t k o n s t a n t e verlangt. Zwei unterschiedliche Ausführungen stehen dafür zur Verfügung: der Glockenläufermotor in einem Leistungsbereich von weniger als 1 Watt bis etwa 20 Watt un der Scheibenläufermotor in einem Leistungsbereich zwischen etwa 20 Watt und mehreren Kilowatt.

5.8.1 Scheibenläufermotor

Der Läufer dieser Motoren ist eine Scheibe, die sich an Magneten in Knopf- oder Ringform vorbeibewegt, so daß der Nutzfluß in den Luftspalten axial verläuft (Bild 5.37). Die Magnete können auch auf beiden Seiten des Läufers angebracht sein. Motoren klei-

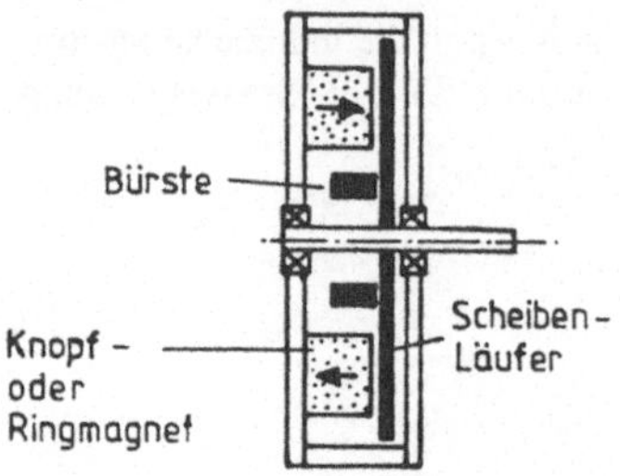

Bild 5.37
Schnitt durch einen Scheibenläufermotor

ner Leistung haben eine Isolierstoffscheibe mit gedruckter oder gestanzter Wicklung, wie sie Bild 5.38 zeigt. Es handelt sich hier um eine Wellenwicklung, deren Oberschicht auf der einen Seite der Scheibe und deren Unterschicht auf der anderen Seite liegt. Am Außenrand sind die Leiter miteinander verlötet. Die Leiter tragen keine Isolation, wodurch eine bessere Wärmeabfuhr ermöglicht wird. Da die Leiterbahnen relativ breit sind, kann sich bei höheren Frequenzen eine Stromverdrängung bemerkbar machen. Das Drehmoment weist praktisch keine Schwankungen auf, weil die Wicklung gleichmäßig am Umfang verteilt ist. Derartige Motoren besitzen daher sehr gute Gleichlaufeigenschaften. Ein besonderer Kommutator ist nicht vorgesehen, die Bürsten schleifen direkt auf den Leiterbahnen.

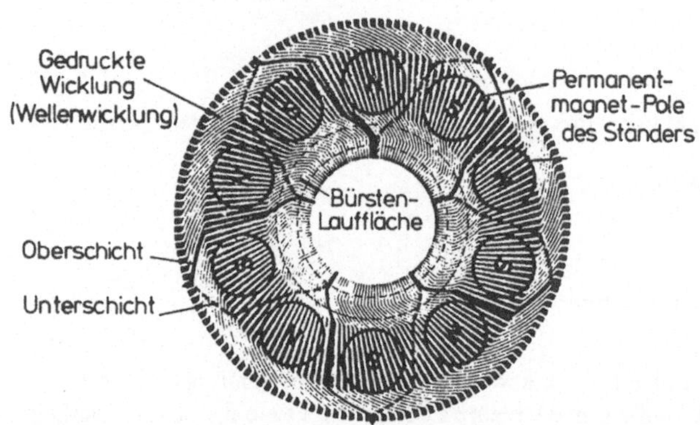

Bild 5.38
Aufbau einer Läuferscheibe mit einer gestanzten Wicklung

Scheibenläufermotoren größerer Leistung werden mit Läufern ausgestattet, die eine in Kunststoff gebettete Spulenwicklung haben, die an einen normalen Kommutator geführt ist.

Da der magnetische Fluß eine große, eisenlose Strecke überwinden muß, ist die Ausnutzung dieser Motoren relativ schlecht. Andererseits ist dadurch und durch die verhältnismäßig geringe Ankerwindungszahl die Induktivität der Ankerwicklung und damit die elektrische Zeitkonstante niedrig. Motoren größerer Leistung weisen zudem eine geringere mechanische Zeitkonstante als vergleichbare Motoren auf.

5.8.2 Glockenläufermotor

Glockenläufermotoren verfügen stets neben der geringen elektrischen Zeitkonstante über eine geringe mechanische Zeitkonstante. Für die Ausnutzung gilt das gleiche wie beim Scheibenläufermotor. Bild 5.39 zeigt den prinzipiellen Aufbau. Die Läuferwicklung ist in Kunststoff gebettet und bildet einen Topf oder eine Glocke. Diese dreht sich um einen zwei- oder vierpoligen, am Gehäuse befestigten Magneten. Die Wicklung ist oft als Wellenwicklung ausgeführt, und zwar in normaler Form mit axial verlaufenden Leitern und Wickelköpfen oder als Schrägwicklung. Bild 5.40 zeigt einen Läufer mit der letzteren Wicklungsvariante und das zugehörige Wickelschema. Die ausgezogenen Striche stellen die an der Oberfläche liegenden, sichtbaren Leiter dar. Eine derartige Wicklung ist fertigungstechnisch besonders günstig.

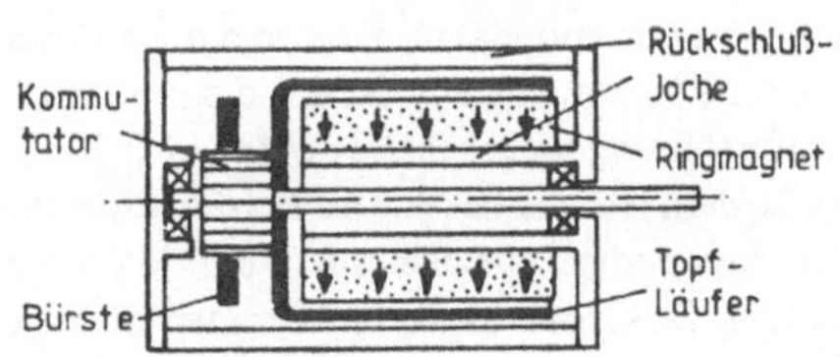

Bild 5.39
Schnitt durch einen Glockenläufermotor

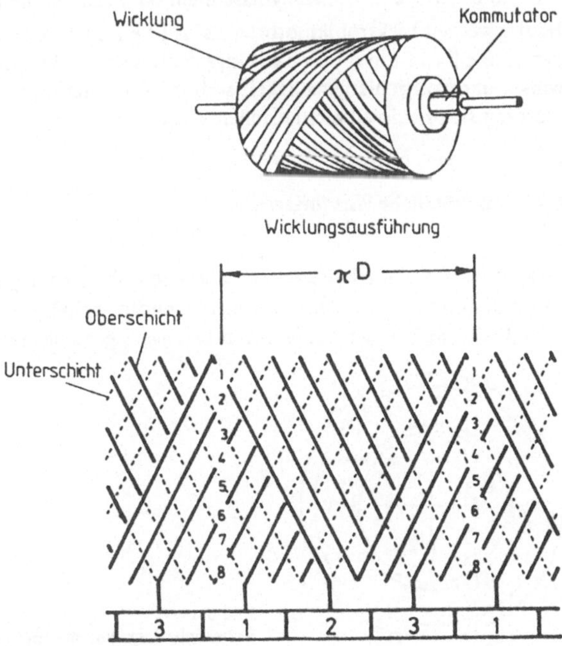

Bild 5.40
Glockenläuferwicklung
(System Faulhaber)

6 Elektronikmotor

6.0 Einleitung

In der Antriebstechnik werden zunehmend Motoren verlangt, die die Vorteile des Asynchronmotors (Robustheit, Geräuscharmut, lange Lebensdauer) und die Vorteile des Kommutatormotors (einfache Drehzahlstellung und -regelung, großer Drehzahlstellbereich) in sich vereinigen. Elektronikmotoren (E-C-Motoren) erfüllen diese Forderungen. Sie verfügen dabei weder über die Nachteile der Asynchronmaschine (Blindleistungsbedarf, Läuferverluste) noch über die Nachteile der Synchronmaschine (Schwingfähigkeit, Außer-Tritt-Fallen).
Elektronikmotoren sind kontaktlos kommutierende Gleichstrommotoren mit einem Permanentmagnetläufer und einer ein- oder mehrsträngigen Ständerwicklung, welche in Abhängigkeit von der Läuferstellung umgeschaltet wird. Aufbau und Fertigung machen den Motor teuer. Außerdem ist, wie bei der umrichtergespeisten Asynchron- und Synchronmaschine auch, eine aufwendige, speziell an den Motor angepaßte Elektronik notwendig. Elektronikmotoren kommen im allgemeinen nur in höherwertigen Geräten zum Einsatz, z. B. als Antrieb in Tonbandgeräten, Plattenspielern und Videogeräten, in Geräten der Datenverarbeitung und der Meßtechnik und in industriellen Anwendungen als Vorschubantriebe in Werkzeugmaschinen oder Handhabungsgeräten.
Häufig werden Elektronikmotoren als Alternative zu den in Kapitel 7 beschriebenen Schrittmotoren eingesetzt, insbesondere dann, wenn bezüglich Schrittwinkel und Positioniergenauigkeit so hohe Anforderungen gestellt werden, daß Schrittmotoren sie prinzipiell nicht erfüllen können.

6.1 Grundsätzliche Wirkungsweise

Elektronikmotoren arbeiten nach demselben Wirkungsprinzip wie Gleichstrommotoren. Beim Gleichstrommotor behält der Ständerflußzeiger immer seine Richtung bei, der Läuferdurchflutungszeiger steht räumlich ebenfalls still und bil-

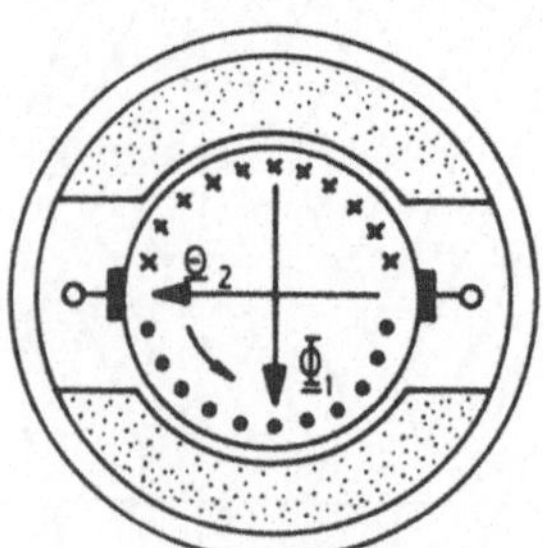

Bild 6.1
Räumliche Lage von $\underline{\Phi}_1$ und $\underline{\Theta}_2$ beim Permanentmagnetmotor

det mit dem Ständerflußzeiger einen Winkel von 90° (Bild 6.1). Aufgrund der Kommutierung bleibt diese Zuordnung auch dann erhalten, wenn sich der Läufer dreht.

Beim Elektronikmotor wird der Permanentmagnet auf dem Läufer angebracht (Innenpolprinzip), und die stromdurchflossene Wicklung befindet sich im Ständer (Bild 6.2a). Die Ständerwicklung sei so durchflutet, daß Ständerdurchflutungszeiger $\underline{\Theta}_1$ und Läuferflußzeiger $\underline{\Phi}_2$ einen Winkel von 90° bilden. Damit der Winkel zwischen $\underline{\Theta}_1$ und $\underline{\Phi}_2$ auch bei rotierendem Läufer stets 90° ist, müssen die einzelnen Ständerspulen in Abhängigkeit von der Läuferstellung umgeschaltet und die Stromrichtung in den einzelnen Spulen umgekehrt werden (Bild 6.2b).

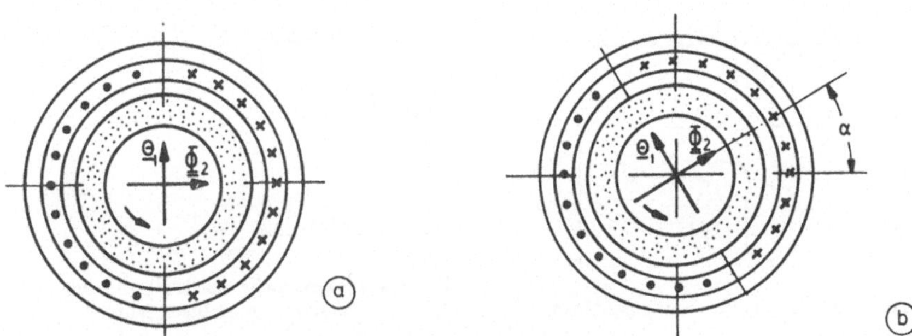

Bild 6.2 Räumliche Lage von Θ_1 und Φ_2 beim Elektronikmotor
a) Ausgangslage; b) Drehung des Läufers um den Winkel α

Beim Umschalten müssen zwei Bedingungen erfüllt sein: Die Ständerwicklungen müssen in der richtigen Reihenfolge und zum richtigen Zeitpunkt geschaltet werden. Deshalb muß die Winkellage des Läufers mit Hilfe von Lagegebern (Feldplatten oder Hallgeneratoren) erfaßt werden. Die Lagegeber liefern die Steuersignale für die Schalter (Transistoren). Elektronikmotoren sind also Antriebe, bei denen Motor und elektronische Steuerschaltung eine Einheit bilden. Mit zunehmender Spulenzahl im Ständer steigt der schaltungstechnische Aufwand erheblich an. Elektronikmotoren werden deshalb mit maximal vier Ständerwicklungssträngen gebaut. Billige Motorausführungen haben lediglich einen Strang.

6.2 Ausführungsarten

Die verschiedenen Elektronikmotoren sollen nach zwei Gesichtspunkten unterschieden werden:

1. nach der Anzahl der Ständerspulen und
2. nach der Anzahl der Ständerstromimpulse je Läuferumdrehung.

6.2.1 Einsträngiger, einpulsiger Motor

Der Motoraufbau ist in Bild 6.3 schematisch dargestellt. Die Ständerwicklung besteht aus einem einzigen Wicklungsstrang 1, der über einen Transistor T1 an die Spannungsquelle gelegt wird (Bild 6.4). Der Permanentmagnetläufer ist zweipolig. Das Steuersignal für den Transistor liefert im allgemeinen ein Hallgenerator HG, dessen Ansteuerung entweder durch zusätzliche, auf der Läuferwelle angebrachte Steuermagnete oder mit Hilfe der Läufermagnete selbst erfolgen kann. Bei den hier beschriebenen Motorvarianten soll die Ansteuerung immer mit Hilfe separater Steuermagnete erfolgen.

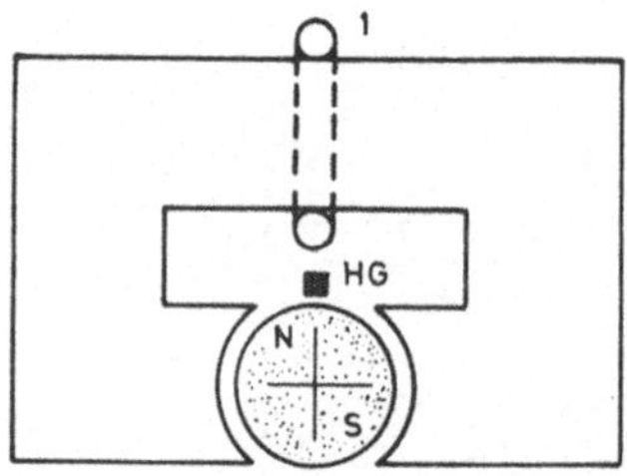

Bild 6.3 Einsträngiger, einpulsiger Motor

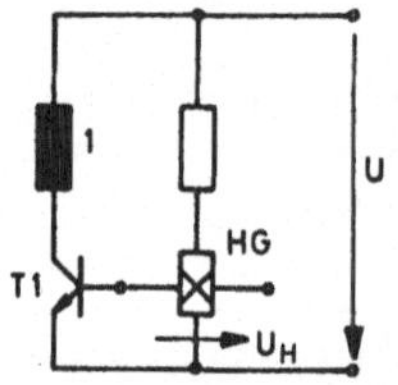

Bild 6.4 Elektronische Schaltung zum einsträngigen, einpulsigen Motor

Wird ein Hallgenerator von einem Magnetfeld erregt, so erzeugt er bei Speisung mit einem Steuerstrom eine Hallspannung U_H, die zum Schalten von Transistoren verwendet werden kann. Der Zusammenhang zwischen Magnetinduktion B und Hallspannung U_H ist linear. Kehrt das Magnetfeld seine Richtung um, so kehrt auch die Hallspannung ihr Vorzeichen um.

Bei diesem Motor gibt es nur die Schaltzustände „T1 leitet“ und „T1 sperrt“. In Bild 6.5 ist die Anordnung des Hallgenerators und der Steuermagnete, in Bild 6.6 die Lage der Steuermagnete zu Beginn (durchgezogene Linie) und am Ende des Schaltzustandes (gestrichelte Linie) dargestellt. Der Hallgenerator wird also vom Nordpol des Steuermagneten angesteuert.

Die Hallspannung U_H sei so gerichtet (Bild 6.4), daß sich das Basispotential von T1 anhebt und der Transistor leitet. Die Ständerspule 1 führt Strom. Die Wicklung sei so

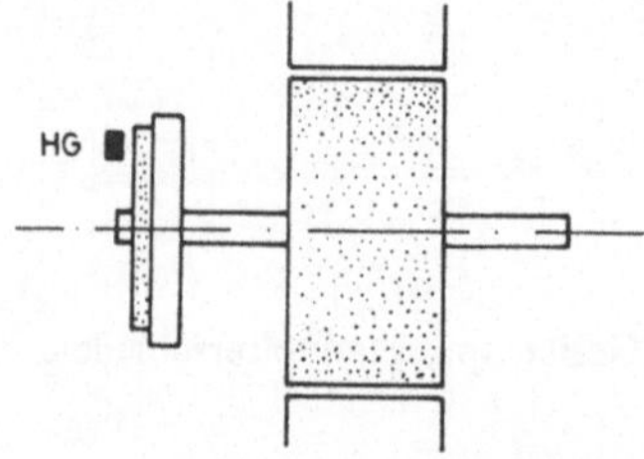

Bild 6.5 Anordnung der Steuermagnete und des Hallgenerators. Seitenansicht

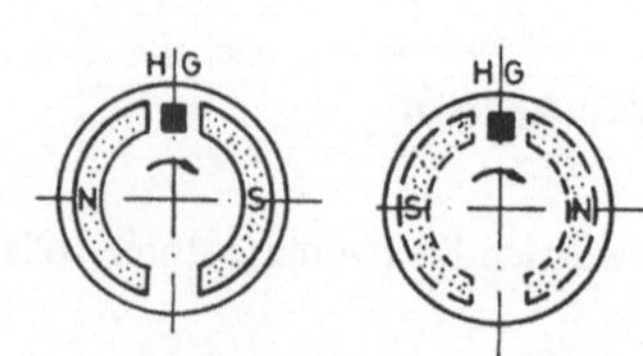

Bild 6.6 Anordnung der Steuermagnete und des Hallgenerators. Stirnseitige Ansicht

durchflutet, daß der Ständerdurchflutungszeiger $\underline{\Theta}_1$ während des Schaltzustandes nach links zeigt. Die Richtung des Läuferflußzeigers $\underline{\Phi}_2$ zu Beginn des Schaltzustandes ist durch einen durchgezogenen Pfeil, am Ende des Schaltzustandes durch einen gestrichelten Pfeil dargestellt (Bild 6.7). Der mittlere Winkel zwischen $\underline{\Theta}_1$ und $\underline{\Phi}_2$ beträgt 90°.

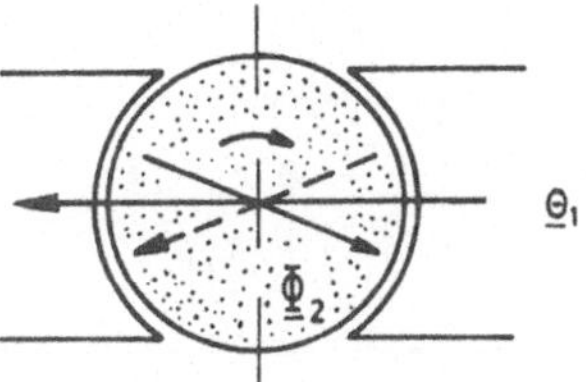

Bild 6.7
Räumliche Lage von $\underline{\Theta}_1$ und $\underline{\Phi}_2$ zu Beginn und am Ende des Schaltzustandes

Die Ständerwicklung wird von einem pulsierenden Strom, der in einen Gleich- und einen Wechselanteil zerlegt werden kann, durchflossen. Bei der Berechnung der Drehmomentenanteile soll nur der Gleichanteil und die sinusförmige Grundschwingung des Wechselanteils berücksichtigt werden. Außerdem sei, um eine einfache Berechnung zu ermöglichen, der Ständerstrombelag räumlich sinusförmig verteilt. Den vom Wechselstrom herrührenden Strombelag $A_\sim = \hat{A} \sin px_1 \cdot \sin \omega t$ kann man sich aus einer linksdrehenden Strombelagswelle $A_L = \hat{A}_L \sin (px_1 - \omega t)$ und einer rechtsdrehenden Strombelagswelle $A_R = \hat{A}_R \sin (px_1 + \omega t)$ zusammengesetzt denken. Das vom Läufermagneten erregte Luftspaltfeld sei ebenfalls sinusförmig am Läuferumfang verteilt:

$$B(x_2) = \hat{B} \sin px_2$$

Die Auswertung der Drehmomentengleichung

$$m = \ell R^2 \int_0^{2\pi} A(x_1, t) B(x_1, t) dx_1 \tag{6.1}$$

liefert drei Drehmomentenanteile. Die mit dem Läufer umlaufende Strombelagswelle erzeugt ein zeitlich *konstantes Nutzmoment*. Die gegenlaufende Strombelagswelle erzeugt ein *Pendelmoment* doppelter Ständerfrequenz und der Gleichanteil ein Pendelmoment einfacher Frequenz.

6.2.2 Zweisträngiger, zweipulsiger Motor

Die Ständerwicklung besteht aus den Wicklungssträngen 1 und 2 (Bild 6.8), die in entgegengesetzter Richtung vom Strom durchflossen werden und mit Hilfe der Transistoren T1 und T2 angesteuert werden (Bild 6.9). Schaltzustand 1 entspricht dem in Abschn. 6.2.1 beschriebenen Schaltzustand. Beim Schaltzustand 2 wird *der Hallgenerator* vom Südpol der Steuermagnete angesteuert, die Hallspannung U_H kehrt ihr Vorzeichen um, T2 leitet (T1 sperrt) und Wicklung 2 führt Strom. Aufgrund des umgekehrten Wicklungssinnes kehrt der Ständerdurchflutungszeiger seine Richtung um. In Bild 6.10 zeigt $\underline{\Theta}_1$ nach rechts. Der Läuferflußzeiger zu Beginn des Schaltzustandes ist durch einen durchgezogenen Pfeil, am Ende des Schaltzustandes durch einen gestrichelten Pfeil dargestellt.

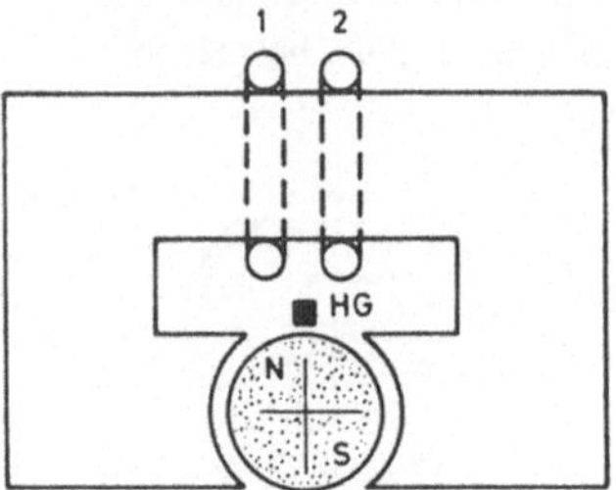

Bild 6.8 Zweisträngiger, zweipulsiger Motor

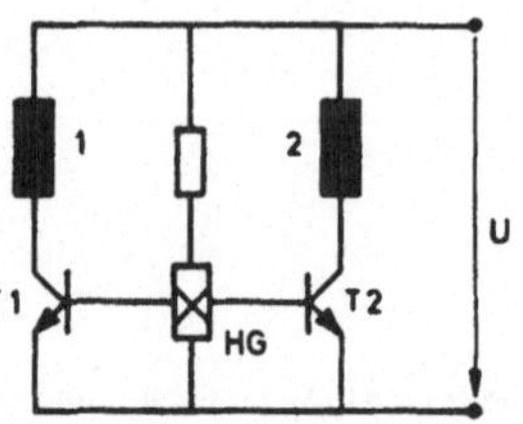

Bild 6.9 Elektronische Schaltung zum zweisträngigen, zweipulsigen Motor

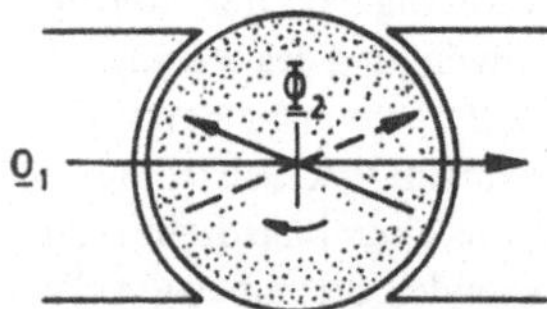

Bild 6.10 Räumliche Lage von Θ_1 und Φ_2 zu Beginn und am Ende des Schaltzustandes

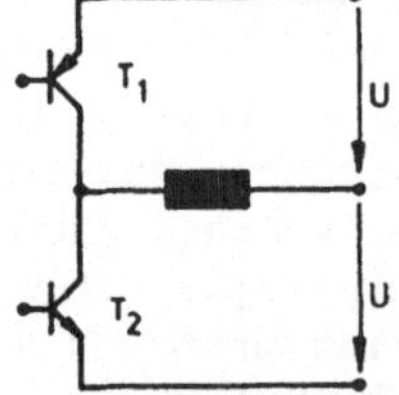

Bild 6.11 Einsträngiger, zweipulsiger Motor

Der Ständerstrom enthält jetzt keinen Gleichanteil mehr, so daß der mit ω pulsierende Drehmomentenanteil des einsträngigen, einpulsigen Motors entfällt. Es ergibt sich ein zeitlich konstantes Nutzmoment und ein Pendelmoment doppelter Netzfrequenz.

Der Motor kann auch mit nur einer Ständerwicklung aufgebaut werden. Hierzu sind mindestens zwei Transistoren und zwei Spannungsquellen oder vier Transistoren in Brückenschaltung notwendig. Man spricht dann von einem einsträngigen, zweipulsigen Motor in Bipolar-Schaltung (Bild 6.11).

6.2.3 Dreisträngiger, dreipulsiger Motor

Der Ständer dieses Motors (Bild 6.12) ist aus drei räumlich um 120° versetzten Wicklungssträngen aufgebaut, die über je einen Transistor an die Batteriespannung gelegt werden. Zur Ansteuerung der Transistoren werden drei Hallgeneratoren benötigt. Jede der drei Spulen ist eine Drittel-Periode vom Strom durchflossen. Die drei Ströme lassen sich wieder in einen Gleich- und einen Wechselanteil zerlegen. Die Gleichströme heben sich aufgrund der räumlichen Wicklungsverteilung auf. Sie sind also nicht drehmomentbildend, erzeugen jedoch Stromwärmeverluste. Die Grundschwingungen des Wechselanteils der drei Ströme i_1, i_2 und i_3 erzeugen ein zeitlich konstantes

Grundwellenmoment. Die Drehmomentenpulsation ist auf die Oberschwingungen der Ständerströme zurückzuführen. Dreisträngige Motoren werden auch sechspulsig betrieben (Bild 6.13), was aber im allgemeinen zu aufwendig ist.

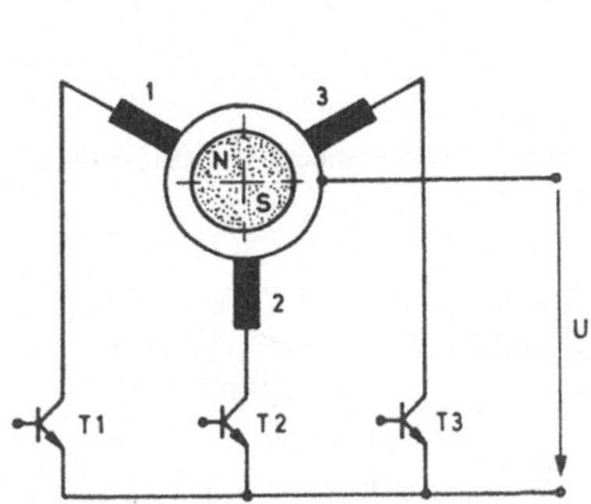

Bild 6.12 Dreisträngiger, dreipulsiger Motor

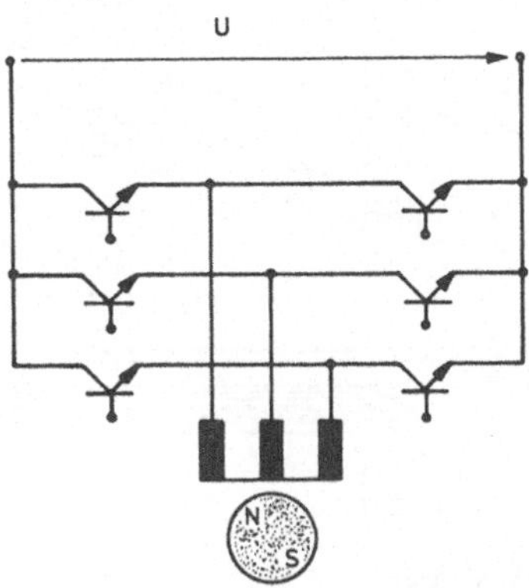

Bild 6.13 Dreisträngiger, sechspulsiger Motor

6.2.4 Viersträngiger, vierpulsiger Motor

Elektronik-Motoren mit vier Wicklungssträngen im Ständer sind vergleichsweise kostengünstig, da sie nur z w e i H a l l g e n e r a t o r e n und damit eine einfache Elektronik benötigen. Die Wicklungsachsen der Spulen 1 und 2 sowie 3 und 4 bilden einen räumlichen Winkel von 90° (Bild 6.14 und 6.15). In Bild 6.16 ist ein Schnitt durch einen viersträngigen Motor dargestellt, wie er häufig ausgeführt wird, nämlich mit einer Luftspaltwicklung. Die einzelnen Spulen sind nicht in Nuten, sondern mit Hilfe eines Kunststoffwicklungsträgers im erweiterten Luftspalt untergebracht. Die Streuinduktivität der Ständerwicklung ist gering. Dies wirkt sich insbesondere beim Umschalten der Wicklung, d. h. bei elektronischer Kommutierung, günstig aus. Bei der Ausführung des Bildes 6.16 werden die beiden Hallgeneratoren vom Läufermagneten erregt. Man unterscheidet zwei Motorvarianten, die 90° - S c h a l t u n g und die 180° - S c h a l t u n g.

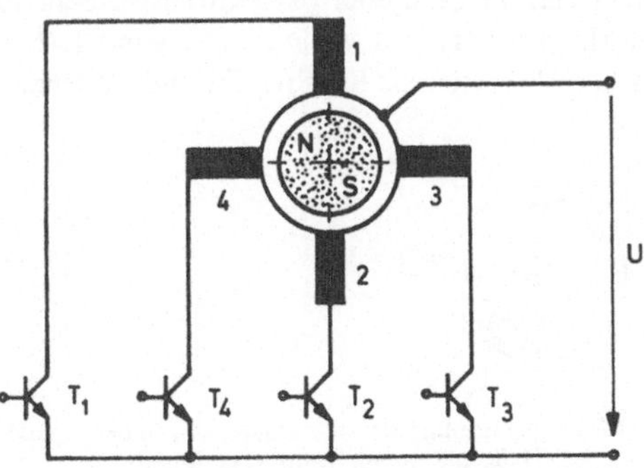

Bild 6.14
Viersträngiger, vierpulsiger Motor

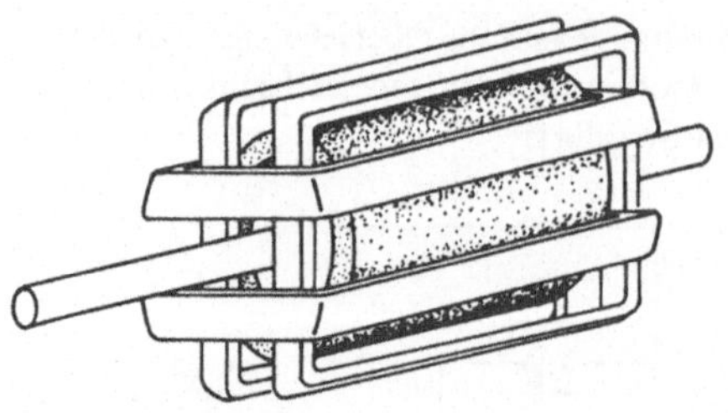

Bild 6.15
Räumliche Anordnung der Ständerspulen

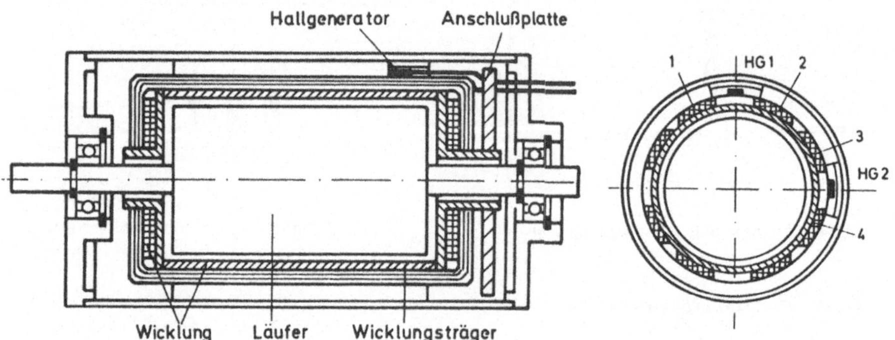

Bild 6.16 Längs- und Querschnitt eines viersträngigen Motors

6.2.4.1 90°-Schaltung

Bei der 90°-Schaltung führt immer nur einer der vier Wicklungsstränge Strom; die einzelnen Stromblöcke überlappen sich also nicht. Als Steuermagnet werden oft die Läufermagnete verwendet. Damit die Beschreibung der vier Schaltzustände übersichtlicher wird, sollen die beiden Hallgeneratoren mit Hilfe separater Steuermagnete erregt werden. Steuermagnete und Hallgeneratoren müssen, wie in den Bildern 6.17 und 6.18 gezeigt, angeordnet sein. Es wird immer nur ein Hallgenerator erregt. Die dazugehörige elektronische Schaltung gibt Bild 6.19 wieder. Die vier Wicklungsstränge sind wie in Bild 6.14 mit 1, 2, 3 und 4 bezeichnet. Die Transistoren T1 bis T4 arbeiten als Schalter. T1 und T2 schalten die Wicklungsstränge 1 und 2, T3

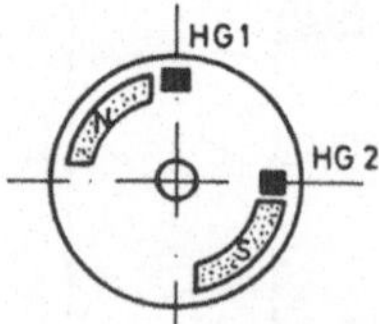

Bild 6.17 Anordnung der Steuermagnete und der Hallgeneratoren. Stirnseitige Ansicht

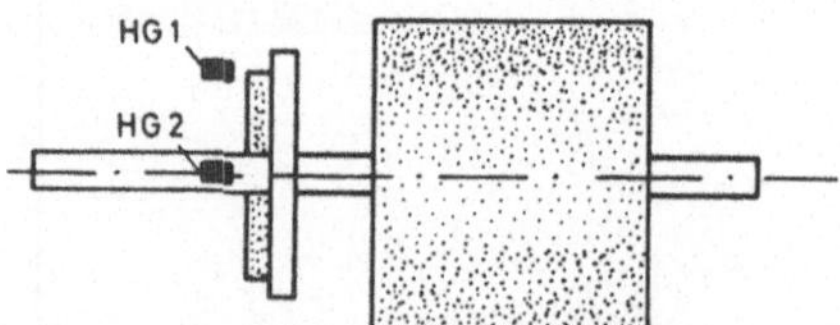

Bild 6.18 Anordnung der Steuermagnete und der Hallgeneratoren. Seitenansicht

und T4 schalten die Stränge 3 und 4. Nachfolgend werden die während einer Läuferumdrehung möglichen vier Schaltzustände genauer beschrieben.

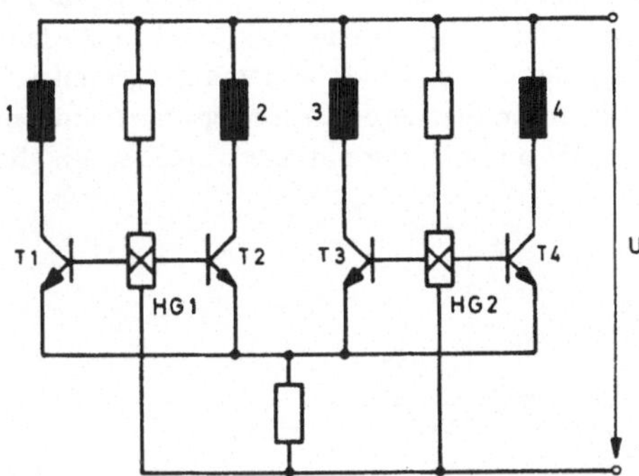

Bild 6.19
Elektronische Schaltung zum viersträngigen, vierpulsigen Motor

Schaltzustand 1. In Bild 6.20a ist die Lage der beiden Steuermagnete zu Beginn (durchgezogene Linie, $\alpha = -45°$) und am Ende (gestrichelte Linie, $\alpha = +45°$) des Schaltzustandes 1 dargestellt. Während der Drehbewegung wird HG1 vom Nordpol der Steuermagnete erregt, auf HG2 wirkt kein Magnetfeld. Die von HG1 erzeugte Hallspannung U_{H1} sei so gerichtet, daß sich das Basispotential von T1 anhebt. T1 leitet und Wicklungsstrang 1 führt Strom. Wicklung 1 sei so durchflutet, daß der Ständerdurchflutungszeiger während dieses Schaltzustandes nach rechts zeigt. Die Richtung des Läuferflusses zu Beginn des Schaltzustandes ist in Bild 6.20b durch einen durchgezogenen Pfeil, am Ende des Schaltzustandes durch einen gestrichelten Pfeil bezeichnet. Die Zuordnung Ständerdurchflutungszeiger und Läuferflußzeiger wird so gewählt, daß sich der Winkel zwischen beiden von 135° auf 45° ändert, der mittlere Winkel also 90° beträgt.

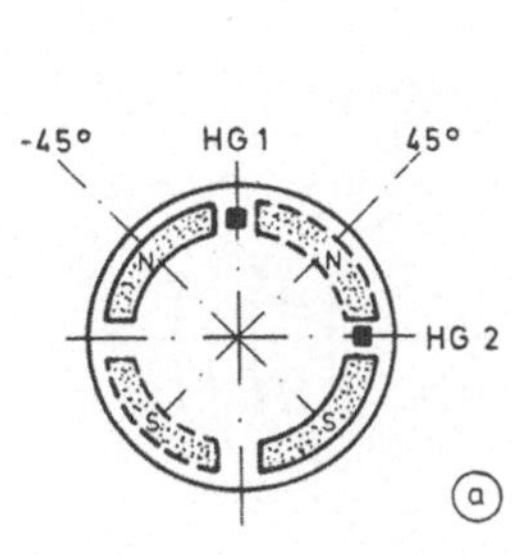

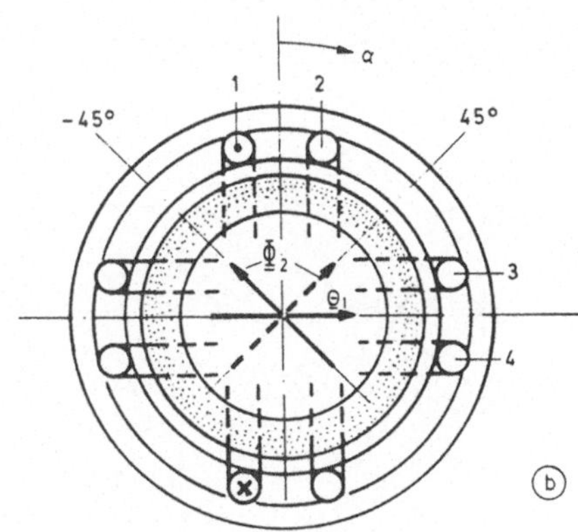

Bild 6.20 Schaltzustand 1
a) Lage der Steuermagnete und Hallgeneratoren; b) Lage von $\underline{\Theta}_1$ und $\underline{\Phi}_2$

Schaltzustand 2. In Bild 6.21a ist für den Schaltzustand 2 die Lage der Steuermagnete zu Beginn (durchgezogene Linie, $\alpha = +45°$) und am Ende (gestrichelte Linie, $\alpha = +135°$) des Schaltzustandes dargestellt. Während der Drehbewegung wird HG2 vom Nordpol angesteuert, so daß T3 durchschaltet und Wicklung 3 Strom führt. Auf HG1 wirkt kein Magnetfeld, T1 sperrt und Wicklung 1 ist stromlos. Der Ständerdurchflutungszeiger springt um 90° und zeigt während des gesamten Schaltzustandes nach unten. Der Winkel zwischen Ständerdurchflutungszeiger und Läuferflußzeiger ändert sich wiederum von 135° auf 45°. Der mittlere Winkel ist 90° (Bild 6.21b).

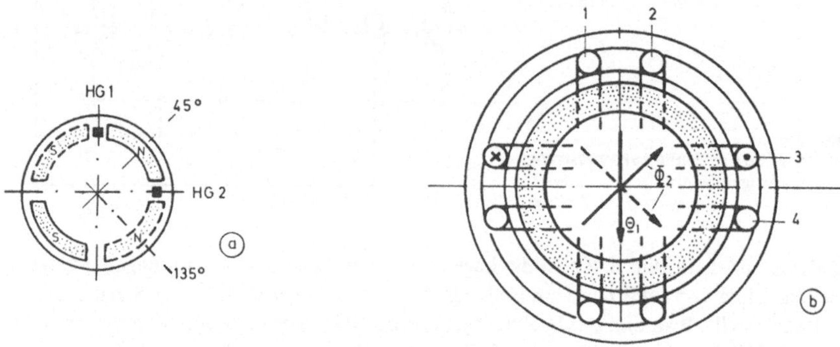

Bild 6.21 Schaltzustand 2
a) Lage der Steuermagnete und Hallgeneratoren; b) Lage von $\underline{\Theta}_1$ und $\underline{\Phi}_2$

Schaltzustand 3. Während des Schaltzustandes 3 überstreicht der Südpol den Hallgenerator HG1. Die Hallspannung U_{H1} kehrt gegenüber Schaltzustand 1 ihr Vorzeichen um, so daß jetzt Transistor T2 leitet und Wicklung 2 Strom führt. Da Wicklung 1 und 2 umgekehrten Wicklungssinn haben, zeigt der Ständerdurchflutungszeiger jetzt nach links. Auf HG2 wirkt kein Magnetfeld, T3 sperrt und Wicklung 3 ist stromlos (Bild 6.22a, b).

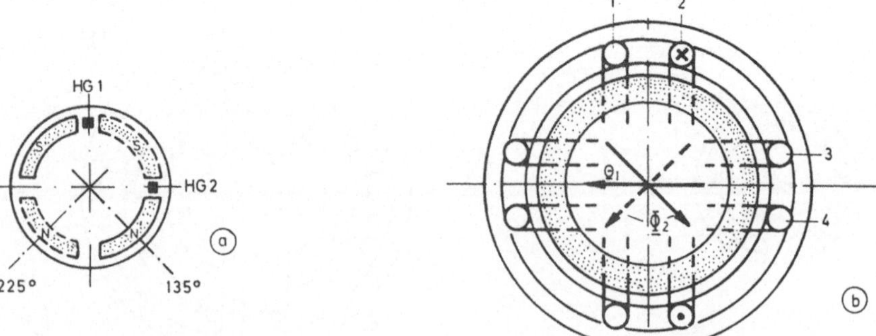

Bild 6.22 Schaltzustand 3
a) Lage der Steuermagnete und Hallgeneratoren; b) Lage von $\underline{\Theta}_1$ und $\underline{\Phi}_2$

Schaltzustand 4. Während des Schaltzustandes 4 überstreicht der Südpol HG2. Die Hallspannung U_{H2} kehrt gegenüber Schaltzustand 2 ihr Vorzeichen um, so daß jetzt Transistor T4 leitet und Wicklung 4 Strom führt. Da Wicklung 2 und 4 umgekehrten Wicklungssinn haben, zeigt der Ständerdurchflutungszeiger jetzt nach oben (Bild 6.23a, b).

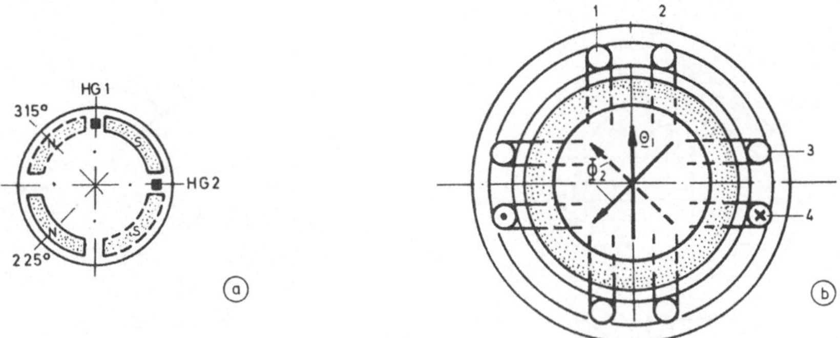

Bild 6.23 Schaltzustand 4
a) Lage der Steuermagnete und Hallgeneratoren; b) Lage von $\underline{\Theta}_1$ und $\underline{\Phi}_2$

Erfolgt die Erregung der Hallgeneratoren mit Hilfe der Läufermagnete, so muß eine gegenüber Bild 6.19 erweiterte elektronische Schaltung verwendet werden, bei der nur der Ventilzweig Strom führt, dessen Vortransistor gerade die betragsmäßig höchste Hallspannung hat (Bild 6.24). Ausgangspunkt der Überlegungen sei Bild 6.25. HG1 ist nun zwischen Wicklung 1 und 2 angeordnet, HG2 zwischen Wicklung 3 und 4. Aufgrund der diametralen Magnetisierung des Läufermagneten ergibt sich eine räumlich cosinusförmige Induktionsverteilung im Luftspalt.

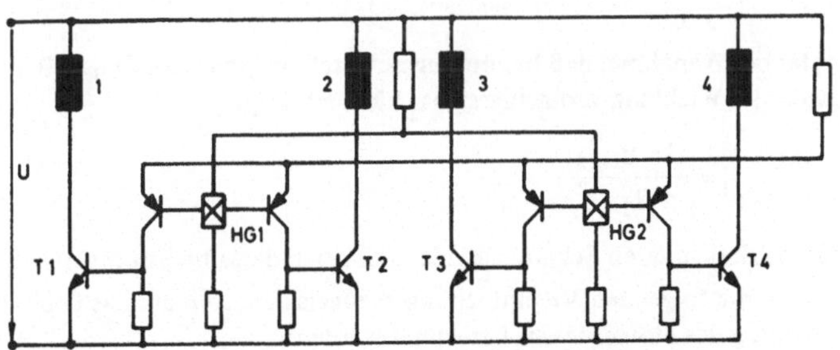

Bild 6.24 Elektronische Schaltung bei Ansteuerung der Hallgeneratoren mit Hilfe der Läufermagnete

Dreht sich der Läufer ($\alpha > 0$), so nimmt U_{H1} cosinusförmig ab, U_{H2} nimmt sinusförmig zu. Das Umschalten der Wicklung erfolgt in derselben Winkellage des Läufers wie bei Ansteuerung mit separaten Magneten (d. h. bei $\alpha = 45°$). Die Transistoren werden wieder als Schalter betrieben. Der Motor arbeitet also nach demselben Prinzip wie bei Ansteuerung mit separaten Steuermagneten. Der zeitliche Verlauf des Spulenstromes kann mit Hilfe von Bild 6.25 qualitativ bestimmt werden. Für $\alpha = 0$ ist Wicklung 1 mit dem Läuferfluß nicht verkettet; für $\alpha = 90^\circ$ ist Wicklung 1 mit dem maximalen Läuferfluß verkettet. Der Spulenfluß Φ_{sp1} hat also sinusförmigen, die induzierte Spulenspannung U_{isp1} cosinusförmigen Verlauf in Abhängigkeit von α (Bild 6.26).

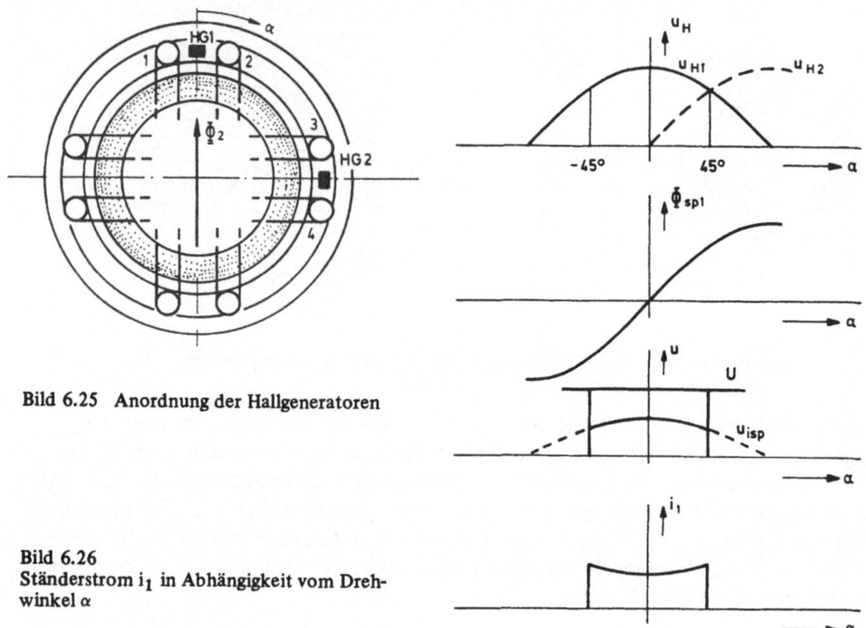

Bild 6.25 Anordnung der Hallgeneratoren

Bild 6.26
Ständerstrom i_1 in Abhängigkeit vom Drehwinkel α

Unter der Annahme, daß bei durchgeschaltetem Transistor $U_{CE} = 0$ und die Streuinduktivität der Wicklung vernachlässigbar klein ist, folgt

$$i_1 = \frac{U - u_{isp1}}{R_1}. \tag{6.2}$$

Für die drei anderen Schaltzustände ergibt sich derselbe Stromverlauf.

Werden die folgenden Vereinfachungen zugelassen, so kann das Drehmoment bei 90°-Schaltung des Motors leicht berechnet werden:

1. Der Spulenstrom i und damit der Strombelag A werden als zeitlich konstant angenommen:

$$A(t) = \hat{A} \tag{6.3}$$

Die räumliche Verteilung des Strombelages ist in Bild 6.27a dargestellt.

2. Die jeweils an der Drehmomentenbildung beteiligte Ständerspule sei eine Durchmesserspule. Die Breite einer Spulenseite sei b (Bild 6.27b)

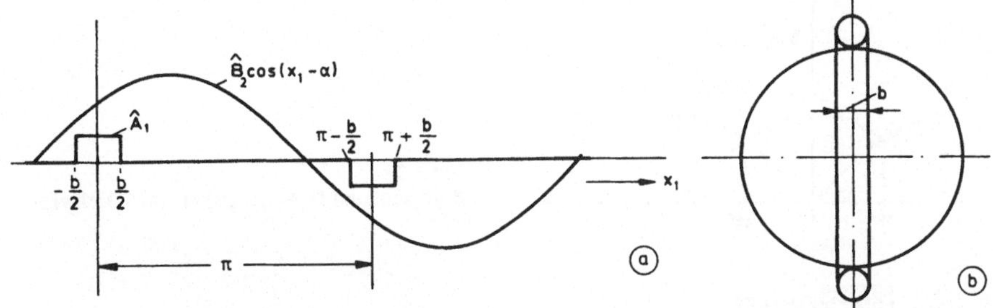

Bild 6.27 Zur Herleitung der Drehmomentengleichung
a) Räumliche Verteilung von Strombelag und Luftspaltinduktion bei einer Durchmesserspule
b) Definition der Spulenbreite b

3. Das Läufermagnetfeld sei räumlich cosinusförmig am Umfang verteilt:

$$B_2(x_2, t) = \hat{B}_2 \cos x_2 \tag{6.4}$$

x_1 ist die Koordinate im ständerfesten Koordinatensystem, x_2 im läuferfesten Koordinatensystem, x_1 und x_2 sind Größen im Bogenmaß. Der Drehwinkel des Läufers ist α, so daß gilt

$$x_1 = \alpha + x_2.$$

Aus Gleichung (6.4) folgt im ständerfesten Koordinatensystem

$$B_2(x_1, t) = \hat{B}_2 \cos(x_1 - \alpha). \tag{6.5}$$

Das Drehmoment berechnet sich allgemein nach Gleichung (6.1)

$$m = \ell R^2 \int_0^{2\pi} A_1(x_1, t) B_2(x_1, t)\, dx_1 ;$$

dabei ist ℓ die Paketlänge und R der Läuferradius. Gleichung (6.3) und Gleichung (6.5) in Gleichung (6.1) eingesetzt, ergibt unter Berücksichtigung der Integrationsgrenzen

$$m = 2\ell R^2 \int_{-b/2}^{+b/2} \hat{A}_1 \hat{B}_2 \cos(x_1 - \alpha)\, dx_1$$

$$= 2\ell R^2 \hat{A}_1 \hat{B}_2 \left(\sin\left(\frac{b}{2} - \alpha\right) - \sin\left(-\frac{b}{2} - \alpha\right)\right)$$

$$= 2\ell R^2 \hat{A}_1 \hat{B}_2 \sin\frac{b}{2} \cos\alpha = k_1 \cos\alpha. \tag{6.6}$$

Gleichung (6.6) ist gültig für $-45° < \alpha < +45°$ (Bild 6.28).

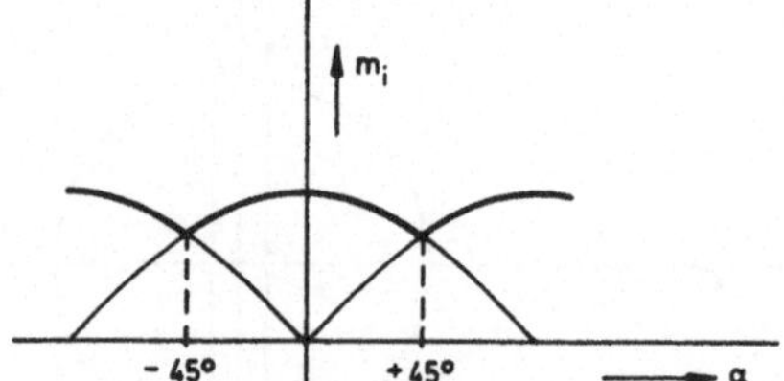

Bild 6.28
Motormoment in Abhängigkeit vom Drehwinkel α

6.2.4.2 180°-Schaltung

Bei der 180°-Schaltung führt, wie gezeigt, jeder der vier Wicklungsstränge eine halbe Umdrehung (oder 180°) lang Strom. Die einzelnen Stromblöcke überlappen sich also. Die beiden Hallgeneratoren HG1 und HG2 werden wieder vomLäufermagneten erregt. Der Motoraufbau ist identisch mit dem Motoraufbau bei der 90°-Schaltung (Bild 6.16). Zur elektronischen Ansteuerung kann die Schaltung von Bild 6.19 verwendet werden. Während bei der 90°-Schaltung und Erregung der Hall-

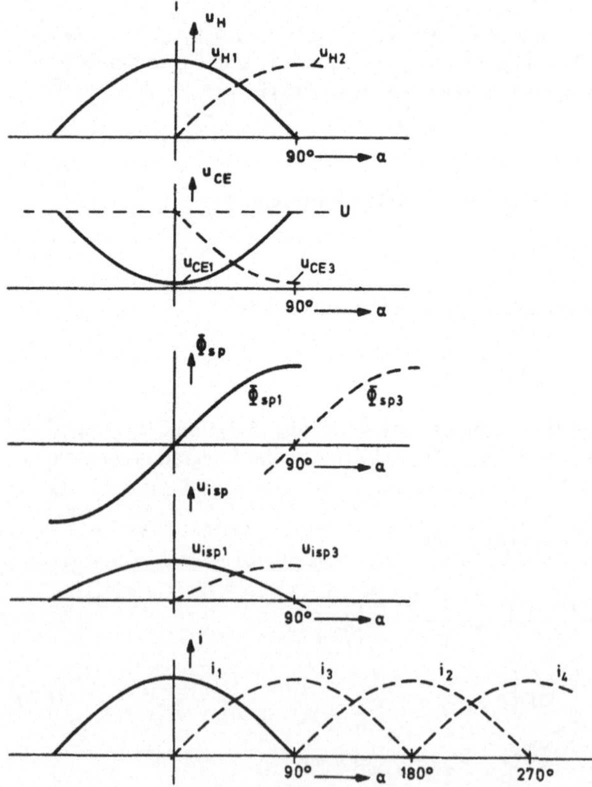

Bild 6.29
Hallspannungen u_H, Kollektor-Emitter-Spannungen u_{CE}, Spulenflüsse Φ_{sp}, Spulenspannungen u_{isp} und Strangströme i in Abhängigkeit vom Drehwinkel α

generatoren mit separaten Steuermagneten die Signalspannung praktisch impulsförmig zur Verfügung steht, haben die Hallspannungen jetzt sinus- bzw. cosinusförmigen Verlauf (Bild 6.29). Die Transistoren werden nicht mehr als Schalter betrieben, sondern arbeiten im linearen Bereich. Die Kollektor-Emitter-Spannung U_{CE} ändert sich nicht mehr schlagartig, sondern umgekehrt proportional zu U_H.

In der Zeitspanne, in der die einzelnen Wicklungen Strom führen, steht als treibende Spannung $U - U_{CE}$ zur Verfügung. Im Drehwinkelbereich $0 < \alpha < 90°$ werden HG1 und HG2 vom Läufernordpol erregt. U_{H1} und U_{H2} haben gleiches Vorzeichen, so daß T1 und T3 angesteuert werden, die Wicklungen 1 und 3 führen Strom. Unter Vernachlässigung der Streuinduktivität L_σ gilt

$$i_1 = \frac{(U - U_{CE1}) - U_{isp1}}{R_1} \tag{6.7}$$

Die vom Läuferfluß in der Ständerwicklung 1 induzierte Spannung kann aus der Flußverkettung Φ_{sp1} bestimmt werden. Für $\alpha = 0$ ist die Flußverkettung Null, für $\alpha = 90°$ ist die Spule mit dem vollen Läuferfluß verkettet. Die treibende Spannung $U_{Bat} - U_{CE}$ und die induzierte Spannung U_{isp1} haben cosinusförmigen Verlauf in Abhängigkeit von α, der Motorstrom i_1 hat also ebenfalls cosinusförmigen Verlauf. Für i_3 gilt entsprechend:

$$i_3 = \frac{(U - U_{CE3}) - U_{isp3}}{R_3} \tag{6.8}$$

Im Drehwinkelbereich $90° < \alpha < 180°$ wird HG1 vom Läufersüdpol erregt, U_{H1} kehrt sein Vorzeichen um. T1 sperrt und T2 leitet, der Strom i_2 nimmt sinusförmig zu, i_3 nimmt cosinusförmig ab.

Nach einer halben Drehung ($\alpha = 180°$) führt Wicklung 2 vollen Strom, der Strom i_3 in Wicklung 3 ist Null. Im Drehwinkelbereich $180° < \alpha < 270°$ steigt i_4 sinusförmig an, i_2 nimmt cosinusförmig ab. Im Drehwinkelbereich $270° < \alpha < 360°$ steigt i_1 sinusförmig an, i_4 nimmt cosinusförmig ab. Es sind also nacheinander die Ströme i_1 und i_3, i_3 und i_2, i_2 und i_4 sowie i_4 und i_1 drehmomentbildend. Da die beiden jeweils an der Drehmomentbildung beteiligten Ströme zeitlich sinus- bzw. cosinusförmigen Verlauf haben, läuft unter Beachtung des Wickelsinnes der vier Ständerspulen der Zeiger der Ständerdurch-

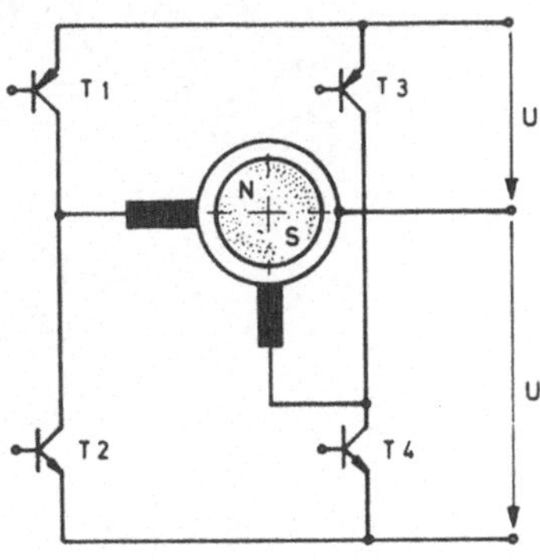

Bild 6.30
Zweisträngiger, zweipulsiger Motor

flutung mit konstantem Betrag und konstanter Drehfrequenz in der Bohrung um. Der räumliche Winkel zwischen Läuferfluß- und Ständerdurchflutungszeiger beträgt immer 90°.

Der vierpulsige Elektronikmotor kann auch mit nur zwei Wicklungssträngen betrieben werden. Dazu sind je Strang mindestens zwei Halbleiter bei zwei Spannungsquellen (Bild 6.30) oder vier Halbleiter in Brückenschaltung notwendig (Bipolar-Schaltung).

6.2.5 Sonderausführungen

Das Bild 6.31a zeigt die Prinzipdarstellung eines Plattenteller-Direktantriebes. Am Plattenteller ist ein z. B. achtpoliger Ferrit-Ringmagnet befestigt, der in axialer Richtung magnetisiert ist. Der magnetische Rückschluß dreht sich mit dem Magneten. Dadurch werden Wirbelstrom- und Hysterese-Momente vermieden. Die Ständerwicklung ist in Kunststoff gebettet und damit eisenlos. So wird ein besserer Gleichlauf erzielt, als wenn sie in Nuten untergebracht wäre. Im Bild 6.31b ist die Ständerwicklung schematisch dargestellt. Sie besteht bei einem achtpoligen Motor aus sechzehn Spulen, die zu vier Strängen zusammengeschaltet sind. Die Spulen liegen in zwei Lagen, die gegeneinander um eine halbe Polteilung versetzt angeordnet sind und die von je

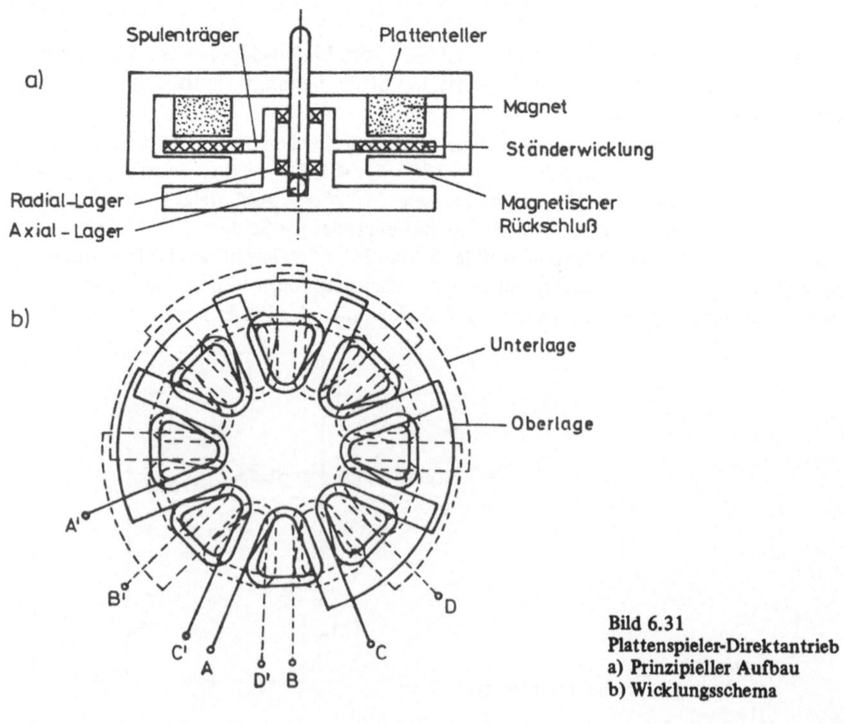

Bild 6.31
Plattenspieler-Direktantrieb
a) Prinzipieller Aufbau
b) Wicklungsschema

einem Hallgenerator gesteuert werden. Beide Hallgeneratoren sind ebenfalls um eine halbe Polteilung versetzt. Die Steuerung erfolgt nach demselben Prinzip, wie es anhand von Bild 6.19 erläutert wurde.

Bei einer anderen Konstruktion ist der Läufer als Scheibe ausgebildet, seine Magnete liegen am Umfang verteilt und sind radial magnetisiert. Die Ständerwicklungen liegen wie üblich als Mantel am Luftspalt.

6.3 Betriebsverhalten

Aufgrund der S e l b s t t a k t u n g wird der Motor nicht mit einer festen Frequenz betrieben. Er hat deshalb auch keine feste Drehzahl. Läuft der Motor vom Stillstand aus hoch, so wird die induzierte Spulenspannung größer und damit bei konstanter Batteriespannung der Motorstrom kleiner. Die Drehzahl kann so lange ansteigen, der Motor also so lange beschleunigen, bis das Motormoment gleich dem Lastmoment ist. Es stellt sich ein stabiler Betriebspunkt ein. Wird der Motor mit einem größeren Drehmoment belastet, so sinkt die Drehzahl ab und das Motormoment steigt an.

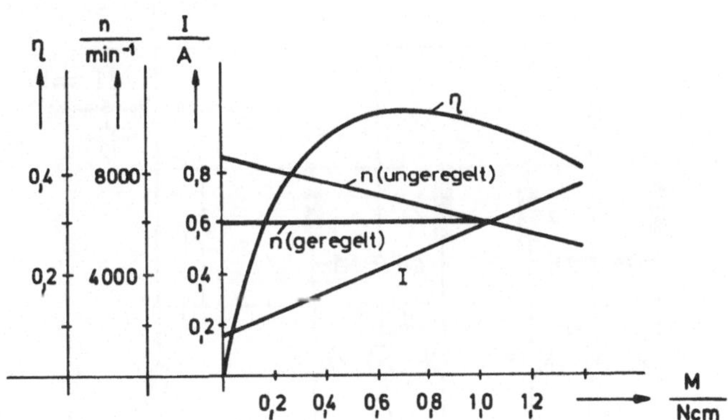

Bild 6.32
Betriebskennlinien

Die Motorkennlinien des Elektronikmotors entsprechen praktisch den Kennlinien des G l e i c h s t r o m n e b e n s c h l u ß m o t o r s : Die Drehzahl fällt mit steigendem Drehmoment; zwischen Motorstrom und Motormoment besteht ein linearer Zusammenhang (Bild 6.32). Ein solcher Verlauf der Kennlinien ist auch aufgrund der Gleichungen (6.2) und (6.6) zu erwarten. Das Motormoment ist durch Strombelag und Luftspaltinduktion gegeben. Die Motordrehzahl wird durch die Windungszahl der Ständerspulen festgelegt. Ist die Windungszahl kleiner, wird der Motornennstrom bei höherer Drehzahl erreicht als bei großer Windungszahl.

6.4 Drehzahlregelung

Für die Drehzahlregelung wird die Schaltung aus Bild 6.19 abgeändert (Bild 6.33). Zur Erfassung der Motordrehzahl wird die vom Läuferfluß während der Sperrphase der Transistoren in den Ständerwicklungen induzierte Spulenspannung U_{isp} verwendet. Da der Läuferfluß von der Belastung praktisch unabhängig ist, ist U_{isp} proportional zur Motordrehzahl. Der zeitliche Verlauf der vier Spannungen ist in Bild 6.34 dargestellt. Da immer nur die Diode mit dem höchsten Anodenpotential leitet, die anderen drei Dioden aber sperren (ihr Kathodenpotential ist höher als ihr Anodenpotential), ergibt sich als Istwertsignal der in Bild 6.34 dargestellte zeitliche Verlauf der Spannung U_d. Diese Spannung wird mit Hilfe des Kondensators C_6 geglättet und dient zur Ansteuerung von Transistor T_6. Steigt die Drehzahl n des Motors an, so wird auch der Istwert der induzierten Spannung U_i größer. Die Basis-Emitter-Spannung U_{BE} von T6 wird größer, der Transistor wird weiter durchgesteuert, U_{CE} wird kleiner. Das Basispotential von T5 wird angehoben, das Emitterpotential von T5 ist fest (Batteriespannung). Dadurch wird der Betrag von U_{BE5} kleiner. Der Steuerstrom für die Hallgeneratoren und damit U_{H1} und U_{H2} sowie die Wicklungsströme werden kleiner. Die Folge ist ein kleineres Motormoment und eine Drehzahlreduzierung.

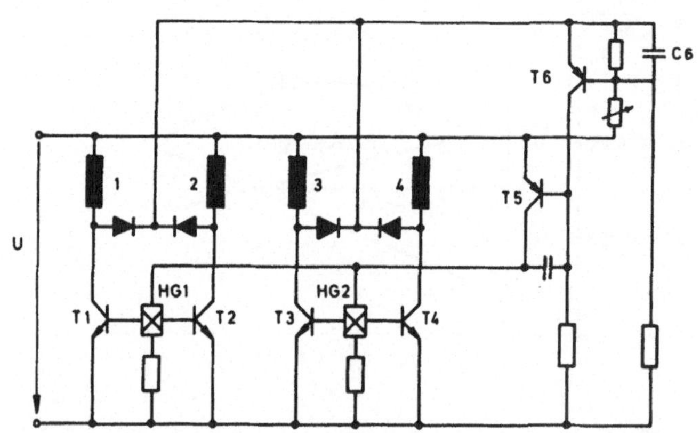

Bild 6.33
Schaltung zur Drehzahlregelung

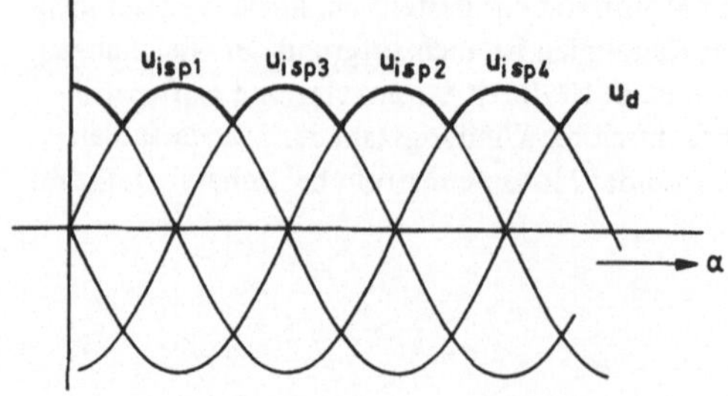

Bild 6.34
Drehzahlproportionaler Spannungsistwert

7 Schrittmotoren

7.0 Einführung

In zunehmendem Maße verlangt die Antriebs- und Steuerungstechnik Einrichtungen, die ein exaktes und schnelles Positionieren mechanischer Systeme ermöglichen. In vielen Fällen werden dafür Motoren benötigt, die sich nicht stetig, sondern schrittweise bewegen. Als Beispiele seien der Antrieb des Typenrades einer Schreibmaschine und der Zeiger einer Uhr genannt. Auf der anderen Seite bietet sich die Digitaltechnik an, Steuerprogramme für Positionieraufgaben zu entwickeln. Um deren elektrische Signale in mechanische Impulse umzusetzen, wird ein digital arbeitender, elektromechanischer Energiewandler benötigt.

Ein Schrittmotoren-Antrieb besteht daher stets aus einer Ansteuerschaltung einschließlich einem Netzteil, dem Elektronik-Bauteil, und einem Energie-Umformer, dem Schrittmotor (Bild 7.1). Beide gehören untrennbar zusammen und sind elektrisch und mechanisch optimal auf das anzutreibende Gerät abgestimmt. Aus Kostengründen wird der Motor in einer offenen Steuerkette betrieben, d. h. es erfolgt keine Rückmeldung, ob sich der Läufer auch tatsächlich um die gewünschte Strecke weiterbewegt hat. Für einen Schrittmotoren-Antrieb ist daher die Bedingung kennzeichnend, daß eine bestimmte Anzahl elektrischer Impulse in die exakt gleiche Anzahl mechanischer Impulse umgesetzt wird.

Die heute eingesetzten Schrittmotoren arbeiten überwiegend nach dem Synchronmotoren-Prinzip. Es treten deshalb auch die von diesen Motoren her bekannten Probleme auf:

Bei Überlastung fällt der Läufer außer Tritt.

Bei Zustandsänderungen gerät der Läufer in Schwingungen.

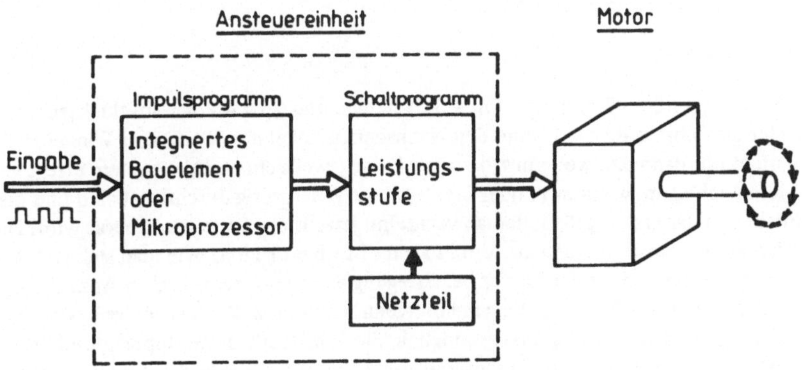

Bild 7.1 Grundsätzlicher Aufbau eines Schrittmotoren-Antriebes

Schrittmotoren besitzen weder Kommutatoren noch Schleifringe, sondern nur die Lager als dem Verschleiß unterworfene Bauteile und sind daher sehr robust und geräuscharm.

7.1 Ausführungsarten

7.1.1 Allgemeines

Ein Schrittmotor besteht aus mehreren Teilmotoren, im folgenden Systeme genannt, deren Spulen in zyklischer Folge ein- oder umgeschaltet werden. Dadurch, daß die Ständerdurchflutung ruckartig weiterspringt und der Läufer sich so einzustellen versucht, daß die magnetische Energie im Luftspalt ein Minimum wird, bewegt sich der Läufer schrittweise.

Die Systeme können in einer Ebene nebeneinander angeordnet sein, wie es Bild 7.2a zeigt, oder in einer Achse hintereinander, wie es Bild 7.2b zeigt. Entweder sind die Ständer der Systeme gegeneinander verdreht (Bild 7.2a) oder die Läufer (Bild 7.2b). Die jeweils anderen Motorteile fluchten miteinander. Der Verdrehwinkel ist gleich der Polteilung dividiert durch die Anzahl der Systeme. Im Beispiel des Bildes 7.2a beträgt er 60°, im Beispiel des Bildes 7.2b 30°.

Der Läufer besteht aus hart- oder weichmagnetischem Material bzw. einer Kombination von beidem. In den beiden letzteren Fällen besitzt er Zahnringe, in Bild 7.2b drei Ringe mit je vier Zähnen. Mit der Anzahl der Systeme m und der Anzahl der Pole bzw. der Zähne des fluchtenden Motorteils 2p läßt sich die Zahl der Schritte z, die der Läufer je Umdrehung macht, angeben:

$$z = 2pm \tag{7.1a}$$

Die Schrittzahl bestimmt den Nennschrittwinkel, um den sich der Läufer je Impuls, d. h. bei jedem Schritt dreht:

$$\alpha = 2\pi/z. \tag{7.2}$$

Der Motor des Bildes 7.2b hat mit m = 3 Systemen und 2p = 4 Polen im fluchtenden Ständer die Schrittzahl z = 12 und den Nennschrittwinkel $\alpha = 30°$. Dieser Winkel stellt sich nicht nur dann ein, wenn in zyklischer Folge jeweils ein einziges System erregt ist, sondern auch dann, wenn zwei oder drei Systeme gleichzeitig durchflutet sind und die Schritte sich dadurch ergeben, daß abwechselnd jeweils ein System umgepolt wird. Diese Betriebsarten bezeichnet man als Vollschrittbetrieb. Wie man sich leicht überzeugen kann, nimmt der Läufer bei Erregung einer unterschiedlichen Anzahl von Systemen unterschiedliche Stellungen ein. Wenn man nun z. B. abwechselnd zwei oder drei Stränge an Spannung legt, ist es möglich, die Schrittzahl zu verdoppeln und den Schrittwinkel zu halbieren. In diesem Fall spricht man von einem Halbschrittbetrieb. Die Gleichung (7.1a) muß daher noch um einen Faktor k_B, der die

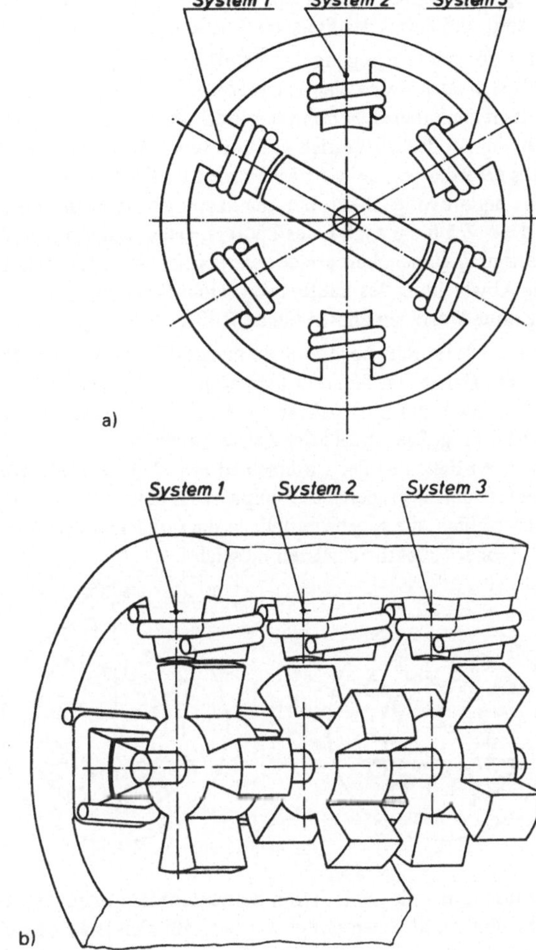

Bild 7.2
Ausführungsarten von Schrittmotoren
a) Motor mit Ständersystemen in einer Ebene
b) Motor mit Ständersystemen in einer Achse

Betriebsart berücksichtigt, erweitert werden.

$$z = 2pm/k_B \tag{7.1}$$

mit $k_B = 1$ bei Vollschrittbetrieb und $k_B = 0{,}5$ bei Halbschrittbetrieb. Beim Halbschrittbetrieb ist nachteilig, daß die resultierende Erregung von Schritt zu Schritt verschieden ist und sich infolge der unterschiedlichen Momente abwechselnd „harte" und „weiche" Schritte ergeben. Der Unterschied zwischen harten und weichen Schritten bei m oder m – 1 erregten Systemen wird mit zunehmender Systemzahl geringer. Andererseits strebt man stets eine möglichst geringe Anzahl von Ständersystemen an, weil mit der

Vergrößerung der Systemzahl sich zwangsläufig die Phasenzahl der Ansteuerschaltung erhöht und damit der Preis des Antriebes.

Eine konstante Erregung und damit ein von Schritt zu Schritt gleichbleibendes Moment läßt sich auch durch eine entsprechende Auslegung der Ansteuerschaltung erreichen. Da jedoch auch dieses Verfahren mit erhöhten Kosten verbunden ist, zieht man im allgemeinen den Vollschrittbetrieb vor und versucht auf andere Weise, den *Schrittwinkel*, falls erforderlich, zu *verkleinern*. Die Gleichung (7.1) weist nämlich noch auf eine andere Möglichkeit hin, die kostengünstiger ist, auf die *Erhöhung der Pol- oder Zähnezahl* des Läufers. Dabei müssen jedoch höhere Anforderungen an die Fertigungsgenauigkeit gestellt werden. Anderenfalls würde der Schrittwinkelfehler, d. h. die Abweichung des Läufers von seiner Sollstellung nach der Schrittausführung unzulässig hohe Werte annehmen (siehe 7.43).

Einen Läufer sehr hochpolig zu magnetisieren, bereitet fertigungstechnische Schwierigkeiten. Daher wird bei sehr kleinen Schrittwinkeln außer dem *Läufer* auch der *Ständer* am Luftspalt *mit Zähnen* versehen. Das Bild 7.3 zeigt die prinzipielle Ausführung. Die Anzahl der Zähne unterscheidet sich in Ständer und Läufer geringfügig. In vielen Fällen ist der Unterschied zwischen der Zähnezahl des Ständers und der eines Läuferzahnringes gleich der Polpaarzahl eines Ständersystemes. Dabei sind die Zähne mitzuzählen, die gegebenenfalls in die Pollücken des Ständers fallen. Auch hier ist ein Voll- oder Halbschrittbetrieb möglich.

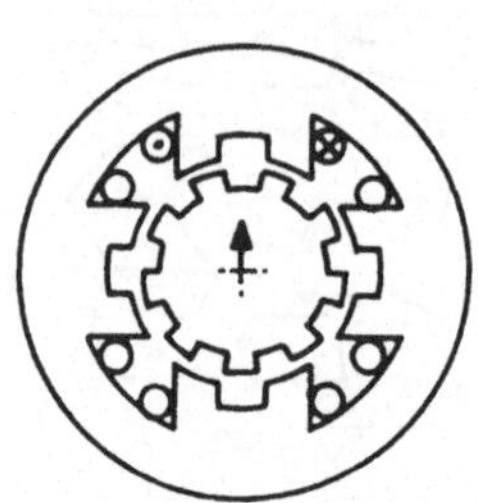

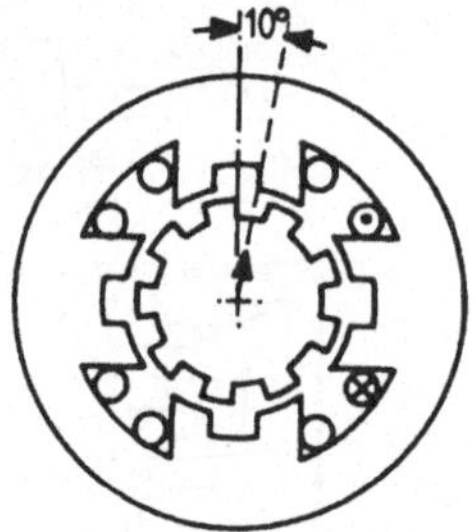

Bild 7.3
Motor mit gezahntem Ständer und Läufer

Dadurch, daß die an der Drehmomentenbildung beteiligten Ständersysteme von unterschiedlichen Strömen erregt werden, läßt sich jeder gewünschte Winkel einstellen. Dieser *Mikroschritt-* oder *Ministep-Betrieb* erfordert jedoch eine aufwendige Elektronik.

Schließlich kann man auch ein *Getriebe* zur Verkleinerung des Schrittwinkels verwenden. Es bringt zudem Vorteile mit sich, daß nämlich das abgegebene Moment vergrößert bzw. das an der Motorwelle wirksame Trägheitsmoment verkleinert wird und daß die Getriebereibung zur erwünschten Dämpfung (siehe 7.3) beiträgt. Nachteilig ist allerdings, daß das Getriebespiel den Schrittwinkelfehler verschlechtert.

In vielen Anwendungsfällen wird gefordert, daß der Schrittmotor auch im stromlosen Zustand seine Position beibehält. Das ist nur möglich, wenn der Läufer einen Dauermagneten besitzt. Ein solcher Motor erzeugt ein sogenanntes *Selbsthaltemoment*. Dieses Selbsthaltemoment M_s ist definiert als „das maximale Drehmoment, mit dem man einen nicht erregten Motor statisch belasten kann, ohne eine kontinuierliche Drehung hervorzurufen". Einen Motor mit einem Permanentmagnet-Läufer, d. h. mit einem *aktiven Läufer*, bezeichnet man als „*PM-Motor*".

Einen Motor mit einem Läufer aus weichmagnetischem Material, d. h. mit einem *reaktiven Läufer*, der aufgrund der variablen Reluktanz seines Luftspaltes (infolge der Zahnung von Ständer und Läufer) ein Drehmoment nur bei erregter Ständerwicklung entwickelt, nennt man „*VR-Motor*". Ein solcher Motor benötigt mindestens drei Ständersysteme, damit beim Umschalten eine eindeutige Drehrichtung zustandekommt, ein PM-Motor nur zwei.

Außerdem gibt es Motoren, die beide Ausführungen in sich vereinigen. Diese *Hybrid-Motoren* haben Läufer mit Dauermagneten und Zahnringen.

In den folgenden Tabellen sind einige Eigenschaften der drei erwähnten Ausführungen einander gegenübergestellt. Die Angaben bezüglich Ausnutzung, Dämpfung, Kosten und der Schrittwinkel-Bereiche, in denen die Motortypen eingesetzt werden, sind als Anhaltswerte zu verstehen. Der Hybrid-Motor und der PM-Motor in kostengünstiger Bauweise stellen heute die beiden wichtigsten Schrittmotorentypen dar.

	Permanent-magnet-Motor (PM-Motor)	Reluktanz-Motor (VR-Motor)	Hybrid-Motor
Ausnutzung	hoch	gering	mittel
Dämpfung	gut	schlecht	gut
Selbsthaltemoment	ja	nein	ja
Ständersysteme	$\geqslant 2$	$\geqslant 3$	$\geqslant 2$
Kosten	i. allg. niedrig	hoch	hoch

Zähne bzw. Pole 2p bei 2 Ständersystemen	100	90	50	24	20	16	12	6	4	
Schrittzahl z	200	180	100	48	40	32	24	12	8	
Schrittwinkel α	1,8	2	3,6	7,5	9	11,25	15	30	45	Grad

→ PM-Motor (ab 7,5)

Hybrid-Motor, VR-Motor ← (bis 9)

Eine besonders kennzeichnende Unterscheidung der grundsätzlichen Motorausführungen bietet die Anordnung der Läuferpole, ob sie nämlich in ungleichnamiger Folge entlang dem Läuferumfang oder entlang der Läuferachse angeordnet sind. Man greift hierbei auf Bezeichnungen zurück, wie sie bei den früher häufigen *Mittelfrequenz-Generatoren* üblich waren, denn mit diesen besteht eine physikalische Verwandtschaft.

7.1.2 Wechselpol-Typ

Beim Wechselpol-Typ oder Heteropolar-Motor wechselt die Flußrichtung entlang dem Läuferumfang. Das Bild 7.2 zeigt zwei Ausführungsmöglichkeiten in vereinfachter Darstellung. Die Läufer können in beiden Fällen als Permanentmagnet- oder Reluktanz-Läufer ausgebildet sein. Im Falle des Bildes 7.2b müßte ein PM-Motor drei vierpolige Magnete im Läufer besitzen, die jeweils um ein Drittel der Polteilung gegeneinander versetzt sind. Aus Kostengründen wird ein PM-Motor jedoch mit der geringstmöglichen Zahl von Systemen, nämlich zwei, ausgeführt. Das gilt für den am häufigsten gebauten Wechselpol-Motor, den Klauenpol-Schrittmotor. Er besteht aus zwei Klauenpol-Synchronmotoren, wie sie im Abschn. 3.2.1 beschrieben werden. Wie man dem Bild 7.4 entnehmen kann, sind die beiden Teilständer um eine halbe Polteilung zueinander versetzt angeordnet, während die Polung des Magnetläufers in axialer Richtung durchgehend die gleiche ist. Ebenso gut können die Ständer fluchten und die Läuferpole beider Teile um eine halbe Polteilung gegeneinander versetzt sein. Um den Motor möglichst gut auszunutzen, sind stets beide Ständersysteme durchflutet. Meistens werden derartige Motoren in kostengünstiger Bauweise gefertigt: das Gehäuse wird aus 1 mm bis 2 mm starkem Blech gestanzt, gebogen oder tiefgezogen; der Magnet besteht aus einem Ferrit-Werkstoff. Bild 7.4 zeigt einen Motor mit 12 Läuferpolen und mit einem für einen Wechselpol-Motor typischen Schrittwinkel von 15° bei Vollschrittbetrieb.

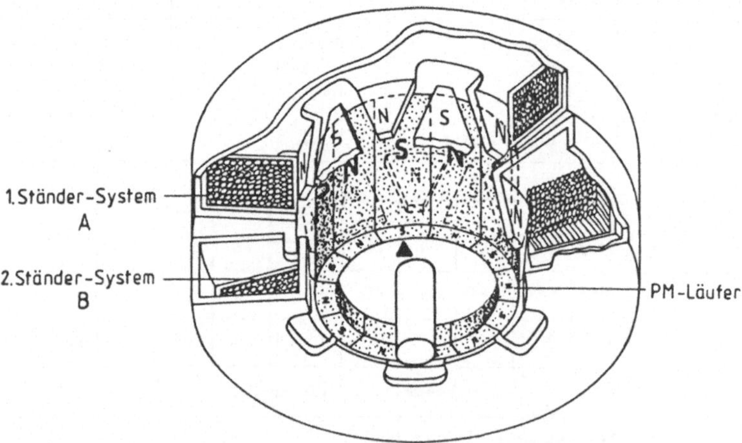

Bild 7.4 Klauenpol-Schrittmotor

Im Bild 7.5 ist das Schema der Ansteuerung der Ständerwicklungen und das Zustandekommen der Schrittbewegung dargestellt. Vergleicht man den gekennzeichneten Läufer-Südpol mit demjenigen im Bild 7.4, erkennt man unschwer den Zusammenhang der schematischen Darstellung mit der tatsächlichen Ausführung. Ein Schritt kommt dadurch zustande, daß immer abwechselnd eines der beiden Ständersysteme umgepolt wird. Ein

Läufer-Südpol nimmt jeweils eine mittlere Lage zwischen zwei Ständer-Nordpolen ein. Die Bewegungsrichtung läßt sich sehr leicht umkehren, indem man die Polungsfolge ändert.

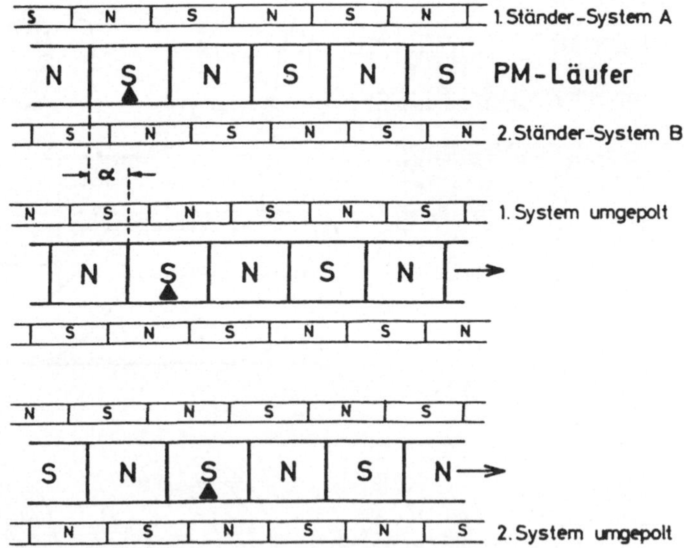

Bild 7.5 Ansteuerungs-Schema für einen Klauenpol-Schrittmotor

7.1.3 Gleichpol-Typ

Beim Gleichpol-Typ oder Homopolar-Motor ändert sich die Flußrichtung entlang dem Läuferumfang nicht, wohl aber in Achsrichtung. Im Bild 7.6 ist der grundsätzliche Aufbau eines Hybrid-Motors, dem wichtigsten Vertreter dieser Motorart, zu sehen. Die Lagerschilde wurden der Übersichtlichkeit wegen weggelassen. Der Ständer besteht aus einem geblechten Paket und hat wiederum zwei Spulensysteme, die hier im Gegensatz zum Klauenpol-Schrittmotor in einer Ebene liegen. Zu jedem System gehören zwei diametral gegenüberliegende Teilspulen. Der Läufer besitzt zwei weichmagnetische, gefräste oder gesinterte Zahnringe, die gegeneinander um eine halbe Zahnteilung verdreht sind, und einen in axialer Richtung gepolten Magneten, der häufig aus einem Selten-Erde-Material besteht. Die Zähne eines Ringes sind also gleichsinnig gepolt. Typische Zähnezahlen können der vorhergehenden Tabelle entnommen werden. Statt die Welle mit einem magnetisch schlecht leitenden Mantel zu umhüllen, wird diese häufig aus amagnetischem Material gefertigt. Die Lagerschilde werden aus Aluminium gegossen. So ist es möglich, die Magnete im eingebauten Zustand axial aufzumagnetisieren.

Ein Reluktanzmotor, der sich gegenüber dem Hybrid-Motor nur durch das Fehlen des Magneten unterscheidet, unterscheidet sich bei ungünstigeren Motordaten

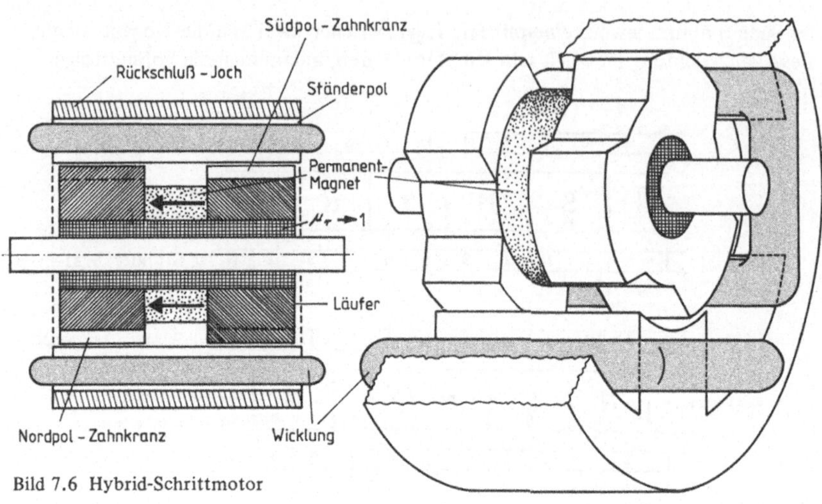

Bild 7.6 Hybrid-Schrittmotor

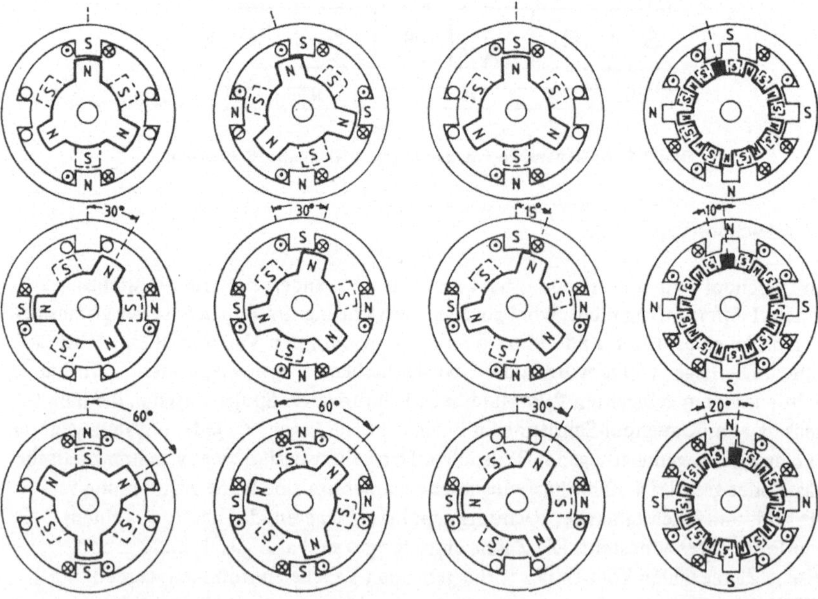

Bild 7.7 Betriebsarten von Schrittmotoren

(siehe Tabelle) nicht wesentlich in den Kosten diesem gegenüber. Er wird daher seltener für Antriebe, die kleine Schrittwinkel erfordern, eingesetzt.

Im Bild 7.7 ist zum einen der Vollschritt-Betrieb eines Gleichpolmotors bei ein- und zweisträngiger Erregung und der Halbschritt-Betrieb bei wechselnder Strangzahl dargestellt. Zum anderen zeigt dieses Bild die grundsätzliche Ausführung eines Hybrid-Motors mit gezahnten Ständerpolen bei Vollschritt-Betrieb und zweisträngiger Erregung, die wegen der besseren Motorausnutzung auch bei diesem Motortyp allgemein gebräuchlich ist.

7.1.4 Sonstige Ausführungen

Die beschriebenen Motortypen gibt es auch in Linearausführung. Derartige Motoren sind jedoch sehr aufwendig, so daß man für geradlinige Bewegungen vorzugsweise rotierende Motoren mit Zahnriemen oder Spindeln einsetzt, auch wenn bei diesen das Getriebespiel nachteilig ist. Man bezeichnet derartige Antriebe als Linear-Aktuatoren. Mit einem Linearmotor, der Erregerwicklungen in X- und Y-Richtung besitzt, ist es möglich, ein Gerät zweidimensional zu bewegen und zu positionieren. Das Gerät ist luftgelagert.

Einsträngige Schrittmotoren dienen vor allem als Antriebe für Uhren und Zählgeräte. Es handelt sich grundsätzlich um PM-Motoren mit unsymmetrischen Ständerpolen, die sich nur in einer Richtung drehen. Man nutzt das Selbsthaltemoment, das den Läufer in eine andere Lage gegenüber derjenigen bei erregter Ständerwicklung dreht. Das Bild 7.8 verdeutlicht den Bewegungsvorgang. Im unerregten Zustand steht der Läufer so, daß seine Polmitte und die Mitte des schmalen Polteiles ungefähr zusammenfallen. Nimmt der Läufer zunächst die Lage a ein und wird die Ständerwicklung so erregt, daß der Fluß entsprechend b verläuft, dreht sich der Läufer linksherum. Nach dem Abschalten der Erregerspannung stellt sich der Läufer, wie Bild c zeigt, ein. Anschließend wird die Wicklung entgegengesetzt dem Fall b erregt. Wäre nach der Stellung a die Wicklung entsprechend d erregt worden, hätte sich der Läufer um einen kleinen Winkel rechtsherum bewegt und wäre nach Abschalten der Erregung wieder in die Lage a zurückgefallen. Erst beim zweiten Impuls, der dann die sinnvolle Erregung b hervorruft, hätte der Läufer den ersten Schritt linksherum

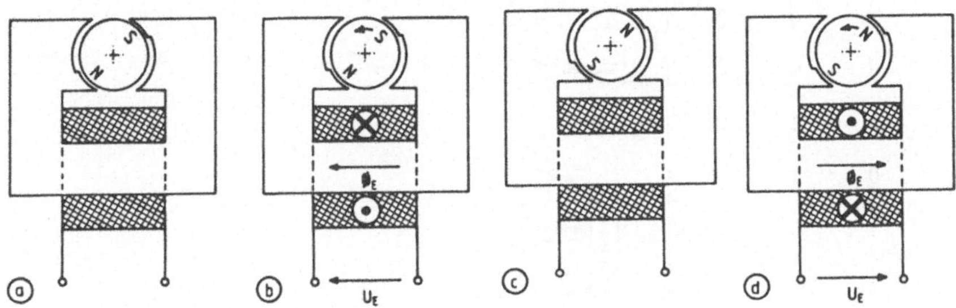

Bild 7.8 Einsträngiger Schrittmotor

getan. Ein Schritt wäre also verlorengegangen. Falls das nicht zulässig ist, muß eine Erkennung der Läuferlage möglich sein. Statt der geometrischen Unsymmetrie kann man auch eine Sättigungsunsymmetrie, z. B. ähnlich dem Sättigungsschlitz bei Spaltpolmotoren (Abschn. 2.6.2.3), vorsehen.

Das gleiche Motorprinzip verwendet man auch bei einsträngigen Synchronmotoren mit Permanentmagnetläufer, die u. a. als Antrieb von Citrus-Pressen dienen.

Es gibt, allerdings nur selten, auch Schrittmotoren mit Außenläufern, und zwar als Direktantrieb für Papierwalzen in Druckern.

Schrittmotoren werden meistens bis zu 1 kW Leistung gebaut. Werden höhere Leistungen verlangt, verwendet man Hydraulik-Antriebe, bei denen der Schrittmotor lediglich als Steuermotor dient. Werden hohe Drehmomente verlangt, setzt man ein Getriebe ein.

Sehr hohe Schrittzahlen – bis zu 2000 Schritten je Umdrehung – erzielt man mit Motoren, die Taumelläufer besitzen. Da sie ineinander greifende Zahnringe haben, sind sie einem starken Verschleiß unterworfen.

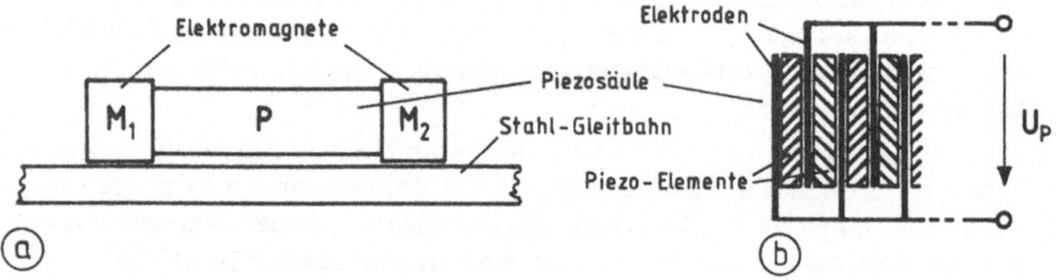

Bild 7.9 Piezo-Schrittmotor

Neben dem Elektromagnetismus werden hin und wieder auch andere physikalische Effekte genutzt, wie z. B. der Piezo-Effekt. Eine in der Meßtechnik eingesetzte Ausführung, die Bild 7.9 im Prinzip wiedergibt, besteht aus zwei Elektromagneten M_1 und M_2, die auf einer Stahlbahn gleiten, und einer Piezosäule. Die Piezo-Säule ist in Bild 7.9b in ihrem grundsätzlichen Aufbau wiedergegeben. Liegt an den Elektroden eine Spannung an, dehnen sich die einzelnen Elemente oder ziehen sich zusammen, je

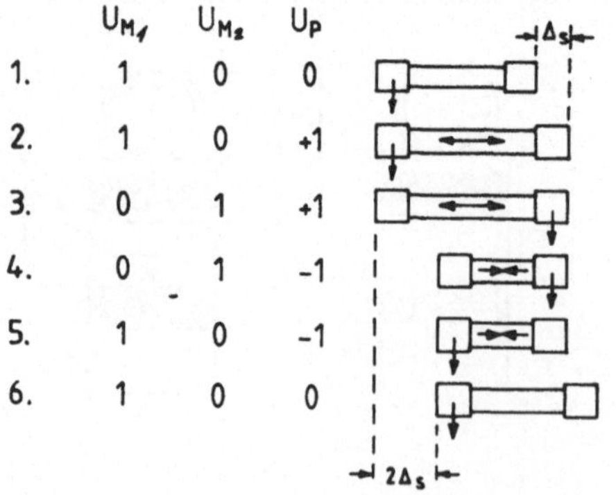

	U_{M1}	U_{M2}	U_P
1.	1	0	0
2.	1	0	+1
3.	0	1	+1
4.	0	1	-1
5.	1	0	-1
6.	1	0	0

Δs $2\Delta s$

Bild 7.10
Impulsfolge für einen Piezo-Schrittmotor

nachdem, wie die Elektroden gepolt sind. Liegen die Elektromagnete an Spannung, werden sie auf der Stahlbahn fixiert. Im Bild 7.10 ist die Impulsfolge für die Magnete und die Säule sowie der Bewegungsvorgang dargestellt. Die Schrittweite eines solchen Piezo-Antriebes liegt im μm-Bereich.

7.2 Ansteuerung

Das Bild 7.11 zeigt die beiden möglichen Ansteuerverfahren, und zwar oben jeweils das Prinzipschaltbild des Systems A und darunter die Leistungsstufen der Ansteuerschaltung mit den Wicklungssystemen A und B sowie den Vorwiderständen R_V.

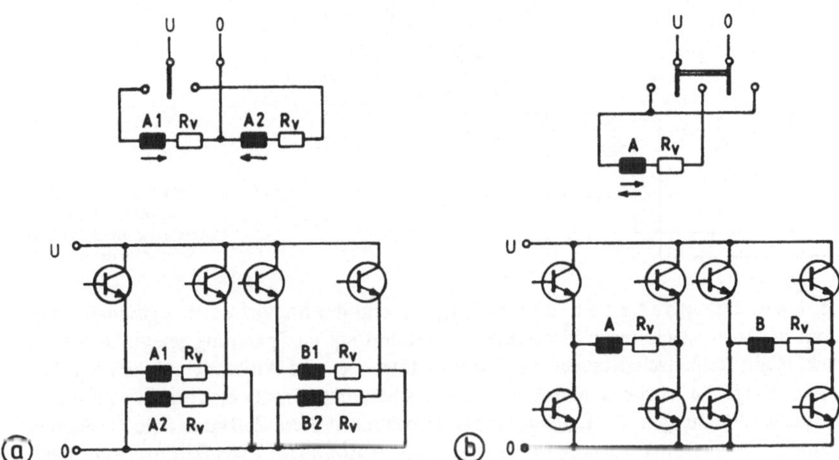

Bild 7.11 Unipolare (a) und bipolare (b) Schaltung

Die unipolare Ansteuerung a benötigt je System A bzw. B zwei Teilwicklungen A1 und A2 bzw. B1 und B2, die jeweils nur in einer Richtung, jedoch entgegengesetzt von Strom durchflossen werden. Das Wicklungsschema in Bild 7.12 ist typisch für einen Hybrid-Motor. Die Ringwicklung jedes der beiden Ständersysteme von Klauenpol-Schrittmotoren besteht bei unipolarer Ansteuerung ebenfalls aus zwei Teilspulen. Wie aus dem Bild 7.11 hervorgeht, ist die elektronische Schaltung vergleichsweise einfach, die Ausnutzung des Motors schlecht, weil stets nur eine der beiden Teilwicklungen eines Systems durchflutet wird. Bei der bipolaren Schaltung b ist die Motorausnutzung besser, der elektronische Aufwand jedoch höher. Insgesamt ist die letztere Variante teurer und wird nur bei aufwendigeren Antrieben angewendet oder wenn ein Motor mit besonders gutem Leistungsgewicht benötigt wird. Bei einer etwas kostengünstigeren Abwandlung der Schaltung b, die mitunter für kleinere Leistungen verwendet wird, sind die oberen Transistoren durch Widerstände ersetzt.

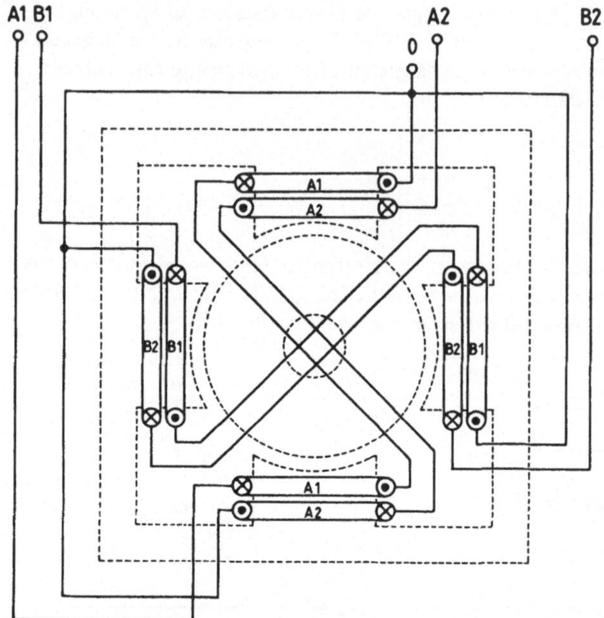

Bild 7.12
Unipolares Wicklungsschema eines Hybrid-Schrittmotors

Die **L e i s t u n g s s t u f e n** werden entsprechend der Steuerfrequenz geschaltet und damit die Motorwicklungen in bestimmter Reihenfolge an Spannung gelegt. Da die Wicklungen Reihenschaltungen von Induktivitäten L_W und Wirkwiderständen R_W darstellen, hängt die Anstiegs- und Abfall-Zeit des Stromes von der elektrischen Zeitkonstante der Wicklungen $T = L_W/R_W$ ab. Daher bestimmt diese Zeitkonstante die Steuerfrequenz, die maximal zulässig ist, ohne daß der Motor außer Tritt fällt und dadurch Schritte verliert. Um die oftmals zu geringe zulässige Frequenz erhöhen zu können, gibt es mehrere Möglichkeiten:

1. Durch Vorwiderstände R_V (Bild 7.13) oder durch Verringern der Drahtstärke kann die Zeitkonstante vermindert werden. Nachteilig ist, daß die Spannung der Leistungsstufe erhöht werden muß und zusätzliche Verluste entstehen. Eine Freilaufdiode FD führt den Strom, wenn der Transistor sperrt. Mit diesem billigsten Verfahren, dem

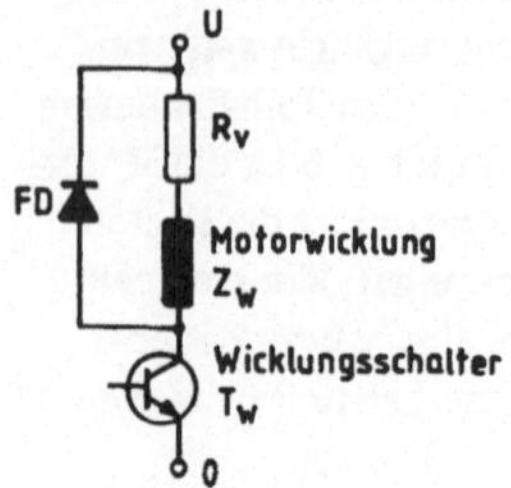

Bild 7.13
Ansteuerschaltung für einen Konstantspannungs-Betrieb

Konstantspannungsbetrieb, nutzt man meistens nicht die Möglichkeiten eines gegebenen Schrittmotors bezüglich Leistung und Schrittfrequenz aus.

2. Dadurch, daß die Motorwicklung zunächst an eine wesentlich höhere Spannung als ihre Nennspannung gelegt wird, steigt der Strom erheblich schneller an. Erreicht er einen bestimmten Grenzwert, wird die Wicklung abgeschaltet, und zwar so lange, bis der Strom einen unteren Grenzwert erreicht (Bild 7.14). Durch diesen Chopper-Betrieb kann der Strom auf einen zulässigen Mittelwert eingestellt werden, und zwar unabhängig von der Schrittfrequenz. Das gilt jedoch nur bis zu einer Maximalfrequenz, die von der Höhe der Spannung abhängt. Dieses Verfahren ist besonders gut für den Start-Stop-Betrieb geeignet, d. h. wenn ein Motor schnell hochgefahren und gleich wieder stillgesetzt werden soll.

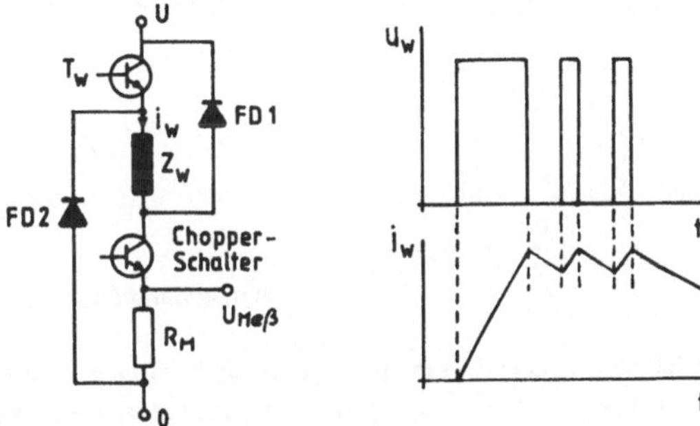

Bild 7.14
Ansteuerschaltung für einen Chopper-Betrieb

3. Eine weitere Möglichkeit für einen Konstantstrom-Betrieb besteht darin, eine steuerbare Spannungsquelle, wie z. B. eine Phasenanschnittsteuerung einzusetzen.

4. Schließlich kann man der Nennspannung U_{NW} (Bild 7.15), die während der gesamten Impulsdauer eingeschaltet ist, eine Hilfsspannung U_{HW} überlagern. Beim Erreichen z. B. des Nennstromes wird die Hilfsspannung abgeschaltet. Dies geschieht mit Hilfe der am Meßwiderstand $R_{Meß}$ abgegriffenen Spannung $U_{Meß}$. Dieser Bilevel-Betrieb von Schrittmotoren wird häufig verwendet, weil es durch einfache Änderung der Steuerlogik möglich ist, den Antrieb den gewünschten Forderungen innerhalb eines weiten Bereichs und bei gutem Wirkungsgrad anzupassen.

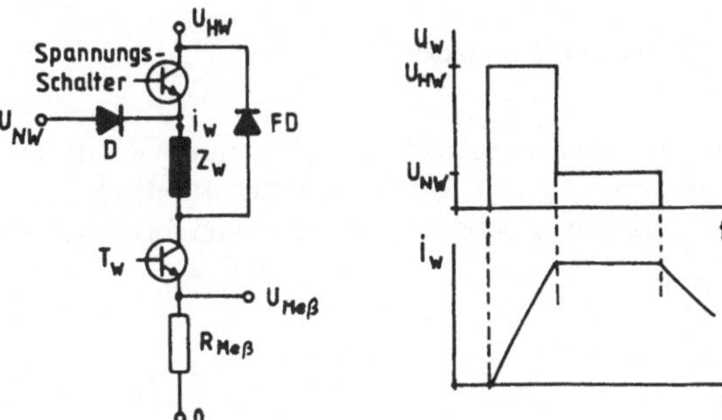

Bild 7.15
Ansteuerschaltung für einen Bilevel-Betrieb

7.3 Dämpfung

Es ist nicht möglich, überschwingungsfreie Motoren zu bauen. Da das Auspendeln des Läufers im allgemeinen zu viel Zeit in Anspruch nimmt, ist es erforderlich, die Schwingungsdauer am Ende des Stellvorganges zu verringern. Dafür bieten sich mehrere Möglichkeiten an:

1. **Reibungsdämpfer.** Eine auf der Motorwelle drehbar angeordnete, träge Masse wird über eine mechanische oder ölhydraulische Kupplung vom Läufer mitgenommen. Die flüssige Dämpfung ist günstiger, da sich ihre Eigenschaften über längere Zeit nicht ändern. Nachteilig ist, daß der Motor stets eine zusätzliche Masse zu beschleunigen hat. Derartige Dämpfer sind heute kaum noch gebräuchlich (Bild 7.16).

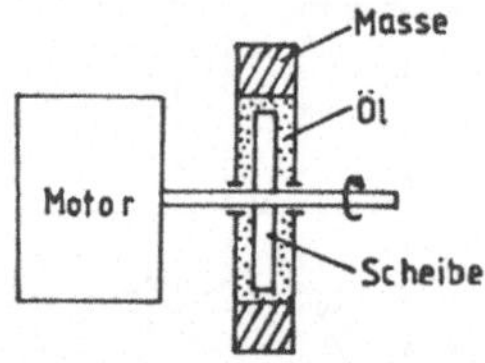

Bild 7.16
Reibungsdämpfer

2. **Elektromagnetische Dämpfung.** Nichtbenutzte Wicklungen werden kurzgeschlossen. Dies erfordert zwar keinen großen zusätzlichen elektronischen Aufwand, ist aber oft nicht sehr wirksam, weil die elektrische Zeitkonstante der Wicklung die gleiche Größenordnung wie die mechanische Zeitkonstante des Läufers besitzt.

3. **Elektronische Dämpfung.** Da die genannten Verfahren wesentliche Nachteile besitzen, wird heute der Abbremsvorgang durch eine entsprechend angepaßte Impulsfolge gesteuert. Die Ansteuerelektronik setzt gezielt Rückwärts-Signale („back phase damping") oder das letzte Signal wird gerade dann gegeben, wenn der Läufer durch Überschwingen die Sollstellung erreicht (Verzögerung des letzten Steuerimpulses, „delayed last step"). In jedem Fall muß die Impulsfolge in Abhängigkeit von der Belastung experimentell festgelegt werden.

7.4 Kenndaten, Kennlinien

Da die Funktionsweise der Schrittmotoren von der der übrigen Motortypen abweicht, war es notwendig, eine Anzahl neuer Begriffe einzuführen. Die wichtigsten, die in DIN 42 021 Teil 2 definiert sind, werden im folgenden erläutert.

7.4.1 Statische Momentenkennlinie

In Bild 7.17a ist für einen Motor mit drei Ständersystemen und einem zweipoligen Läufer die Ruhelage des unbelasteten Läufers dargestellt, und zwar bei Erregung des Systems A–A'. Um den Läufer aus dieser stabilen Lage ($\varphi = 0$), der Magnetischen Raststellung herauszudrehen, muß ein mit dem Verdrehungswinkel φ wachsendes Moment m_H aufgebracht werden. Es verläuft, wie von Synchronmaschinen her bekannt, näherungsweise sinusförmig. Das maximale Moment wird Haltemoment M_H genannt.

Definition: Haltemoment M_H. Das maximale Drehmoment, mit dem man einen erregten Motor statisch belasten kann, ohne eine kontinuierliche Drehung hervorzurufen.

In Bild 7.17b ist außerdem die bei diesem Motor auftretende Hak-Momentenkurve m_s mit dem schon im Abschn. 7.1.1 beschriebenen Selbsthaltemoment M_S sowie die Gesamt-Momentenkurve m_{Hg} eingezeichnet. Diese Momentenkennlinien werden für jeden Motor meßtechnisch aufgenommen, weil sie nur mit unzureichender Genauigkeit berechenbar sind.

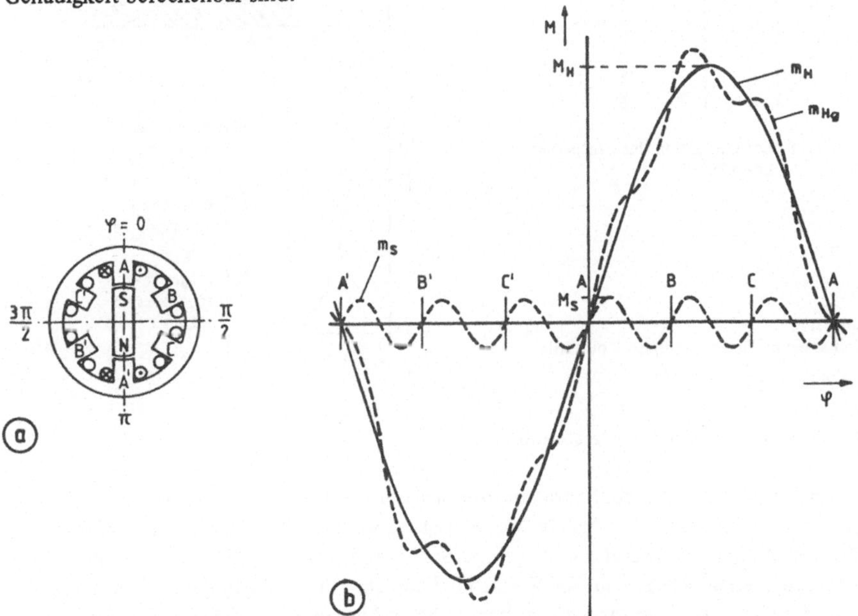

Bild 7.17 Statische Drehmomenten-Kennlinie

Hat der Motor gegen ein Widerstandsmoment M_L zu arbeiten (Bild 7.18), bleibt der Läufer nach Ausführung des Schrittes nicht bei $\varphi = 0$, sondern bei $\varphi = \beta$ stehen. Die Abweichung des Läufers von der Magnetischen Raststellung bezeichnet man als Statischen Lastwinkel. Er ist nur dann zu beachten, wenn die Last sich von Schritt zu Schritt ändert, weil sich dadurch unterschiedliche Schrittwinkel ergeben.

Wird durch Momentenerhöhung der Läufer über den Winkel $\pm\varphi_k$ hinaus verdreht, gerät er in eine labile Lage. Er fällt in den nächsten stabilen Punkt, wenn das Moment zwischenzeitlich verringert wurde. Anderenfalls dreht er kontinuierlich in der Richtung, die ihm das Lastmoment aufzwingt, weiter oder bleibt stehen.

Werden mehrere Ständersysteme gleichzeitig erregt, überlagern sich deren Haltemomentkurven, was am Grundsätzlichen jedoch nichts ändert.

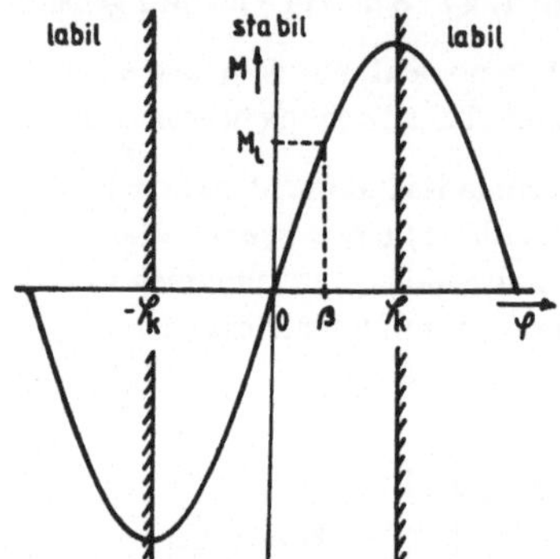

Bild 7.18 Zur Definition des Statischen Lastwinkels

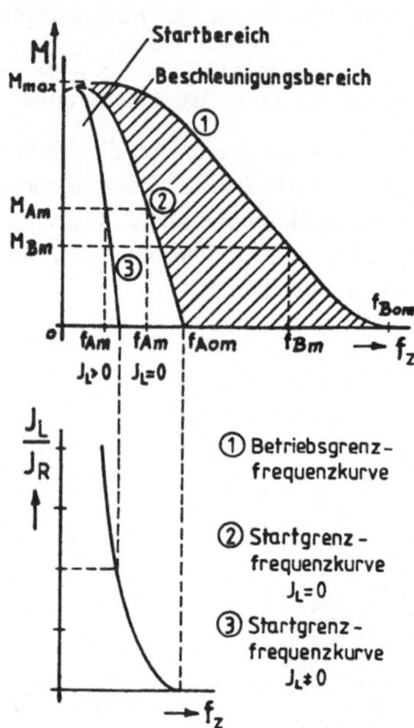

Bild 7.19
Dynamische Drehmomenten-Kennlinie

7.4.2 Dynamische Momentenkennlinie

Das Haltemoment kann ein Schrittmotor nur bei ruhendem Läufer abgeben. Im Schrittbetrieb liegt das maximal mögliche Moment M_{max} wesentlich niedriger. Das verfügbare Motor-Drehmoment nimmt mit steigender Schrittfrequenz ab, weil sich die Strom-Änderungszeiten bezogen auf die Stromflußdauer ebenso wie die in den Ständerwicklungen induzierten Spannungen zunehmend bemerkbar machen. Bei massiven Eisenteilen, wie sie z. B. Klauenpol-Schrittmotoren aufweisen, wirken außerdem die Wirbelströme dämpfend. Das mit wachsender Schrittfrequenz abnehmende Drehmoment zeigen die Grenzfrequenz-Kennlinien in Bild 7.19. Wird bei einer bestimmten Schrittfrequenz f_Z das zugehörige Moment überschritten, fällt der Motor außer Tritt. Er macht einen Schrittfehler. Das muß unter allen Umständen vermieden werden, da ja ein Schrittmotor ohne Rückmeldung der erreichten Läuferposition betrieben wird.

Definition: Schrittfrequenz. Die Anzahl der Schritte, die der Läufer bei konstanter Steuerfrequenz f_S in einer Sekunde macht.

Für die Schrittfrequenz gilt die Gleichung

$$f_Z = z \cdot n, \tag{7.3}$$

wobei n die Anzahl der Umdrehungen je Sekunde ist. Die Schrittfrequenz ist identisch mit der Steuerfrequenz:

$$f_Z = f_S. \tag{7.4}$$

Zwei Betriebsbereiche sind zu unterscheiden:

1. **Startbereich.** Ein Schrittmotor kann als Synchronmotor beim Anlaufen bei einer geringen Geschwindigkeit des Luftspaltfeldes mit diesem in Tritt fallen. Die zulässige Steuerfrequenz ist daher beim Starten wie beim Stoppen relativ gering. Sie hängt vom Gesamtträgheitsmoment von Rotor und Last ab. Hersteller geben daher für den Startbereich Grenzfrequenzkennlinien in Abhängigkeit vom Trägheitsmoment an, wie sie das Bild 7.19 zeigt.

Definition: Betriebsbereich, in welchem der Motor bei einem bestimmten (anzugebenden) Lastträgheitsmoment mit einer konstanten Steuerfrequenz ohne Schrittfehler starten und stoppen kann.

2. **Beschleunigungsbereich.** Soll der Läufer sich um mehrere Schritte möglichst schnell weiterbewegen, wird der Motor mit der zulässigen Steuerfrequenz gestartet. Durch Erhöhen der Frequenz wird dann der Läufer beschleunigt, wobei die Frequenz höchstens den Wert erreichen darf, den die Betriebsgrenzfrequenz-Kurve angibt. Zum Abbremsen wird die Frequenz wieder auf die zulässige Startfrequenz abgesenkt.

Definition: Betriebsbereich, in welchem der Motor ohne Schrittfehler bei einem bestimmten Lastträgheitsmoment und bei vorgegebener Steuerfrequenz in einer Drehrichtung betrieben, jedoch weder gestartet noch gestoppt werden kann.

Das Bild 7.20 zeigt ein Beispiel für die unterschiedlichen Steuerimpulsfrequenzen bei Start, Hochlauf und Stop. Die Treppenkurve a gibt vereinfacht das Springen der Durchflutung der Ständerwicklung an, die Kurve b das Nacheilen des Läufers.

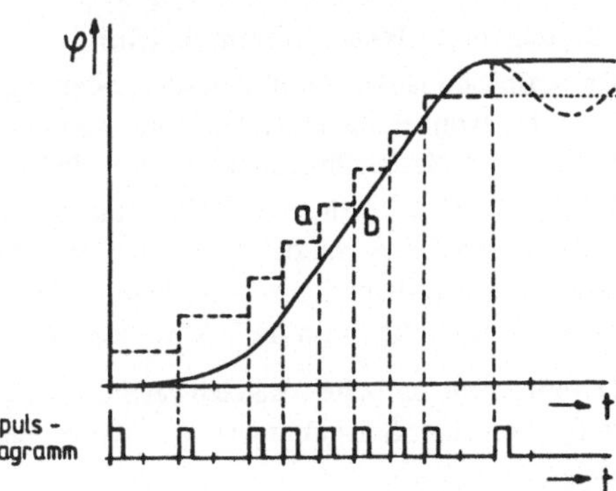

Bild 7.20
Zeitliche Bewegung der Ständer-Durchflutung (a) und Läuferdrehung (b)

Im folgenden sind die Definitionen für die in Bild 7.19 eingezeichneten Kenngrößen angegeben:

Start-Grenzfrequenz f_{Am}. Die Steuerfrequenz, die – abhängig vom Lastdrehmoment – durch die für ein bestimmtes Lastträgheitsmoment gültige Grenzkurve zwischen Startbereich und Beschleunigungsbereich gegeben ist.

Maximale Startfrequenz f_{Aom}. Größte Steuerfrequenz, bei welcher der unbelastete Motor ohne Schrittfehler starten und stoppen kann.

Betriebs-Grenzfrequenz f_{Bm}. Größte Steuerfrequenz, bei welcher der Motor mit einer bestimmten Last ohne Schrittfehler betrieben werden kann.

Maximale Betriebsfrequenz f_{Bom}. Größte Steuerfrequenz, bei welcher der unbelastete Motor ohne Schrittfehler betrieben werden kann.

Start-Grenzmoment M_{Am}. Das Lastmoment, das als Funktion der Steuerfrequenz durch die für ein bestimmtes Lastträgheitsmoment gültige Grenzkurve zwischen Startbereich und Beschleunigungsbereich gegeben ist.

Betriebs-Grenzmoment M_{Bm}. Das höchste Lastdrehmoment, mit dem der Motor bei einem bestimmten Lastträgheitsmoment und vorgegebener Steuerfrequenz betrieben werden kann.

Grenz-Lastträgheitsmoment im Startbereich J_{Lm}. Größtes Lastträgheitsmoment, bei dem der Motor ohne zusätzliches Lastdrehmoment bei einer vorgegebenen Steuerfrequenz ohne Schrittfehler starten und stoppen kann.

7.4.3 Schrittwinkelfehler

Da bei Positionieraufgaben ein möglichst exaktes Erreichen der gewünschten Stellung unerläßlich ist, kommt der Erfassung, Analyse und Verminderung von Abweichungen des Läufers von seiner Sollstellung eine besondere Bedeutung zu. Es können zwei Arten von Schrittwinkelfehlern unterschieden werden:

1. Systematische Winkeltoleranz je Schritt $\Delta\alpha_S$.

Ihre **Definition** lautet: Größte positive oder negative Winkelabweichung gegenüber dem Nennschrittwinkel, die auftreten kann, wenn der Läufer sich um einen Schritt von einer magnetischen Raststellung in die nächste dreht.

Im Bild 7.21 sind für einen 30°-Schrittmotor mit 12 Schritten je Umdrehung die Abweichungen des Läufers von den Sollstellungen – hier stark übertrieben – durch Pfeile gekennzeichnet. Beim Schritt von Stellung 9 nach 10 ergibt sich bei diesem Beispiel die größte Abweichung $\Delta\alpha_S$ vom Schrittwinkel α (a).

2. Größte systematische Winkelabweichung $\Delta\alpha_m$. $\Delta\alpha_m$ gibt die größte Abweichung des Läufers von einer Sollstellung an. Im Beispiel des Bildes 7.21 tritt sie bei Stellung 7 auf (b).

Hier lautet die **Definition**: Größte statische Winkelabweichung einer magnetischen Raststellung gegenüber einem zugehörigen ganzen Vielfachen des Nennschrittwinkels, die im Verlauf einer vollen Läufer-Umdrehung auftreten kann, wenn man von einer magnetischen Bezugs-Raststellung ausgeht.

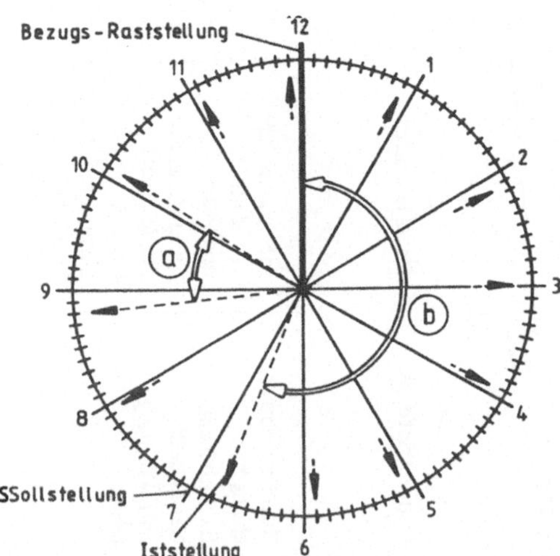

Bild 7.21
Zur Definition der Schrittweinkelfehler

Welche von beiden Abweichungen wichtiger zu beachten ist, hängt von der Antriebsaufgabe ab, ob nämlich überwiegend stets nur ein Schritt oder mehrere Schritte nacheinander gemacht werden, ob sich der Läufer nur in einer Richtung dreht oder ob er im Reversierbetrieb arbeitet.

Schrittwinkelfehler können zahlreiche Ursachen haben. Im Schema des Bildes 7.22 sind die wesentlichsten zusammengestellt. Ein großer Teil der Fehler läßt sich durch eine sorgfältige Fertigung vermeiden. Unangenehm sind diejenigen, die sich erst im Laufe des Betriebes einstellen, Fehler, die durch Alterung, temperaturbedingt oder durch die Umgebung beeinflußt, auftreten.

Moderne Schrittmotoren weisen im allgemeinen Schrittwinkelfehler im Bereich von ±(3 bis 5) Prozent auf.

7.5 Betriebsverhalten

Die Berechnung des Betriebsverhaltens von Schrittmotoren erfolgt mit den aus der Theorie elektrischer Maschinen bekannten Verfahren. Sie ist jedoch schwierig und im allgemeinen nicht zufriedenstellend gelöst, wenn man die gewohnten Maßstäbe bezüglich der Übereinstimmung von Rechnung und Messung anlegt. Das liegt unter anderem daran, daß die räumlich und zeitlich stark variierenden magnetischen Felder und ihre Wirkungen sich

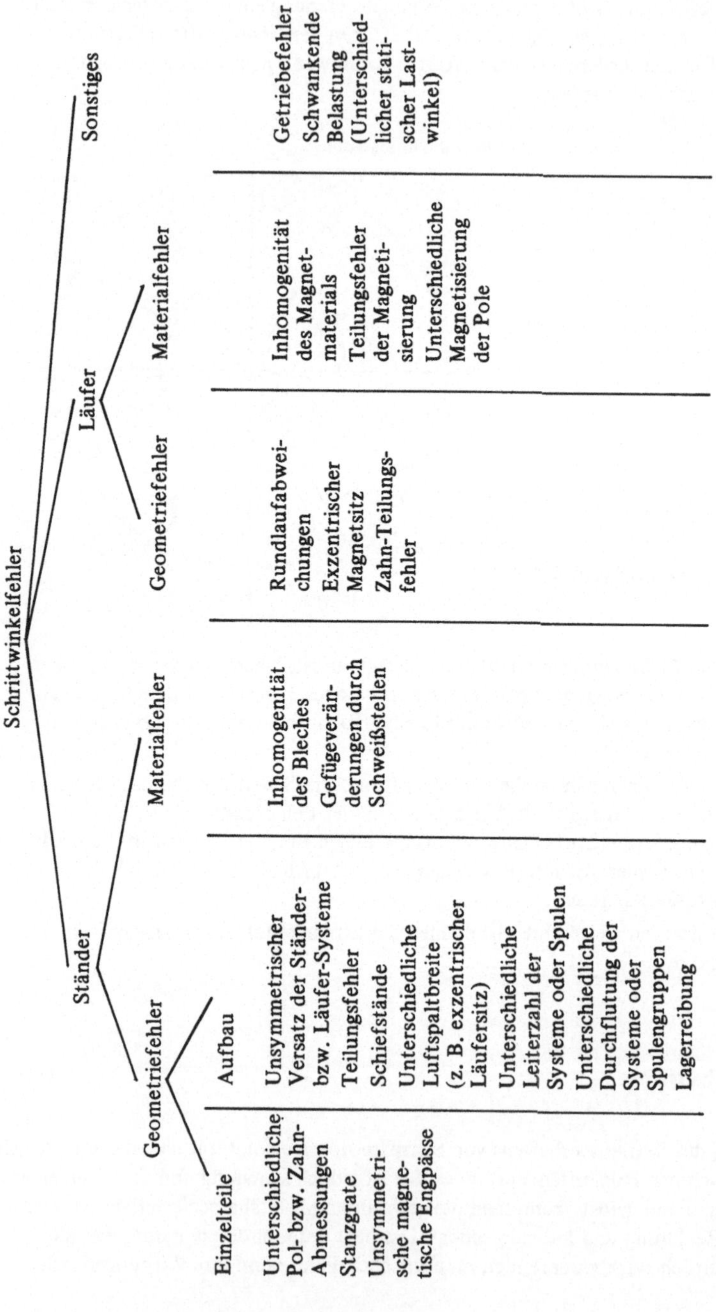

Schrittwinkelfehler					
Ständer			Läufer		Sonstiges
Geometriefehler		Materialfehler	Geometriefehler	Materialfehler	
Einzelteile	Aufbau				
Unterschiedliche Pol- bzw. Zahn-Abmessungen Stanzgrate Unsymmetrische magnetische Engpässe	Unsymmetrischer Versatz der Ständer- bzw. Läufer-Systeme Teilungsfehler Schiefstände Unterschiedliche Luftspaltbreite (z. B. exzentrischer Läufersitz) Unterschiedliche Leiterzahl der Systeme oder Spulen Unterschiedliche Durchflutung der Systeme oder Spulengruppen Lagerreibung	Inhomogenität des Bleches Gefügeveränderungen durch Schweißstellen	Rundlaufabweichungen Exzentrischer Magnetsitz Zahn-Teilungsfehler	Inhomogenität des Magnetmaterials Teilungsfehler der Magnetisierung Unterschiedliche Magnetisierung der Pole	Getriebefehler Schwankende Belastung (Unterschiedlicher statischer Lastwinkel)

Bild 7.22 Ursachen von Schrittwinkelfehlern

rechnerisch im allgemeinen nur ungenügend nachbilden lassen, daß der Ständerstrom meist impulsartig verläuft und die Eigenschaften der Ansteuerelektronik nur schwer faßbar sind. Im folgenden wird das grundsätzliche Vorgehen beschrieben, weil bei der Fülle unterschiedlicher Aufgabenstellungen nicht auf Einzelheiten eingegangen werden kann.

7.5.1 Spannungsgleichung

Im Bild 7.23 ist das Schaltbild des Ersatzstromkreises des Stranges dargestellt, aus dem sich die Spannungsgleichung

$$u_\nu = i_\nu R + \frac{d\psi_\nu}{dt} \tag{7.5}$$

ablesen läßt. Der Wirkwiderstand R ist in allen Strängen gleich groß und benötigt daher keinen Index. Die Gesamtflußverkettung des Stranges ν besteht allgemein aus drei Komponenten:

$$\psi_\nu = i'_\nu L_\nu(\vartheta_\nu) + \sum_{\mu \neq \nu} i'_\mu M_{\mu\nu} + \Psi_M \cos p\vartheta_\nu . \tag{7.6}$$

Dabei ist i'_ν der Magnetisierungsstrom im Strang ν, i'_μ derjenige im Strang μ.

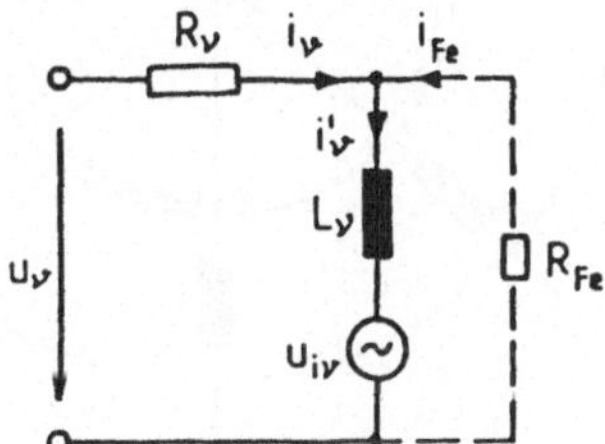

Bild 7.23
Schaltbild des Ersatzstromkreises

Schrittmotoren besitzen oft relativ massive Eisenteile. Zum Beispiel wird der Ständer von Klauenpolschrittmotoren aus 1–2 mm starkem Blech gefertigt. Wenn zudem die Änderungsfrequenzen der Felder hoch sind, können Wirbelströme unter Umständen das Betriebsverhalten merklich beeinflussen. Sie lassen sich durch Einführen eines Eisenverlust-Stromes i_{Fe} berücksichtigen. Das ist allerdings nur auf empirische Weise möglich. Da außerdem das Lösungsverfahren dadurch wesentlich aufwendiger wird, vernachlässigt man meistens i_{Fe} und setzt $i'_\nu = i_\nu$.

Bei PM-Motoren ist die Induktivität L_ν unabhängig von der Läuferstellung, wenn man die Nutung außer acht läßt:

$$L_\nu = L_k = \text{const.} \tag{7.7a}$$

Daher entfällt bei diesen Motoren in der zeitlichen Ableitung der Gleichung (7.6) das erste Glied. Bei VR- und Hybrid-Motoren pflegt man die Schwankungen des Luftspaltleitwertes infolge der Zahnung und damit die Induktivität durch eine Potenzreihe, die wie üblich nach dem zweiten Glied abgebrochen wird, darzustellen:

$$L_\nu = L_k + L_2 \cos 2p\vartheta_\nu. \tag{7.7b}$$

Dabei ist p die Periodenzahl der Leitwertschwankungen. Für den geometrischen Winkel ϑ_ν gilt

$$\vartheta_\nu = \vartheta - (\nu - 1)\epsilon, \tag{7.8}$$

mit ϑ als Umfangswinkel und ϵ als Systemteilung nach Bild 7.24.

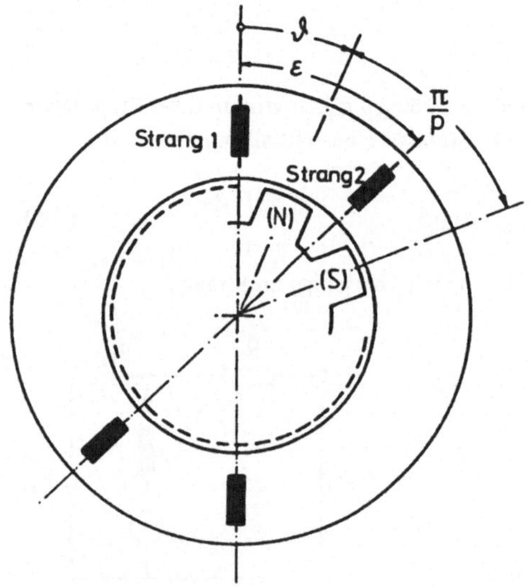

Bild 7.24
Zur Definition der Periodenzahl p und der Systemteilung ϵ

Sieht man von dem Zustand ab, bei dem ein Ständersystem hoch gesättigt, das andere dagegen ungesättigt ist, darf man voraussetzen, daß beide Systeme magnetisch entkoppelt sind. Die Gegeninduktivitäten $M_{\mu\nu}$ in der Gleichung (7.6) können daher meistens entfallen.

Ψ_M ist die maximale magnetische Verkettung des Ständerstranges mit dem Läufermagnet-Fluß. Vereinfachend nimmt man meistens einen sinusförmigen Verlauf an. Bei VR-Motoren tritt natürlich das letzte Glied in der Gleichung (7.6) nicht auf.

Streuflüsse, Hysterese-Erscheinungen und Sättigungseinflüsse müssen meistens unberücksichtigt bleiben.

7.5.2 Momentengleichung

Eine allgemein gültige Momentengleichung ergibt sich aus der Leistungsbilanz des Stranges ν:

$$u_\nu i_\nu = R_\nu i_\nu^2 + \frac{dW_{m\nu}}{dt} + m_\nu \frac{d\vartheta}{dt}, \tag{7.9}$$

zugeführte elek. Leistung	Stromwärme-Leistung	Änderung der magn. Energie	mechanisch umgesetzte Leistung

Dabei ist m_ν das mechanisch abgegebene Moment und

$$W_{m\nu} = \frac{1}{2} i_\nu^2 L_\nu \tag{7.10}$$

die magnetische Energie. Setzt man in Gleichung (7.9) für die Klemmenspannung u_ν die Gleichung (7.5) ein, heben sich auf der linken und rechten Seite die Terme der Stromwärmeleistung auf:

$$i_\nu \frac{d\psi_\nu}{dt} = \frac{dW_{m\nu}}{dt} + m_\nu \frac{d\vartheta}{dt}. \tag{7.11}$$

Diese Gleichung läßt sich zu einer Momentengleichung umstellen:

$$m_\nu = i_\nu \frac{d\psi_\nu}{d\vartheta} - \frac{dW_{m\nu}}{d\vartheta}. \tag{7.12}$$

Die Flußverkettung wird nun durch die Gleichung (7.6) ersetzt, $W_{m\nu}$ durch Gleichung (7.10):

$$\begin{aligned} m_\nu &= i_\nu \frac{d}{d\vartheta}(i_\nu L_\nu) + i_\nu \Psi_M \frac{d \cos p\vartheta_\nu}{d\vartheta} - \frac{1}{2}\frac{d}{d\vartheta}(i_\nu^2 L_\nu) \\ &= i_\nu^2 \frac{dL_\nu}{d\vartheta} + i_\nu L_\nu \frac{di_\nu}{d\vartheta} - p i_\nu \Psi_M \sin p\vartheta_\nu - \frac{1}{2} i_\nu^2 \frac{dL_\nu}{d\vartheta} - \frac{1}{2} L_\nu \frac{di_\nu^2}{d\vartheta}. \end{aligned} \tag{7.13}$$

Das zweite und das letzte Glied der Gleichung (7.13) heben sich auf, wenn man die Ableitung durchführt, so daß man Gleichung (7.13) folgendermaßen zusammenfassen kann:

$$m_\nu = \frac{1}{2} i_\nu^2 \frac{dL_\nu}{d\vartheta} - p i_\nu \Psi_M \sin p\vartheta_\nu. \tag{7.14}$$

Schließlich ist noch die Induktivität nach Gleichung (7.7b) einzuführen und abzuleiten:

$$m_\nu = -p i_\nu^2 L_2 \sin 2p\vartheta_\nu - p i_\nu \Psi_M \sin p\vartheta_\nu. \tag{7.15}$$

Das erste Glied beschreibt das Reluktanzmoment, das zweite Glied das Magnetmoment. Bei Hybrid-Motoren treten beide Momente auf, man vernachlässigt allerdings häufig das Reluktanzmoment.

Das Gesamtdrehmoment eines Schrittmotors ergibt sich als Summe der Einzelmomente der Stränge

$$m = -p \sum_{\nu} (i_\nu^2 L_2 \sin 2p\vartheta_\nu + i_\nu \Psi_M \sin p\vartheta_\nu). \tag{7.16}$$

Das Motormoment ist ein Glied der bekannten Bewegungsgleichung eines Antriebes:

$$m = J\ddot{\vartheta} + M_W(\ddot{\vartheta}, \dot{\vartheta}, \vartheta, t) + D\dot{\vartheta}. \tag{7.17}$$

J ist das gesamte Trägheitsmoment, das bei Verwendung eines Getriebes auf die Motorwelle umzurechnen ist. Die Dämpfung D setzt sich aus der mechanischen und der elektrischen Dämpfung (Wirbelströme) zusammen. Das Widerstandsmoment besteht aus dem Moment M_G, mit dem das angetriebene Gerät den Motor belastet, und aus den Reibungsmomenten M_R innerhalb und außerhalb des Motors. Dabei ist die augenblickliche Drehrichtung des Läufers zu berücksichtigen. Die Gleichung für das Widerstandsmoment könnte z. B. folgendermaßen lauten:

$$M_W = M_R \operatorname{sgn} \dot{\vartheta} + M_{G\text{const}} + M_{G1}\vartheta + \dots \tag{7.18}$$

Das sgn-Zeichen verlangt eine stückweise Integration je nach augenblicklicher Drehrichtung.

7.5.3 Dynamisches Verhalten

Die Lösung des Gleichungssystems zur Berechnung des dynamischen Verhaltens erfolgt auf die übliche Weise. Die Spannungsgleichungen (7.5) und die Momentengleichung (7.17) sind im allgemeinen nichtlineare Differentialgleichungen. Statt der meistens nicht möglichen geschlossenen Lösung wird häufig eine numerische Integration der entsprechenden Differenzengleichungen durchgeführt. Da auch sie sehr aufwendig sein kann, versucht man durch Spezialisierung auf den gerade aktuellen Fall die Gleichungen zu linearisieren, so daß eine geschlossene Lösung, gegebenenfalls mit Hilfe der Laplace-Transformation, möglich wird. Man rechnet z. B. statt mit einem sinusförmig verlaufenden Motormoment mit einem abschnittsweise konstanten Moment oder mit der Tangente an die Sinuskurve im Nulldurchgang. Zur Ermittlung von Resonanzerscheinungen oder Stabilitätsuntersuchungen greift man gerne auf ein Verfahren der Schwingungstechniker zurück und betrachtet die Momentengleichung in der sogenannten Phasenebene. Dazu eliminiert man in der Antriebsgleichung die Zeit als Variable. Die Dämpfung wird vernachlässigt und eine konstante Durchflutung der Ständerwicklung angenommen. Als ein Beispiel sei die Gleichung

$$J\ddot{\vartheta} + M_m \sin \vartheta + M_R \operatorname{sgn} \dot{\vartheta} = 0 \tag{7.19}$$

gegeben. Für die Beschleunigung kann man schreiben

$$\ddot{\vartheta} = \frac{d\dot{\vartheta}}{dt} = \frac{d\vartheta}{dt}\frac{d\dot{\vartheta}}{d\vartheta} = \omega\frac{d\omega}{d\vartheta}\,. \tag{7.20}$$

Dies in Gleichung (7.19) eingesetzt, ergibt die Differentialgleichung

$$\frac{d\omega}{d\vartheta} + \frac{M_m}{\omega J}\sin\vartheta = -\frac{M_R}{\omega J}\,\mathrm{sgn}\,\dot{\vartheta}, \tag{7.21}$$

die nun eine Ordnung niedriger ist als die ursprüngliche. Man stellt die Geschwindigkeit als Ordinate über dem Umfangswinkel dar und erhält sehr anschauliche Aussagen über das dynamische Verhalten eines Schrittmotorenantriebes.

7.5.4 Statisches Verhalten

Zur Berechnung des statischen Momentenverlaufs und des Haltemomentes bei konstanter Ständererregung benutzt man die Gleichung (7.14), wobei jetzt auf eine möglichst genaue Erfassung der Induktivität

$$L_\nu = w_\nu^2 \Lambda_\nu \tag{7.22}$$

mit dem Luftspaltleitwert Λ_ν und der Windungszahl w_ν des Stranges ν bei Reluktanzmotoren bzw. der Feldverteilung bei Permanentmagnetmotoren Wert gelegt wird. Die Gleichung (7.22) ist für jedes Ständersystem, für jeden Zahnring und für jeden Ständerpol aufzustellen. Durch Beachtung der Symmetrieverhältnisse ist die Zahl unterschiedlicher Gleichungen gering.

Da der Ständerstrom konstant ist, kann die Momentenkurve für einfache Fälle analytisch berechnet werden. Anderenfalls benutzt man numerische Verfahren:

Berechnung des magnetischen Ersatzschaltbildes,

Finite-Differenzen-Verfahren, Finite-Elemente-Verfahren

Es ist jedoch stets zu prüfen, ob der große Aufwand, den diese Verfahren erfordern, gerechtfertigt ist und ob vereinfachende Annahmen, wie z. B. eine zweidimensionale Feldverteilung, zulässig sind. Die meisten Schrittmotoren besitzen nur eine geringe Baulänge oder ohnehin ein dreidimensional veränderliches Feld wie die Klauenpol-Schrittmotoren.

Obwohl Rechnungen im allgemeinen quantitativ nicht befriedigen, sind sie dennoch sinnvoll, weil sie erkennen lassen, wie ein Motor auf Veränderungen von Parametern reagiert, oder weil sie qualitative Vergleiche verschiedener Motorvarianten ermöglichen.

Formelzeichen

A	Strombelag
A_L	Luftspaltfläche
A_M	Magnetfläche
$\underline{a}$	Einheitszeiger ($\underline{a} = e^{j\frac{2\pi}{3}}$)
$2a$	Anzahl der parallelen Ankerzweige
a_1	Ständerstrombelag
B	magnetische Induktion
B_H	magnetische Induktion im Hysteresematerial
B_L	Luftspaltinduktion
B_M	magnetische Induktion im Permanentmagneten
B_N	Normalkomponente der magnetischen Induktion
B_R	Remanenzinduktion
B_m	zeitlicher Mittelwert der magnetischen Induktion
b_H	Polbreite der Hauptwicklung
b_L	Lamellenbreite
C	Kapazität
C_r	Reihenkapazität
D_K	Kommutatordurchmesser
D_i	Bohrungsdurchmesser
d_H	Hystereseringdicke
f	Frequenz
f_S	Steuerfrequenz
f_Z	Schrittfrequenz
f_m	mechanische Drehfrequenz
f_1	Netzfrequenz, Frequenz des Ständerstromes
f_2	Frequenz des Läuferstromes
G	Gewicht
H	magnetische Feldstärke
H_A	Fremdfeldstärke
H_C	Koerzitivfeldstärke
H'_C	fiktive Koerzitivfeldstärke
H_J	Jochfeldstärke
H_L	Luftspaltfeldstärke
H_M	magnetische Feldstärke im Permanentmagneten
h_H	magnetische Feldstärke im Hysteresematerial
h_L	Luftspaltfeldstärke
h_M	Magnetlänge in Magnetisierungsrichtung
I	Strom
I_A	Ankerstrom
I_{Ak}	Ankerkurzschlußstrom
$I_{A\ell}$	Ankerleerlaufstrom
I_d	Mittelwert des Stromes
I_f	Erregerstrom, Läuferstrom
I_k	Kommutierungsreststrom
I_m, I_g, I_0	Mit-, Gegen-, Nullstrom
I_{sp}	Spulenstrom
I_t	Kommutierungsstrom
I_μ	Magnetisierungsstrom
I_1	Ständerstrom
I_2	Läuferstrom
I_{1d}	Ständerstromkomponente in der Längsachse
I_{1q}	Ständerstromkomponente in der Querachse
i_{zw}	Zweigstrom
$i_\sim$	Wechselanteil des Stromes
J	Trägheitsmoment
J_L	Lastträgheitsmoment
J_R	Rotorträgheitsmoment
j	$\sqrt{-1}$
K	Kommutatorlamellenzahl
k_C	Carterscher Faktor
k_S	Sättigungsfaktor
k_m, k_g	Umrechnungsfaktoren
L	Induktivität
L_A	Ankerinduktivität
L_r	Reiheninduktivität
L_σ	Streuinduktivität
ℓ	Blechpaketlänge, Länge einer Spulenseite

ℓ_J	Jochlänge
ℓ_M	Länge des Permanentmagneten
M	Gegeninduktivität
M	Motormoment
M_A	Anzugsmoment
M_H	Hysteresemoment
M_H	Haltemoment
M_{Kipp}	Kippmoment
M_S	Selbsthaltemoment
M_V	Verlustmoment
M_W	Wirbelstrommoment
M_W	Widerstandsmoment
M_i	inneres Motormoment
M_{ik}	Stillstandsmoment
M_m, M_g	Mit-, Gegenmoment
M_δ	Drehfeldmoment, Luftspaltmoment
m	Strangzahl
N	Nutenzahl
n	Drehzahl
n_ℓ	tatsächliche Leerlaufdrehzahl
n_s	synchrone Drehzahl
n_0	ideelle Leerlaufdrehzahl
P	Leistung
P_C	Kondensatorleistung
P_{Cu}	Stromwärmeverluste, Kupferverluste
P_{Fe}	Eisenverluste
P_H	Hystereseverluste
P_R	Reibungsverluste
P_V	Verlustleistung
P_W	Wirbelstromverluste
P_i	innere Leistung
P_δ	Luftspaltleistung
P_1	aufgenommene Wirkleistung
P_2	mechanische Leistung
p	Polpaarzahl
q	Lochzahl
R	Läuferradius
R	Wirkwiderstand
R_A	Widerstand der Ankerwicklung
R_E	Widerstand der Erregerwicklung
R_K	fiktiver ohmscher Widerstand im Kommutierungskreis
R_L	magnetischer Widerstand des Luftspaltes
R_i	magnetischer Innenwiderstand
R_p	Parallelwiderstand
R_r	Reihenwiderstand
R_v	Vorwiderstand
R_σ	magnetischer Widerstand der Streuwege
R_1	Ständerwicklungswiderstand
R_2'	Läuferwicklungswiderstand auf Ständerwicklung bezogen
s	Periodenzahl der Leitwertschwankungen
s	Schlupf
s_m, s_g	Mit-, Gegenschlupf
T	Periodendauer
T	Taktzeit
T	elektrische Zeitkonstante
T_K	Kommutierungszeit
T_1	Einschaltzeit
T_1/T	Taktverhältnis
t	Zeit
U	Spannung
U_A	Spannung an der Ankerwicklung
U_B	Bürstenspannung
U_C	Kondensatorspannung
U_E	Spannung an der Erregerwicklung
U_H	Hallspannung
U_M	Motorspannung
U_N	Nennspannung, Netzspannung
U_d	Mittelwert der Spannung
U_i	induzierte Spannung
U_{iAr}	rotatorisch induzierte Ankerspannung
U_{iAq}	vom Ankerquerfluß induzierte Spannung
U_{iAt}	Transformatorisch induzierte Ankerspannung
U_{iEt}	transformatorisch induzierte Spannung in der Erregerwicklung
U_{id}	induzierte Spannung in der Längsachse

U_{iq} induzierte Spannung in der Querachse
U_{ir} rotatorisch induzierte Spannung
U_{isp} induzierte Spulenspannung
U_{it} transformatorisch induzierte Spannung
U_{iw} induzierte Windungsspannung
U_{izw} induzierte Spannung im Ankerzweig
$U_{i\sigma}$ Stromwendespannung, Streuspannung
U_m, U_g, U_0 Mit-, Gegen-, Nullspannung
$U_\sim$ Wechselanteil der Spannung
U_1 Ständerspannung, Strangspannung
u Umrechnungsfaktor
ü Übersetzungsverhältnis
V Ringvolumen
V magnetische Spannung
V_L magnetische Spannung am Luftspalt
V_M magnetische Spannung des Permanentmagneten
v Umfangsgeschwindigkeit
v_K Kommutatorumfangsgeschwindigkeit
W Spulenweite
W_M magnetische Energie
w Windungszahl
w_A Ankerwindungszahl
w_E Windungszahl der Erregerwicklung
w_{sp} Windungszahl einer Spule
w_{str} Windungszahl eines Stranges
w_{zw} Windungszahl eines Ankerzweiges
X Reaktanz
X_{Aq} Ankerquerreaktanz
X_C Kondensatorreaktanz
X_K fiktive Reaktanz im Kommutierungskreis
X_h Hauptreaktanz
X_{hd} Hauptreaktanz der Längsachse
X_{hq} Hauptreaktanz der Querachse
X_σ Streureaktanz
x Ortskoordinate
Y Leitwert
Y_m, Y_g Mit-, Gegenleitwert
Y_r Reihenleitwert
Y_s Summenleitwert
Z Impedanz
Z_{hm}, Z_{hg} Hauptimpedanz, Mit-, Gegensystem
Z'_{hm}, Z'_{hg} Einheitsimpedanz, Mit-, Gegensystem
Z_m, Z_g, Z_0 Mit-, Gegen-, Nullimpedanz
Z_r Reihenimpedanz
Z_σ Streuimpedanz
z Schrittzahl
z Leiterzahl
z' effektive Leiterzahl
z_A Ankerleiterzahl
z_N Leiterzahl je Nut

α Drehwinkel, Schrittwinkel
α Zündwinkel
β Polradwinkel
δ Luftspaltlänge
δ' magnetisch wirksamer Luftspalt
η Wirkungsgrad
Θ Durchflutung
Θ_A Durchflutung unter dem Magnetpol
$\Theta_{A\ell}$ Ankerlängsdurchflutung
Θ_{Aq} Ankerquerdurchflutung
Θ_f Läufererregerdurchflutung
Θ_{1d} Längskomponente der Ständerdurchflutung
Θ_{1q} Querkomponente der Ständerdurchflutung
ϑ Bürstenverschiebungswinkel
ϑ Umfangswinkel
Λ magnetischer Leitwert

Λ_L	magnetischer Leitwert des Luftspaltes
Λ_i	magnetischer Leitwert des Permanentmagneten
Λ_σ	magnetischer Leitwert der Streuwege
λ	Leitwertziffer
μ_0	Induktionskonstante
μ_M	relative Permeabilität des Permanentmagnetmaterials
ν	Polpaarzahl der Einzelfelder
ξ	Wicklungsfaktor
σ_H	Hysterese-Verlustziffer
σ_W	Wirbelstrom-Verlustziffer
τ	Zeitkonstante
τ_P	Polteilung
Φ	magnetischer Fluß
Φ_{Aq}	Ankerquerfluß
Φ_M	magnetischer Fluß des Permanentmagneten
Φ_P	Polfluß
Φ_R	magnetischer Fluß des Permanentmagneten bei Remanzeninduktion
Φ_h	Hauptfluß
Φ_{hd}	Hauptfluß in der Längsachse
Φ_{hq}	Hauptfluß in der Querachse
Φ_{sp}	Spulenfluß
Φ_σ	Streufluß
φ	Phasenwinkel
Ψ	Flußverkettung
ω	Kreisfrequenz

Allgemeine Indizes

1, 2	Ständer, Läufer
U, V, W, Z	Strangbezeichnungen
Ha, Hi	Haupt-, Hilfsstrang
H, K	Haupt-, Kurzschlußwicklung
D	Drehfeld
M	Mehrphasenmaschine
R	Realteil
I	Imaginärteil
A, E	Anker-, Erregerwicklung
d, q	Längs-, Querachse
p	Pendel- (Moment)
p	Grundfeld

Literatur

Allgemeines

[1] P u s t o l a , J.; S l i w i n s k i , T.: Kleine Einphasenmotoren. VEB Verlag Technik, Berlin 1961

[2] V e i n o t t , C. G.: Fractional- and Subfractional-Horsepower-Electrical Motors, McGraw Hill, New York 1970

[3] R i c h t e r , A.: Einphasenmotoren. AEG-Telegunken-Handbuch, Band 4, 2. Auflage. Elitera-Verlag, Berlin 1972

[4] L a z a r o i u , D. F.; S l a i h e r , S.: Elektrische Maschinen kleiner Leistung. VEB Verlag Technik, Berlin 1976

[5] H ü t t e : Elektrische Energietechnik. Bd. 1: Elektrische Maschinen. Springer-Verlag, Berlin – New York 1978

[6] M o c z a l a , H. u. a.: Elektrische Kleinstmotoren und ihr Einsatz. Expert Verlag, Grafenau 1979

[7] P h i l l i p o w , E.: Taschenbuch Elektrotechnik, Bd. 5. Hanser-Verlag, München 1981

[8] S c h u l t z , K. G. u. a.: Elektronische Motorsteuerungen. Franzis-Verlag, München 1986

[9] L a b a h n , D.; L i s k a , M.: Drehzahlgeregelte Kleinantriebe. Techn. Rdsch. **66** (1974), H. 1, S. 35–39

[10] B r a n d e n b u r g , W.: Die wirtschaftliche Bedeutung von Klein- und Kleinstmotoren. ETZ-B **27** (1975), H. 10, S. 249–250

[11] S e q u e n z , H.: Klein- und Kleinstbauarten elektrischer Maschinen. E. u. M. **95** (1978), H. 1, S. 11–23

[12] J u n g , R.; S c h n e i d e r , J.: Elektrische Kleinmotoren. F. u. M. **92** (1984), H. 4, S. 153–165

Wechselstrom-Asynchronmotor

[13] R i c h t e r , R.: Elektrische Maschinen, Bd. IV, 2. Aufl. 1954. Verlag Birkhäuser, Basel – Stuttgart

[14] S t e p i n a , J.: Die Einphasen-Asynchronmotoren. Aufbau, Theorie, Berechnung, Springer-Verlag, Wien – New York 1982

[15] K r o n d l , M.: Berechnung von Einphasenkondensator-Motoren. E. u. M. **52** (1934), H. 12, S. 133–136

[16] V a s k e , P.: Ein Beitrag zur Theorie des Spaltpolmotors. A. f. E. **47** (1962), H. 1, S. 1–15

[17] Kleinrath, H.: Genauere Berechnung von Einphasen-Asynchronmotoren mit Digitalrechenanlagen. ETZ-A **89** (1968), H. 15, S. 366–371

[18] Stepina, J.: Oberwelleneinflüsse, Querströme und unsymmetrische Sättigung in der programmierten Berechnung von Einphasen-Asynchronmotoren. Siemens-Zeitschrift **46** (1972), H. 10, S. 819–824

[19] Stepina, J.: Querströme in Käfigläufern. E. u. M. **92** (1975), H. 1, S. 8–14

[20] Vaske, P.: Optimierung zweisträngiger Einphasenmotoren mit Betriebskondensator. F. u. M. **83** (1975), H. 4, S. 151–156

[21] Tillner, S.: Auslegung und Betriebsverhalten moderner Spaltpolmotoren. F. u. M. **83** (1975), H. 8, S. 372

[22] Markus, H.; Sergl, J.: Selbsterregung bei Einphasenkondensator-Motoren. Bull. ASE/UCS **67** (1976), H. 12, S. 614–617

[23] Stölting, H. D.: Ungleichmäßige Wicklungsverteilung zweisträngiger Wechselstrom-Asynchronmotoren. etz-Archiv **8** (1985), H. 2, S. 61–65

Wechselstrom-Synchronmotor

[24] Kurscheidt, P.: Theoretische und experimentelle Untersuchung einer neuartigen Reaktionsmaschine. Diss. TH Aachen, 1961

[25] Volkrodt, W.: Polradspannung, Reaktanzen und Ortskurve des Stromes der mit Dauermagneten erregten Synchronmaschine. ETZ-A **83** (1962), H. 16, S. 517–522

[26] Kleinrath, H.: Kennlinienberechnung und Entwurf von Schenkelpolsynchronmaschinen mit Erregung durch Permanentmagnete. E. u. M. **82** (1965), H. 10, S. 489–500

[27] Volkrodt, W.: Der Siemosyn-Motor, ein Synchronmotor mit Erregung durch Dauermagnete. Siemens-Z. **40** (1966), S. 125–131

[28] Schröder, J. W.: Beitrag zum Vergleich zwischen Reluktanzmotor und Merrillmotor. ETZ-A **89** (1968), H. 10, S. 230–233

[29] Sakarind, A.: Beitrag zur Theorie des dreiphasigen Hysteresemotors. Diss. Universität Stuttgart, 1969

[30] Lawrenson, P. J.; Mathur, R. M.: Pull-in criterion for reluctance motors. Proc. IEE **120** (1973), H. 9, S. 982–986

[31] Gerber, H.: Miniatur-Synchronmotoren mit Dauermagnetläufer. Neue Technik (Schweiz) **15** (1973), H. 10, S. 382–392

[32] Hans, V.: Das Betriebsverhalten von Einphasen-Reluktanzmotoren. ETG-Fachberichte **1** (1975), S. 267–274

[33] John, A.; Liska, M.: Synchron-Kleinstmotoren mit Permanentmagnet- oder Hystereseläufer. ETG-Fachberichte **1** (1975), S. 275–281

[34] Honds, L.; Meyer, K. H.: Beeinflussung des Drehmomentes von Hysteresemotoren durch Oberwellen. F. u. M. **86** (1978), H. 4, S. 172–176

[35] Finch, J. W.; Lawrenson, P. J.: Synchronous performance of single-phase reluctance motors. Proc. IEE **125** (1978), H. 12 S. 1350–1356

[36] Schemmann, H.: Zweipolige Einphasen-Synchronmotoren mit dauermagnetischem Läufer. F. u. M. **87** (1979), H. 4, S. 163–169

[37] Honsinger, V. B.: The fields and parameters of interior type ac permanent-magnet machines. IEEE Trans. on Power App. a. Syst. **101** (1982), H. 4, S. 867–875

[38] Weschta, A.: Pendelmomente von permanenterregten Synchron-Servomotoren. etz-Archiv **5** (1983), H. 4, S. 141–144

[39] Plaumann, H. H.: Zweipoliger Einphasen-Synchronmotor mit hochremanentem Permamentmagnetrotor. F. u. M. **93** (1985), H. 3, S. 145–148

Universalmotor

[40] Knaak, W.: Die Ankerreaktanzspannung bei kleinen Wechselstrom-Reihenschlußmotoren. E. u. M. **70** (1953), H. 15/16, S. 343–345

[41] Vogel, J.: Die Ankerquerfeldspannung des Universalmotors, Elektrotechnik **9** (1955), H. 1, S. 17–24

[42] Schröter, W.: Die Berechnung des magnetischen Kreises von Universalmotoren. Diss. Universität Stuttgart, 1956

[43] Pöllot, O. E.: Nutfrequente Schwankungen des magnetischen Flusses bei Universalmotoren und ihre Unterdrückung. ETZ-A **77** (1956), H. 4, S. 108–112

[44] Held, M.: Rückwirkung und Verluste durch Kommutierungsströme bei Universalmotoren. Diss. Universität Stuttgart, 1961

[45] Pustola, J.: Einfluß der Kommutierungsverluste auf den Betrieb des Einphasen-Kommutatormotors. Elektrie **21** (1967), H. 1, S. 22–27

[46] Pustola, J.: Eisenverluste in Universalmotoren ETZ-A **89** (1968), H. 10, S. 233–239

[47] Moser, H.: Zur Konstruktionssystematik der Gehäuse kleiner elektrischer Maschinen. Konstruktion **20** (1968), H. 12, S. 465–477

[48] Kuhnle, H.: Die Ständerjochentlastung bei zweipoligen Universalmotoren. Diss. Universität Stuttgart, 1969

[49] Figel, M.; Labahn, D.: Fortschritte in der Konstruktion von Universalmotoren. Siemens-Z. **46** (1972), H. 9, S. 761–766

[50] Weinert, H.: Kommutierung und Bürstenverschleiß als Optimierungsproblem bei Universalmotoren. Techn. Mitt. der Ringsdorff Werke (1978), H. 9, S. 3–23

[51] Pfeiffer, R.: Beitrag zum Betriebsverhalten und zur lastgerechten Berechnung des magnetischen Kreises von Universalmotoren mit Phasenanschnittsteuerung. Diss. Universität Stuttgart, 1983

[52] Stölting, H. D.: Meßtechnische Wicklungsauslegung von Universalmotoren. F. u. M. **92** (1984), H. 4, S. 182–184

Permanentmagnet-Motor

[53] Fischer, J.: Abriß der Dauermagnetkunde. Springer-Verlag, Berlin – Göttingen – Heidelberg 1949

[54] Schüler, K.; Brinkmann, K.: Dauermagnete. Springer-Verlag, Berlin – New York 1970

[55] Koch, J. u. a.: Permanentmagnetisch erregte Gleichstrommotoren. Valvo-Handbuch, 1978

[56] Koch, J.; Ruschmeyer: Permanentmagnete I/II. Valvo-Handbücher, 2. Aufl., 1982/83

[57] Reynst, M. F.: Entwurf kleiner Gleichstrommotoren mit Permanentmagneten aus Ferroxdure. Valvo-Ber. **10** (1964), H. 4, S. 334

[58] Altmann, M.: Gedanken zum Entwurf eines Gleichstrommotors mit dauermagnetisch erregtem Feld. AEG-Mitt. **63** (1973), H. 3, S. 126

[59] Mohr, A.: Über die optimale Magnetbemessung bei Gleichstromkleinmotoren. Bosch Techn. Ber. **4** (1974), H. 6, S. 252–262

[60] Brinkmann, K.: Bemessungsgrundlagen für Gleichstrom-Kleinstmotoren mit Dauermagneten. ETG-Fachber. **1** (1975), S. 134–141

[61] Bruchmann, K.; Bost, E.: Axem-Scheibenläufermotoren als hervorragende Kleingleichstromantriebe für dynamische Regelaufgaben. ETG-Fachber. **1** (1975), S. 15–26

[62] Joksch, Chr.: Die Ausnutzung kleiner Gleichstrommotoren mit dauermagnetischer Erregung. F. u. M. **84** (1976), H. 4, S. 186–191

[63] Beisse, A.: Permanentmagneterregte über ungesteuerte Zweipulsgleichrichter aus dem Wechselstromnetz gespeiste Gleichstrommotoren. Beitrag zum Betriebsverhalten. Diss. Universität Stuttgart, 1976

[64] Bruchmann, K.: Trägheitsarme Gleichstrom-Scheibenläufermotoren mit elektronischer Ansteuerung, F. u. M. **84** (1976), H. 4, S. 178–182

[65] Weißmantel, H.: Einige Grundlagen zur Berechnung bei der Anwendung schnell hochlaufender, trägheitsarmer Gleichstromkleinstmotoren mit Glockenanker. F. u. M. **84** (1976), H. 4, S. 165–174

[66] Siekmann, H.: Gleichstrom-Kleinmotoren mit eisenlosem Läufer. F. u. M. **85** (1977), H. 3, S. 101–106

[67] Lindner, J.: Ein elektronisch kommutierter Scheibenläufermotor mit Cobalt-Samarium-Magneten. F. u. M. **88** (2980), H. 4, S. 167–172

[68] Ditton, H.; Langner, J.: Permanentmagneterregte Kleinmotoren mit Transistor-Regler für hochdynamische Antriebssysteme. F. u. M. **89** (1981), H. 4, S. 170–176

[69] Bunzel, E.; Burkhardt, Th. u. a.: Dauermagneterregung in elektrischen Maschinen. Elektrie **37** (1983), S. 121, 361, 427, 540, 579, 625

[70] T r a n , Q. N.: Über die Berechnung von permanentmagnetisch erregten Gleichstromkleinmotoren unter Berücksichtigung des richtungsabhängigen Verhaltens von hochbeanspruchten Ferritmagneten. Diss. Universität Stuttgart, 1984

[71] B e i s s e , A.; L e b s a n f t , J.: Betriebsverhalten permanentmagneterregter Gleichstrommotoren bei Verschiebung einer der beiden Kohlebürsten. ETZ-Archiv 7 (1985), H. 12 S. 389–394

Elektronikmotor

[72] K e n j o , T.; N a g a m o r i , S.: Permanent-Magnet und Brushless DC Motors. Clarendon Press, Oxford 1985

[73] K r o s t , H.; M o c z a l a , H.: Elektronische Drehzahlregelung bürstenloser Gleichstromkleinstmotoren. ETZ-A **86** (1965), H. 19, S. 628–632

[74] E n g e l , W.: Elektronikmotoren- permanenterregte Gleichstrommotoren ohne Kollektor. VDE-Fachber. **25** (1968), S. 147–151

[75] K a p p i u s , F.: Elektronikmotoren für Geräteantriebe. Feinwerktechnik **74** (1970), H. 1, S. 12–18

[76] D e i c h , C. D.: Das dynamische Verhalten der Gleichstrommaschine mit elektronischem Kommutator. Elektrie **24** (1970), H. 12, S. 432–433

[77] M o c z a l a , H.: Bürstenlose Gleichstrommotoren mit einsträngiger Ständerwicklung. ETZ-A **94** (1973), H. 9, S. 526–530

[78] M e r k l e , A.; S c h m i d e r , F.: Zentralantriebsmotor für Plattenspieler. ETG-Fachberichte **1** (1975), S. 27–36

[79] B r e i t f e l d , D.: Wechselrichtergespeister permanentmagneterregter Synchronmotor kleiner Leistung. Diss. Universität Stuttgart, 1975

[80] H a n i t s c h , R.; M e y n a , A.: Bürstenloser Gleichstrommotor mit digitaler Ansteuerung. ETZ-A **97** (1976), H. 4, S. 204–208

[81] H a n i t s c h , R.: Frei programmierbare Logikarrays in elektronischen Kommutierungsschaltungen für bürstenlose Gleichstrom-Kleinmotoren. F. u. M. **88** (1980), H. 4, S. 173–176

[82] W i t t h o h n , M. L.: Auslegungsgesichtspunkte für solargespeiste drei- und viersträngige bürstenlose Gleichstrommotoren in Mittelpunktschaltung. F. u. M. **89** (1981), H. 6, S. 273–275

[83] B a u m , E.: Drehmomentenpulsation des Elektronikmotors. Elektrie **36** (1982), H. 1, S. 22–26

[84] M ü l l e r , R.: Gleichstrommotoren mit elektronischem Kommutator – Prinzipien und Anwendung zweipulsiger kollektorloser Gleichstrommotoren. VDI-Berichte **482** (1983), S. 3–10

[85] S c h r ö d e r , M.: Hochtouriger bürstenloser Positionierantrieb mit extrem geringer Momentenwelligkeit. Diss. Universität Stuttgart, 1986

Schrittmotor

[86] Das Schrittmotoren-Handbuch. Fa. Bautz, Darmstadt

[87] Schrittmotoren-Handbuch. VEB Büromaschinenwerk Sömmerda 1985

[88] Kreuth, H. P. u. a.: Elektrische Schrittmotoren. expert-Verlag, Si ndelfingen 1985

[89] Kenjo; Takashi: Stepping motors and their microprocessor control. Clarendon Press, Oxford 1985

[90] Derichs, J.: Untersuchungen an Schrittmotoren. Diss. 1045, Aachen 1965

[91] Weinbeck, R.: Der Schrittmotor als Antriebsaggregat in Geräten der Datenverarbeitung. Feinwerktechnik u. Micronic **78** (1974), H. 4, S. 146

[92] Gugg, H.; Sax, H.: Schrittmotoren optimal angesteuert. Elektronik **29** (1980), H. 18, S. 44–54

[93] Link, W.: Das dynamische Verhalten des Schrittmotors bei schnellstmöglichen Positionierungsvorgängen. A. f. E. **65** (1982), S. 315–325; A. f. E. **66** (1983), S. 19–27

[94] Kreuth, H. P.: Stationäre und dynamische Betriebsdaten von Schrittmotoren. VDI-Berichte **482** (1983), S. 91

[95] Baumwolf, R.: Schrittmotoren-Steuerung auf einem Chip. Elektronik **33** (1984), H. 7, S. 57–62

[96] Langmann, R.: Der Einsatz von Schrittmotoren in momentgestellten Antrieben. Feingerätetechnik **35** (1986), H. 5, S. 205

[97] Gollhardt, E.: Ansteuerung von Hybrid-Schrittmotoren. Feingerätetechnik **35** (1986), H. 9, S. 395–397

Sachverzeichnis

Teubner Studienbücher Fortsetzung

Physik/Chemie Fortsetzung

Lautz: **Elektromagnetische Felder.** 3. Aufl. DM 29,80

Lindner: **Drehimpulse in der Quantenmechanik.** DM 26,80

Lohrmann: **Einführung in die Elementarteilchenphysik.** DM 24,80

Lohrmann: **Hochenergiephysik.** 3. Aufl. DM 34,–

Mayer-Kuckuk: **Atomphysik.** 3. Aufl. DM 34,–

Mayer-Kuckuk: **Kernphysik.** 4. Aufl. DM 36,–

Mommsen: **Archäometrie.** DM 38,–

Neuert: **Atomare Stoßprozesse.** DM 26,80

Nolting: **Quantentheorie des Magnetismus**
Teil 1: Grundlagen. DM 34,–
Teil 2: Modelle. DM 34,–

Primas/Müller-Herold: **Elementare Quantenchemie.** DM 39,–

Raeder u. a.: **Kontrollierte Kernfusion.** DM 38,–

Rohe: **Elektronik für Physiker.** 3. Aufl. DM 27,80

Rohe/Kamke: **Digitalelektronik.** DM 26,80

Schatz/Weidinger: **Nukleare Festkörperphysik.** DM 29,80

Schmidt: **Meßelektronik in der Kernphysik.** DM 24,80

Theis: **Grundzüge der Quantentheorie.** DM 34,–

Walcher: **Praktikum der Physik.** 5. Aufl. DM 32,–

Wegener: **Physik für Hochschulanfänger**
Teil 1: DM 24,80
Teil 2: DM 24,80

Wiesemann: **Einführung in die Gaselektronik.** DM 29,80

Mathematik

Ahlswede/Wegener: **Suchprobleme.** DM 32,–

Aigner: **Graphentheorie.** DM 29,80

Ansorge: **Differenzenapproximationen partieller Anfangswertaufgaben.** DM 32,– (LAMM)

Behnen/Neuhaus: **Grundkurs Stochastik.** 2. Aufl. DM 36,–

Bohl: **Finite Modelle gewöhnlicher Randwertaufgaben.** DM 32,– (LAMM)

Böhmer: **Spline-Funktionen.** DM 32,–

Bröcker: **Analysis in mehreren Variablen.** DM 34,–

Bunse/Bunse-Gerstner: **Numerische Lineare Algebra.** 314 Seiten. DM 36,–

Clegg: **Variationsrechnung.** DM 19,80

v. Collani: **Optimale Wareneingangskontrolle.** DM 29,80

Collatz: **Differentialgleichungen.** 6. Aufl. DM 34,– (LAMM)

Collatz/Krabs: **Approximationstheorie.** DM 29,80

Constantinescu: **Distributionen und ihre Anwendung in der Physik.** DM 22,80

Teubner Studienbücher Fortsetzung

Mathematik Fortsetzung

Dinges/Rost: **Prinzipien der Stochastik.** DM 36,–

Fischer/Sacher: **Einführung in die Algebra.** 3. Aufl. DM 23,80

Floret: **Maß- und Integrationstheorie.** DM 34,–

Grigorieff: **Numerik gewöhnlicher Differentialgleichungen**
Band 2: DM 34,–

Hackbusch: **Theorie und Numerik elliptischer Differentialgleichungen.** DM 38,–

Hainzl: **Mathematik für Naturwissenschaftler.** 4. Aufl. DM 36,– (LAMM)

Hässig: **Graphentheoretische Methoden des Operations Research.** DM 26,80 (LAMM)

Hettich/Zenke: **Numerische Methoden der Approximation und semi-infinitiven Optimierung.** DM 26,80

Hilbert: **Grundlagen der Geometrie.** 13. Aufl. DM 28,80

Jeggle: **Nichtlineare Funktionalanalysis.** DM 28,80

Kall: **Analysis für Ökonomen.** DM 28,80 (LAMM)

Kall: **Lineare Algebra für Ökonomen.** DM 24,80 (LAMM)

Kall: **Mathematische Methoden des Operations Research.** DM 26,80 (LAMM)

Kohlas: **Stochastische Methoden des Operations Research.** DM 26,80 (LAMM)

Kohlas: **Zuverlässigkeit und Verfügbarkeit.** DM 38,– (LAMM)

Krabs: **Optimierung und Approximation.** DM 28,80

Lehn/Wegmann: **Einführung in die Statistik.** DM 24,80

Müller: **Darstellungstheorie von endlichen Gruppen.** DM 25,80

Rauhut/Schmitz/Zachow: **Spieltheorie.** DM 34,– (LAMM)

Schwarz: **FORTRAN-Programme zur Methode der finiten Elemente.** DM 25,80

Schwarz: **Methode der finiten Elemente.** 2. Aufl. DM 39,– (LAMM)

Stiefel: **Einführung in die numerische Mathematik.** 5. Aufl. DM 34,– (LAMM)

Stiefel/Fässler: **Gruppentheoretische Methoden und ihre Anwendung.** DM 32,– (LAMM)

Stummel/Hainer: **Praktische Mathematik.** 2. Aufl. DM 38,–

Topsøe: **Informationstheorie.** DM 16,80

Uhlmann: **Statistische Qualitätskontrolle.** 2. Aufl. DM 39,– (LAMM)

Velte: **Direkte Methoden der Variationsrechnung.** DM 26,80 (LAMM)

Vogt: **Grundkurs Mathematik für Biologen.** DM 21,80

Walter: **Biomathematik für Mediziner.** 2. Aufl. DM 24,80

Winkler: **Vorlesungen zur Mathematischen Statistik.** DM 28,80

Witting: **Mathematische Statistik.** 3. Aufl. DM 28,80 (LAMM)

Wolfsdorf: **Versicherungsmathematik.** Teil 1: Personenversicherung. DM 38,–

Preisänderungen vorbehalten